GLANZLICHTER DER PHILOSOPHIE

Dieter Göbel

Glanzlichter der Philosophie

Große Denker von Aristoteles bis Popper

Bechtermünz Verlag

Genehmigte Lizenzausgabe für
Weltbild Verlag GmbH, Augsburg 1998

Umschlaggestaltung: Hauptmann und Kampa Werbeagentur, Zug (CH)
Gesamtherstellung: Wiener Verlag, Himberg bei Wien
Printed in Austria
ISBN 3-8289-4801-4

INHALT

In allen abstrakten Gedankengängen gibt es einen Gesichtspunkt, der – wenn wir ihn glücklich treffen – besser zur Verdeutlichung des Gegenstandes dient, als alle Beredsamkeit und aller Wortreichtum der Welt.

David Hume

Wir gelangen in das, was Denken heißt, wenn wir selber denken.

Martin Heidegger

I. DER AUFBRUCH

Der Aufbruch des abendländischen Denkens zur Selbständigkeit begann zwischen kostbaren orientalischen Parfümvasen und endete mit der Verhängung des Todesurteils über Sokrates. Dieses vorsokratische Kapitel des Denkens hat knapp zweihundert Jahre gedauert. Die figurenbemalten und parfümgefüllten Vasen waren das kostbarste Handelsgut des Hafens Milet. Karawanen brachten sie aus dem Innern Asiens an die Küste des Mittelmeeres. Die Schiffe der großen Handelsherren nahmen sie auf und fuhren sie weiter über das Meer nach Korinth, nach Euboia und den anderen Häfen Griechenlands.

Manches Schiff kaperten Seeräuber, entführten die Fracht; die Matrosen wurden getötet oder als Sklaven verkauft. Trotzdem blühte der Handel von Milet. Die Lage dieser griechischen Hafenstadt am äußersten Westrand von Asien – heute türkisches Land – war einzigartig. Die Mündungsbucht des Flusses Maeander war ein guter Ankerplatz; der Kranz der vorgelagerten Ionischen Inseln mit Samos im Norden schützte sie vor den Stürmen. Hier endete die große Straße, auf der die Handelszüge aus dem Innern des Landes zusammenkamen.

Die Bürger von Milet waren unternehmungslustig. Ihre Schiffe durchstreiften alle Winkel und Inselbuchten des östlichen Mittelmeeres. Einige wagten die Durchfahrt durch die Meerengen des Hellespont – heute Dardanellen genannt – und stießen bis ins Schwarze Meer vor. Wo die abenteuernden Kaufleute einen günstigen Platz erspähten, ließen sie sich nieder. So entstanden achtzig Kolonien von Milet, dieser griechischen »Hansestadt« des Altertums.

Die Leidenschaft, Unbekanntes zu erkunden, hatte hier auch eine geistige Dimension. Vor 2500 Jahren entzog sich zum erstenmal im Abendland das Denken dem vertrauten Zuspruch der Göttersagen, entsagte ihren mythischen Weltdeutungen und suchte Erklärungen aus eigener Kraft.

DIE URFRAGE

Thales, um 624–546 v. Chr.

In Milet wuchs *Thales* auf, einst als ältester der »Sieben Weisen« von den Griechen verehrt. Den Trubel der geschäftigen Hafenstadt konnte er aus der Distanz seines vornehmen Vaterhauses betrachten. Etwa 624 Jahre vor dem Beginn unserer Zeitrechnung wurde er geboren – und obwohl seine Geburtsstadt längst in Trümmer gesunken ist, obwohl sogar ihre Trümmer schon zu Staub zerfallen sind, wissen wir seinen Namen, kennen wir seine Gedanken.

Woher?

Und warum?

Schriften von Thales gibt es nicht mehr und gab es vielleicht niemals. Doch haben andere über ihn geschrieben – über sein Denken, seine Taten und selbst über seine Mißgeschicke. Noch zweihundert Jahre später notierte Platon die Geschichte, »wie den Thales, als er, um die Sterne zu beschauen, den Blick nach oben gerichtet, in den Brunnen fiel, eine artige und witzige thrakische Magd soll verspottet haben, daß er, was am Himmel wäre, wohl strebte zu erfahren, was aber vor ihm läge und zu seinen Füßen, ihm unbekannt bliebe«.[1]

Tatsächlich erfuhr Thales durch seine Beobachtungen so viel vom Himmel und seinen Gestirnen, daß die Navigationskünste der milesischen Seeleute noch davon profitierten. Das Paradestück seiner astronomischen Berechnungen war eine seltsame Vorhersage. Der Tag werde zur falschen Stunde plötzlich zur Nacht werden, verkündete er und behauptete sogar zu wissen, bis wann dieses unheimliche Ereignis spätestens eintreten werde. Als es dann zu der von Thales vorausberechneten Sonnenfinsternis kam, kämpften gerade die Heere von Lydien und Medien gegeneinander. Vor Schreck ließen die Streitenden die Waffen sinken und brachen die Schlacht ab.

Wahrscheinlich hatte die thrakische Magd ganz zu Unrecht über das vermeintliche Ungeschick von Thales gelacht; vermutlich war er überhaupt nicht in den Brunnen gefallen, sondern mit Absicht hineingestiegen, um den Himmel besser beobachten zu können. Ein Brunnenschacht wirkt wie ein einfaches Himmelsteleskop: Nur ein ganz kleiner Ausschnitt des Himmels wird durch die lange Röhre sichtbar, das störende Seitenlicht wird abgeschirmt, und selbst geringfügige Bewegungen der Sterne werden erkennbar und meßbar.

Ägypten war damals das Land der feinen Lebensart und der Hort der Wissenschaften, ein seit tausend Jahren wohlorganisierter, kultivierter und mächtiger Staat. Wer es sich leisten konnte, machte selbstverständlich eine Bildungsreise dorthin. So auch Thales. Doch es genügte ihm nicht, die Pyramiden zu besichtigen, er wollte wissen, wie hoch sie waren. Direkt ließ sich das nicht messen; und so maß er die Länge des Schattens aus, den eine Pyramide bei einem bestimmten Sonnenstand warf, und berechnete daraus ihre Höhe mit Hilfe einer Dreieckskonstruktion, die noch heute seinen Namen trägt.

Doch so verblüffend diese Dreiecksberechnungen und die Voraussage einer Sonnenfinsternis waren, derartiger Kunststücke wegen setzte ihn Aristoteles 250 Jahre später nicht an den Anfang seiner Vorlesungen über die früheren, die vorsokratischen Denker. Mathematiker gab es auch vor Thales, aber wir kennen niemanden, der vor ihm über die Grenzen einer Einzelwissenschaft hinaus gefragt hätte nach dem Grund allen Geschehens. Thales, so meint Aristoteles, stellte erstmals eine bis dahin noch niemals gestellte Frage.

Die Griechen waren freilich auch vor Thales nicht so einfältig gewesen, die Welt fraglos hinzunehmen. Aber alles Unerklärliche hatten sie in die Gestalt von Göttern gebannt. In den Göttern verbanden sich menschliche Handlungsmuster mit übermenschlichen Kräften. Diese Vermenschlichung des Weltgeschehens, diese Zusammenziehung auf wenige personifizierte Urkräfte, machte die außermenschliche Natur begreifbar. Allerdings enthielt diese Deutung einen Bruch, ein ungelöstes Problem. Denn verständlich wurden durch die Menschenähnlichkeit der Götter die auslösenden Motive allen Geschehens – es waren die gleichen Motive, die Menschen zum Handeln treiben: Zorn, Liebe, Eifersucht, Gerechtigkeitssinn, Hilfsbereitschaft, Bosheit –; unerklärt aber blieb, auf welche Weise die Götter eigentlich in den Lauf der Welt eingreifen konnten. Je durchschaubarer der Ursachenzusammenhang oder die mathematische Ordnung einer Naturerscheinung wurden, desto weniger schien ein Gott zu ihrer Erklärung nötig. Berechenbare Notwendigkeit und unberechenbares göttliches Wirken vertrugen sich schlecht.

Wer die Schattenlängen der Pyramiden abschreitet und die regelmäßigen Abstände zwischen Sonnenfinsternissen registriert, der wird bald zweifeln, ob es wirklich der Wagen des Sonnengottes ist, der die Sonne über den Himmel trägt, wie es die Mythen sagen. Er wird sich fragen, ob Selene – die Mondgöttin – vor ihrem Gefährt wirklich zwei weiße Rosse hat, ob die schöne Schwester der Selene – die Morgenröte mit ihren Pferden Glanz und Funke – dem Wagen des Sonnengottes vorauseilt. Und er braucht auch nicht mehr die Flußgötter, um die periodischen Überschwemmungen der Nilufer zu erklären, wenn er erkannt hat, daß die im Hochsommer wehenden Winde die Ursache dafür sind, weil sie die Strömung stauen und das Wasser hindern, wie sonst ins Meer zu fließen.

Thales verurteilte deswegen die Mythen nicht; Aristoteles berichtet, er habe gemeint, daß alles voll von Göttern sei. Trotzdem genügten sie ihm nicht als Erklärung des Weltgeschehens.

Wie alle Menschen sah Thales eine bunte, eine unendlich vielfältige Welt: Er sah Bäume und Berge, fühlte Wind und Wärme, bewunderte den Glanz der Sonne und das Funkeln der Gestirne. Er sah tausendfache Bewegung, ständigen Wechsel und stete Wiederkehr. Aber für ihn hatte diese Welt, so wie sie jedermann sah, ihre Selbstverständlichkeit eingebüßt. Er wollte wissen, »woraus alle Dinge bestehen, woraus sie sich entwickeln und worein sie sich schließlich wieder auflösen, wobei das Wesen bleibt und nur die Eigenschaften sich wandeln«.[2]

Er hatte eine Frage erdacht, die den Menschen seitdem keine Ruhe mehr gelassen hat, die über Griechenland hinausdrang, Europa erfaßte und schließlich alle Welt. Dieser Frage nach dem Urgrund aller Dinge – nach der »Arche«, wie es griechisch heißt – entsprang eine neue Wissenschaft: die Philosophie.

Aber während die Frage von Thales Antrieb künftigen Philosophierens blieb, ist seine Antwort nur noch eine geschichtliche Erinnerung. Aristoteles berichtet, was Thales für den Ursprung oder den Urstoff hielt: »Thales, der Begründer dieses Gedankenganges, behauptete, es sei das Wasser.«[3]

Die Antwort erscheint fast unverständlich, wenn wir sie wie die Behauptung eines Chemikers verstehen. Thales meinte etwas anderes. Wir können es vielleicht verstehen, wenn wir uns klarmachen, wonach er eigentlich fragte. Er suchte etwas, das so allgemein und wandlungsfähig war, daß es allem zugrunde liegen und jede andere Gestalt annehmen konnte. Nun ist Wasser nicht nur allgegenwärtig, sondern auch selbst völlig gestaltlos. Es zeigt sich als Meer, es zeigt sich als Regen; es fällt vom Himmel und quillt aus dem Boden. Es durchdringt alles und belebt alles; Mensch, Tier und Pflanze sterben und zerfallen, wenn es fehlt. Wasser kann jede Temperatur annehmen und jede Farbe, es kommt in allen Festigkeitszuständen vor: gewöhnlich flüssig, fest als Eis, luftförmig als Dampf. Welcher andere damals bekannte Stoff hätte *in der Wirklichkeit* die *gedanklichen* Bedingungen, die an ein Allgemeinstes zu stellen waren, besser erfüllt?

Thales' Scharfblick bewährte sich nicht nur in der Mathematik und der Philosophie. Er verstand sehr gut, seine Wissenschaft in bare Münze umzusetzen. In einem Sommer schienen ihm seine meteorologischen Beobachtungen auf eine ungewöhnlich gute Olivenernte hinzudeuten. Er kaufte vorweg die noch am Baum hängenden Oliven der Plantagen zwischen Milet und Chios. Das Wetter war glänzend für die Ernte – und für das Geschäft ebenfalls.

Thales redete auch in der Politik ein Wort mit. Die Lyder bedrängten immer wieder die griechischen Siedlungen an der kleinasiatischen Küste. Ihr Heer tauchte bald hier, bald dort auf. Thales riet seinen Mitbürgern, eine gemeinsame Regierung der ionischen Städte zu bilden, um gemeinsam den Feldzug gegen die Lyder zu führen.

Es ist wirklich unwahrscheinlich, daß Thales aus Weltfremdheit in den Brunnen fiel.

DER URGEDANKE

Anaximander, um 610–545 v. Chr.

Es vergingen nur wenige Jahre, bis die Frage des Thales nach dem Urgrund aller Dinge ein zweites Mal beantwortet wurde – wiederum in Milet und wiederum von einem auch der Welt und ihren Geschäften zugewandten Mann: *Anaximander*.

Er war fünfzehn Jahre jünger als Thales und mit ihm bekannt. Dieselben Interessen verbanden sie: die Mathematik, die Sternenkunde und die Frage nach der Arche, nach dem Grund von allem. Anaximander scheint der Konsequentere gewesen zu sein: Er versuchte, alle wissenschaftlichen Einzelerklärungen unter ein Prinzip zu stellen; er zielte auf eine Weltdeutung aus einem Guß. Wahrscheinlich wissen wir deshalb auch mehr von ihm – auch für seine Zeitgenossen war er der Interessantere. Seine Schriften wurden sorgfältig verwahrt, oft zitiert und abgeschrieben.

Als Aristoteles zwei Jahrhunderte später die Geschichte seiner Vorgänger rekonstruierte, wußte er nur wenig von Thales zu sagen; und das wenige kannte er nur durch Dritte und vom Hörensagen. Von Anaximander jedoch lag ihm eine Schrift vor. Und Theophrast, Aristoteles' Nachfolger, dem wir viele Berichte über die frühen Philosophen verdanken, konnte daraus noch größere Auszüge machen. Sogar vierhundert Jahre nach Anaximanders Tod fand Apollodor von Athen, einer der bekanntesten antiken Geschichtsschreiber, in einer Bibliothek ein Werk Anaximanders, wie er selbst berichtet.

Und wie den Schriften der erste Denker erging es den Aufzeichnungen von Aristoteles, Theophrast und Apollodor: Ehe die Originale zerfielen, verbrannten oder auf Nimmerwiedersehen verschleppt wurden, waren sie abgeschrieben und zitiert worden. So wurden Zeitalter überbrückt, und wir lesen Worte, die vor zweieinhalbtausend Jahren geschrieben worden sind. Oft hat die mehrfache Weitergabe sie verändert; Fehler, Mißverständnisse und bewußte Umdeutungen haben sich eingeschlichen. Doch lassen sich diese Bedeutungsverschiebungen meist wieder tilgen durch Vergleich der Texte aus verschiedenen Überlieferungssträngen.

Anaximanders Schrift hatte nicht nur wegen ihres Inhaltes schon zu seiner Zeit Aufsehen erregt, sondern auch wegen ihrer Form. Er hatte sie nämlich in Prosa verfaßt. Das war ein demonstrativer Bruch mit der Tradition der Mythen und Göttergesänge. Die verslose Darbietung verhieß eine neuartige, eine prosaische Weltdeutung. In ihr waren Naturerklärung und Philosophie noch ungeschieden; noch war die Wirklichkeit durch das untersuchende Denken nicht aufgespalten worden in Materie und Geist, Stoff und Form und dergleichen Unterscheidungen.

Anaximanders Antwort war eine Reaktion auf eine gedankliche Schwierigkeit, die der von Thales gewählte Urstoff unvermeidbar mit sich brachte. Das Wasser, so indifferent und gestaltlos es war, blieb doch seinerseits immer noch ein durchaus bestimmter Stoff. Das beschränkte die Möglichkeit, ihn sich als etwas anderes denken zu können. Wieso kam er sozusagen rein vor und zugleich verwandelt? Wie entstand dieser Unterschied, und wie war es zu begreifen, daß eine bestimmte Sache auch eine ganz andere sein sollte? Aber welchen Stoff man auch statt des Wassers wählen mochte – das Problem blieb das gleiche.

Anaximander löste es, indem er als Arche nicht mehr einen wirklich vorkommenden Stoff nahm, sondern einen Begriff, der genau das ausdrückte, was im Gedanken der Arche angelegt war. Er nannte es das »Apeiron«, das Unendliche, das Unbegrenzte, das Unbestimmte. Er erklärte, »daß das Apeiron die alleinige Ursache von Entstehung und Untergang des Ganzen sei«.[4] Aristoteles meint, Anaximander habe es angenommen, »damit das Werden nicht aufhört«,[5] sozusagen als dessen ewiges Reservoir. Denn Anaximander sagte auch: »Das Apeiron ist unsterblich, es ist unvergänglich.«[6]

Anaximanders Interpreten haben sich gefragt, ob das Apeiron als unbestimmter Urstoff oder als eine wirkende Kraft gemeint war. Doch die Unterscheidung von Stoff und Kraft gab es zu Zeiten Anaximanders noch nicht; das Ding und seine Bewegtheit wurden noch als Einheit angesehen.

Wie aber entsteht im Apeiron die Bewegung des Werdens

und Vergehens, wie wird aus dem einen Unendlichen und Unbestimmten vieles Bestimmte? Anaximander antwortet: Durch Aussonderung der Gegensätze aus dem Apeiron seien Welt und Dinge hervorgebracht worden. Hier wird besonders deutlich, wie entschieden nun das Weltgeschehen entsprechend den Grunderfordernissen des Denkens gedeutet wurde. Denn menschliches Denken vollzieht sich zwischen Gegensätzen, zwischen Ja und Nein, Sein und Nichtsein, Wahr und Falsch. Alles einzelne wird uns gedanklich nur faßbar und verfügbar dadurch, daß es sich als ein bestimmtes Verhältnis zwischen Gegensätzen darstellt: Die Nacht ist das Gegenteil des Tages, der Morgen der Übergang von dem einen Gegensatz in den anderen; so definieren wir jedes Ding als einen bestimmten Punkt zwischen Gegensatzpaaren.

Anaximander war sich dieser Begrifflichkeit nicht bewußt; er unterschied nicht zwischen dem Denken und der gedachten Sache; erst eine spätere Problemstellung führte zu dieser Unterscheidung. Und nur weil Ding und Denken noch als Einheit begriffen wurden, war Anaximanders Erklärung des Weltgeschehens als Aussonderung der Gegensätze überzeugend.

Diesen Vorgang des Entstehens und Vergehens aller Dinge dachte Anaximander sich zugleich als Ordnungs- und Rechtsprinzip der Welt. Jedes Ding entsteht aus der Umwandlung oder Vernichtung eines anderen. Sein Dasein verdrängt ein anderes, räumlich wie zeitlich. Sein Dasein ist also mit Schuld behaftet. Diese Schuld ist nur zu tilgen, indem das Ding seinerseits vergeht, seinerseits anderem das Dasein ermöglicht. So läßt sich das einzige wortwörtlich auf uns gekommene Zitat Anaximanders verstehen: »Woraus aber die Dinge ihre Entstehung haben, darein findet auch ihr Untergang statt, gemäß der Schuldigkeit. Denn sie leisten einander Sühne und Buße für ihre Ungerechtigkeit, gemäß der Verordnung der Zeit.«[7]

Damit sind zwei Grundpositionen des philosophischen Denkens erstmals umrissen: 1. Das ungeschiedene, gegensatzlose Unendliche und sein ewiger Bestand als der Quellgrund, aus dem alles Endliche und Einzelne gespeist wird, um überhaupt sein zu können; 2. Werden und Vergehen, Schuld und Sühne als unausweichliches Schicksal des aus dem Unendlichen in der Zeit sich abscheidenden Endlichen.

Aufgrund dieser Voraussetzungen erdachte Anaximander

eine ins einzelne gehende Entwicklungsgeschichte des Kosmos und der Menschen. Die erste Phase der Ausscheidung der Gegensätze aus dem Unendlichen bringt das Warme und Kalte hervor; das Kalte wird zur Erde, das Warme bildet um sie herum in einigem Abstand eine Kugelhülle. Dann zerreißt auch diese Hülle, so daß von ihr nur einzelne himmelumspannende Reifen übrigbleiben. Diese bilden nach Anaximanders Vorstellung Sonne, Mond und Sterne. Und zwar indem das Feuer das Innere dieser außen abgekühlten und darum unsichtbaren Reifen erfüllt, an einer Stelle jedoch durch ein Loch herausdringt. Diese glühenden Feuerlöcher sehen wir nun als Gestirne. Das Loch des Mondreifens verstopft sich regelmäßig, in diesen Nächten - dem Neumond - ist er darum unsichtbar.

Das Bild erscheint uns phantastisch, ist es aber eigentlich nicht. Es ist vielmehr ein klassisches Beispiel wissenschaftlicher Theorienbildung. Zu erklären waren die beobachteten Kreisläufe der Gestirne am Himmelsrund; jeder Kreislauf fand regelmäßig statt, und es gab nach Tempo und Richtung ganz verschiedene Kreisläufe. Es galt also, die festen Bahnen von feuerähnlichen Punkten durch ein Gedankenmodell begreifbar zu machen, das die Abläufe nach dem Muster vertrauter Erfahrungen erklärte. Und eine immer gleiche Kreisbewegung war nach den Erfahrungen des täglichen Lebens nur durch ein Rad oder einen Reifen zu erzeugen; das heißt die Kreisbahn mußte selber stofflich sein, um einen Punkt im Kreis zu führen; die unstoffliche Wirkung der Gravitationskraft war noch nicht entdeckt.

Interessanter als Anaximanders Behauptung, »daß sich die Erde im Weltraum in schwebender Lage befinde, und zwar im Mittelpunkt der Welt«,[8] ist die Konsequenz seiner Begründung: Ihr gleich weiter Abstand von den Rändern halte sie im Gleichgewicht, und es gäbe nichts, das sie daraus verdrängen könne. Nach der Scheidung des Himmels und der Erde hätten sich auf ihr allmählich Wasser und Land nach einer anfänglichen Überflutung getrennt. Die Menschen seien erst viel später entstanden, denn »andere Lebewesen fänden alsbald durch sich selber ihren Unterhalt, dagegen allein der Mensch bedürfe einer lange währenden Bemutterung. Daher würde er auch, wenn er von Anfang an so [wie jetzt] gewesen wäre, niemals am Leben geblieben sein.«[9] Und weil die Erde zunächst überflutet war, müsse er aus einem fischähnlichen Wesen hervorgegangen sein.

Anaximander konstruierte sogar einen Himmelsglobus, in dem seine Berechnungen anschaulich wurden. Diese »Sphaera« war eine Halbkugel, in die man von unten hineinsehen konnte; man erblickte dann auf der Innenseite die wichtigsten Gestirne und ihre Bahnen. Nicht genug damit. Es wird berichtet – und die Wortwahl läßt etwas von der damaligen Sensation ahnen –, Anaximander habe »als erster *gewagt,* die bewohnte Erde auf einer Karte zeichnerisch darzustellen«.[10]

Milets Stadtväter hatten gute Gründe, ihm eine Ehrensäule zu errichten. Er leitete den Aufbau der Außensiedlung Apollonia am Schwarzen Meer. Und er soll die Sonnenuhr in Griechenland eingeführt haben.

DER URSTOFF

Anaximenes, um 585–525 v. Chr.

Anaximander hatte einen entscheidenden Schritt getan: Er hatte sich von der stofflichen Vorstellung des Urgrundes gelöst. Sein Nachfolger *Anaximenes* wählte wieder etwas Stoffliches zur Grundlage seiner Philosophie: die Luft.

Die Luft ist dem Apeiron ähnlich. Denn: »Wenn die Luft gleichmäßig verteilt sei, sei sie unsichtbar; sie offenbare aber ihr Dasein durch Kälte und Wärme und durch Feuchtigkeit und Bewegung.«[11] Anders als das Wasser des Thales ist die Luft selbst kaum wahrnehmbar, also fast schon stoffloser Urstoff, beinahe so unbestimmt wie Anaximanders Apeiron. Anaximenes nimmt an, daß die anderen Stoffe sich aus ihr durch Verdichtung und Verdünnung bilden. »Wenn sich die Luft verdünnt, wird sie zu Feuer, wenn sie sich dagegen verdichtet, zu Wind; infolge [weiterer] Verdichtung zur Wolke, bei noch stärkerer zu Wasser und, noch mehr verdichtet, zu Erde und bei äußerster Verdichtung zu Stein.«[12] Auch diese Erklärung wirkt weniger phantastisch, wenn man sich ihre Voraussetzungen vergegenwärtigt. Beim Erhitzen von Wasser steigen Luftblasen auf, zugleich wird das Wasser weniger und verdampft zu Wolken – die Folgerung, Wasser sei nur durch Kälte verdickte Luft, die sich durch Zuführen verdünnter Luft (gleich Feuer) wieder in ihren Urzustand wandelt, liegt nahe. Eine weitere Beobachtung: Eintrocknendes Wasser hinterläßt eine harte Kruste – aus gelösten Mineralien, wie wir wissen; wer das aber nicht weiß, wird annehmen, die Rückstände seien eine Verdichtung des Wassers selber, eine weitere Verdichtungsstufe also der das Wasser bildenden Luft.

Philosophische Bedeutung bekamen diese Naturerklärungen dadurch, daß sich mit dem Urstoff Luft das Leben und die Ordnung der Welt begründen ließen. Denn aus Luft besteht auch der Atem, und er ist das Zeichen des Lebens in den Körpern. So waren ursprünglich in dem griechischen Wort Psyche die

Bedeutungen Hauch, Atem, Leben noch ungeschieden; erst später wurde es auf die Bedeutung »Seele« als Zentrum des fühlenden und atmenden Lebens eingeengt. Weil Luft und Lebenshauch noch als gleiches verstanden wurden, war Luft für Anaximenes mehr als ein bloßer Stoff; sie war ein Urwesen, das alles durchwirkte. Darum konnte er sagen: »Wie unsere Seele, die Luft ist, uns regiert, so umfaßt auch den ganzen Kosmos Hauch und Luft.«[13]

Anaximenes war der letzte der Philosophen von Milet. Die Perser rückten näher, und die griechischen Städte an der kleinasiatischen Küste bekamen zu spüren, auf wie vorgeschobenem Posten sie standen. Noch während Anaximenes lehrte, zogen persische Krieger in ionische Städte ein. Die Besetzung ging meist friedlich und höflich vor sich, denn die Perser hatten kein Interesse daran, den Handel zu stören. Sie wollten ihn kontrollieren und besteuern. In die Burgen der Städte zogen persische Statthalter mit ihrem Gefolge ein. Einige herrschten bald wie Tyrannen. Die griechischen Stadtstaaten waren anderes gewöhnt; ihre Bürger waren bis dahin freie Leute gewesen.

Im Jahr 500 v. Chr. wurde ihnen die persische Herrschaft zu drückend: Sie holten ihre Waffen hervor und standen gegen die Perser auf. Die Verzweiflung machte sie tollkühn, denn sie kämpften gegen einen Gegner, der über das gesamte damals dem Abendland bekannte Asien herrschte, der Babylon und Ägypten unterworfen hatte.

Milet, die Handelsstadt mit den duftenden Parfümvasen, die Heimatstadt von Thales, Anaximander und Anaximenes, wurde belagert und zerstört. Die Milesier wurden an den Tigris deportiert.

Das griechische Mutterland hatte sie weitgehend im Stich gelassen. Ein paar athenische Schiffe waren gekommen, aber sie konnten gegen die übermächtigen Perser nichts ausrichten. Sie reizten den Perserkönig nur zum Äußersten. Wütend wandte er sich auch gegen Athen. Aber in Marathon kam er nicht weiter. Ein Läufer überbrachte den Athenern die unwahrscheinliche Siegesbotschaft.

Doch die deportierten Milesier hatten nichts mehr davon. Die Zeit zum Handeltreiben und Philosophieren war für sie endgültig vorbei.

DIE EWIGEN ZAHLEN UND DIE UNSTERBLICHE SEELE

Pythagoras, um 570–496 v. Chr.

Wenige Schiffsstunden von Milet entfernt, ragt eine Insel aus dem Meer, deren Wein ihren Namen in aller Welt bekannt gemacht hat: Samos. Ehe die Perser Ionien besetzten, herrschte hier Polykrates – ein Tyrann, der vom Glück geradezu verfolgt schien, bis ein persischer Satrap ihn in eine Falle lockte und ans Kreuz schlug. Herodot erzählte die Geschichte seines erschrekkenden Glücks; sie regte Schiller zu dem Gedicht »Der Ring des Polykrates« an. Die Tyrannei dieses Polykrates soll einen Mann vertrieben haben, dessen Name heute noch jeder Mathematikschüler kennt: *Pythagoras*. Ob der nach ihm benannte Lehrsatz wirklich von ihm stammt, ist allerdings nicht sicher.

Verläßlich überliefert ist dagegen, daß Pythagoras als etwa Vierzigjähriger seine Sachen packte, ein Schiff bestieg und nach Unteritalien in die Stadt Kroton auswanderte. Es gibt den Ort noch heute; er liegt auf der Sohle des italienischen Stiefels gegen den Hacken zu.

Pythagoras gründete dort einen religiösen Orden. Seine Anhänger kamen meist aus den oberen Gesellschaftsschichten; eine Zeitlang war es offensichtlich schick, die verfeinerte Religiosität des Pythagoras zu teilen. Der Meister wurde wie ein Heiliger verehrt, denn er verkündete etwas Ungewöhnliches: die Unsterblichkeit der Seele. Herodot meinte freilich, den Ruhm von Pythagoras einschränkend, die Ägypter hätten diese Lehre aufgebracht, und »einige Griechen haben sie übernommen und für ihre eigene ausgegeben«.[14] Jedenfalls scheint sie die Griechen magisch angezogen zu haben: Pythagoras eröffnete ihnen die Aussicht auf ein neues Leben nach dem Sterben. Der Tod verlor einen Teil seines Schreckens, wenn nur der Körper zerfiel, aber die Seele weiterlebte und in ein anderes Wesen einging. Wer Pythagoras glaubte, brauchte nicht mehr den Todesfluß zu überqueren und als Schatten in die Unterwelt einzugehen.

Allerdings war der Preis, den die Gläubigen erbringen mußten, hoch. Pythagoras verlangte, daß sie ihre Seelen rein hielten, Selbstbeherrschung übten und mäßig lebten; dazu gehörte, daß sie sich vegetarisch ernährten. Der Sänger Xenophanes berichtete, warum: »Einst – so erzählt man – sei Pythagoras gerade vorbeigegangen, als ein Hund geschlagen wurde; da habe er Mitleid empfunden und das Wort gesprochen: ›Hör auf und schlag nicht! Es ist ja die Seele eines befreundeten Mannes, die ich wiedererkannte, als ich das Winseln hörte.‹«[15] Weil auch die Tiere in die Seelenwanderung einbezogen wurden, war es verpönt, sie zu töten.

Obwohl die Griechen bis dahin Leben, Seele und Atem begrifflich kaum unterschieden hatten, gab es bereits religiöse Ansätze, Körper und Seele zu scheiden: In ihren Feiern trachteten die »Orphiker«, wenigstens zeitweise die Seele vom Körper zu lösen. Ihr Geheimkult hatte sich über ganz Griechenland ausgebreitet; er schloß an die Sage von Orpheus an, der in die Unterwelt hinabgestiegen war, die Schatten der Toten erblickt hatte und wieder ins Leben zurückgekehrt war. Viele Griechen wurden vom Anhauch des Unheimlichen, der aus den orphischen Mysterien aufstieg, magisch angezogen. Mancherorts verband sich der Todesrausch mit den Bacchanalen zu Ehren des Weingottes Dionysos. Der Rausch des Weines, der Übermut des Lebens, der Taumel der Liebe, die Todessehnsucht – das alles glitt in den turbulenten Festen ineinander, vermengte sich auch mit Götterkulten und mystischen Bräuchen aus dem Orient zu einer gewaltigen, die Individualität auslöschenden Ekstase.

Pythagoras' Seelenwanderungs- und Erlösungslehre war ungleich anspruchsvoller - moralisch wie gedanklich. Bald gab es nicht nur in Kroton eine Gemeinde. Griechische Kaufleute hatten sich auch an anderen Plätzen Unteritaliens und Siziliens angesiedelt; Großgriechenland reichte weit. Und so wurden überall pythagoreische Klubs gegründet.

Dort wurde nicht nur über die Seelenwanderung geredet, sondern auch über eine seltsame Zahlenlehre. Die Pythagoreer waren auf eine sehr griechische Weise auf die Bedeutung der Zahlen aufmerksam geworden. Sie hatten den Musikanten auf die Finger geschaut und bemerkt, daß das Hervorbringen verschiedener Töne und Tonzusammenstellungen festen Zahlenregeln folgt. Eine Saite bestimmter Länge, Dicke und Spannung gibt stets den gleichen Ton. Wird diese Saite nun genau in der Mitte niedergedrückt und eine der Hälften angezupft, so ist der entstehende Ton höher - und zwar genau um eine Oktave höher als der Ton der ganzen Saite. Wird die Hälfte noch einmal in der Mitte unterteilt, also beim Viertel der ursprünglichen Saitenlänge, und angezupft, so ist der Ton nochmals um eine Oktave höher. Tonhöhe und Saitenlänge stehen also in einem festen Zahlenverhältnis zueinander.

Eine derartige Entdeckung vermögen wir heute nicht für besonders sensationell zu halten, denn dank der Naturwissenschaften sind wir gewohnt, alles unter dem Gesichtspunkt von Zahlen und Zahlenverhältnissen zu beobachten und zu ordnen. Die Griechen hatten Zusammenhänge zwischen Naturgeschehen und Zahlen bisher allein bei ihren Himmelsbeobachtungen erfahren. Nun entdeckten sie erstmals auch in irdischen Vorgängen mathematische Ordnungen. Durch die Vielgestaltigkeit der Dinge schimmerte die Zahl als ihr einheitlicher Grund. Sie schien der Ursprung und das Einigende aller Vielfalt zu sein - die Arche, die Thales, Anaximander und Anaximenes gesucht hatten.

Um aus ihr die Entstehung der Unterschiede und der Vielheit aller Dinge abzuleiten, entwickelten die Pythagoreer sehr eigentümliche Zahlenspekulationen. Zunächst mußte das Auftreten von Gegensätzen erklärt werden; die Pythagoreer leiteten es von dem einzigen Gegensatz ab, den die Zahl selbst enthält: vom Gegensatz der geraden und ungeraden Zahl. Damit aber Werden und Bewegung entstünde, mußten die Gegensätze aus ihrer Starrheit hinauskommen und ineinander übergehen können. Auch das machte die Mathematik verständlich: Eine einfache Rechnung verwandelt zwei gerade Zahlen in eine ungerade. Zum Beispiel: sechs dividiert durch zwei ergibt drei. Mit dem Gegensatz von Ungerade und Gerade identifizierten die Pythagoreer den Gegensatz von Begrenztheit und Unbegrenztheit. Daraus konstruierten sie ein Ordnungsgerüst von weiteren Grundbegriffen. So etwa sollte die Zahl Fünf die Hochzeit darstellen, weil sich in ihr die Drei und die Zwei als erste männliche und weibliche Zahlen miteinander verbunden hätten. Die Vier stand für die Gerechtigkeit, die Sechs für die Seele, die Sieben für den Verstand, die Acht für die Liebe.

Diese Zahlenmystik führte zu vielen Gewaltsamkeiten. Schon Aristoteles warf den Pythagoreern vor, um ihrer Theorien willen die Tatsachen zu verdrehen. Er nennt ein extremes Beispiel dafür: »Weil nach ihrer Meinung die Zahl Zehn vollkommen ist und die ganze Natur der Zahl in sich befaßt, so behaupten sie, daß die Wandelsterne [Sonne, Mond, Erde, die fünf Planeten und der Fixsternhimmel] am Himmel auch zehn seien; da nun aber nur neun zu sehen sind, so erfanden sie als zehnten die ›Gegenerde‹.«[16]

Ähnlich großzügig berechneten sie die Entfernung der Kreisbahnen von Gestirnen. Zwar lehrten spätere Pythagoreer bereits, daß die Erde und die Sterne leuchtende Kugeln seien; aber die Abstände ihrer Umlaufbahnen legten sie einfach nach dem Zahlenvorbild harmonischer Tonintervalle fest. Sie glaubten, die in den musikalischen Harmonien hörbar werdende Bevorzugung bestimmter Zahlenverhältnisse gelte für die Ordnung aller Dinge. Und daraus ergab sich eine in der Tat höchst verführerische Vorstellung: die Sphärenharmonie. Denn diese Pythagoreer nahmen weiter an, jedes Gestirn bringe infolge seiner Geschwindigkeit einen Ton hervor – und dank der Intervallabstände ihrer Sphären stünden die Töne im harmonischen Verhältnis zueinander; daraus ergebe sich nun ein überirdisch schöner Zusammenklang, eine himmlische Harmonie, in der die Ordnung des Kosmos tönte. – Der Gedanke, Schönheit sei nur eine andere Ausdrucksform der Wahrheit, hat nicht nur Pythagoras' Nachfolger verlockt; er hat seitdem die Menschen unaufhörlich in seinen Bann gezogen.

Pythagoras verließ als Greis auch seine zweite Heimat, die Stadt Kroton, in der er Jahrzehnte gelehrt hatte. Er wanderte aus in das nahe gelegene Metapont und starb dort im Alter von etwa achtzig Jahren.

Ansehen und Einfluß der Pythagoreer blieben in den griechischen Städten Süditaliens zunächst noch bestehen. Doch dann muß ihr Orden Anstoß erregt haben; als sechzig Jahre nach dem Tod ihres Meisters das Vereinshaus in Kroton niederbrannte, wirkte das wie ein Signal. Über Nacht wurden die Pythagoreer zu Verfolgten, wurden aus ihren Häusern vertrieben oder getötet. Der Hetzjagd entkamen nur wenige, die sich auf ein Schiff retten konnten, das sie nach Griechenland brachte. Sie schrieben und lehrten dort weiter, aber sie hüteten sich, den Orden neu zu gründen. Lediglich in Tarent lebte der Bund wieder auf. Die Spur pythagoreischer Gedanken – sowohl über die Seele wie über die Zahl – ist deutlich in Platons Werk zu verfolgen. Dort wird auch der innere Zusammenhang zwischen den beiden Teilen der pythagoreischen Lehre voll sichtbar: Damit die zeitlosen Zahlenordnungen allen Geschehens überhaupt in dem zeitlich begrenzten Denken eines menschlichen Lebens erscheinen können, muß die denkende Seele mit dem Überzeitlichen verbunden sein.

DIE GOTT-NATUR

Xenophanes, um 580–485 v. Chr.

Auf einer vorgeschobenen Bergkuppe am Ägäischen Meer nördlich von Milet lag die Stadt Kolophon. Bei gutem Wetter waren jenseits der Bucht die Erhebungen der Insel Samos zu sehen. Als Pythagoras Samos verließ und Thales und Anaximander schon einige Jahre tot waren, brach in Kolophon der fünfundzwanzigjährige *Xenophanes* zu der großen Wanderschaft seines Lebens auf. Ihn trieb nicht die Politik fort, sondern das Abenteurerblut.

Er war überhaupt ein Mann von ganz anderer Lebensart als die bisherigen Philosophen; sie entstammten ausnahmslos Patrizierfamilien, er war gewöhnlicher Leute Kind. Zeitlebens mußte er sich sein Geld selbst verdienen. Als Rhapsode – als Wandersänger – zog er Jahr um Jahr von Insel zu Insel, von Stadt zu Stadt. Ungewiß bleibt, was er auf seinen Fahrten sang; die einen sagen, er habe homerische Gesänge rezitiert, die anderen meinen, er habe Spottgedichte auf Homer vorgetragen. Sicher ist: Er war gegen die Fabeln Hesiods und die vermenschlichten Göttergestalten Homers. Ihm mißfiel es, den Göttern Diebstahl, Ehebruch, Großmäuligkeit und andere menschliche Unarten anzudichten. Seine Reisen hatten ihm die Augen dafür geöffnet, wieviel von sich selbst die Menschen in ihre Götter hineinlegten. »Die Äthiopier stellen sich ihre Götter schwarz und stumpfnasig vor, die Thraker dagegen blauäugig und rothaarig.«[17] Er hatte zu viele Götter kennengelernt, um noch wie das Volk an sie zu glauben. Und er spottete: »Wenn Kühe, Pferde oder Löwen Hände hätten und damit malen und Werke wie die Menschen schaffen könnten, dann würden die Pferde pferdeähnliche, die Kühe kuhähnliche Götterbilder malen.«[18] Dennoch war Xenophanes nicht ungläubig.

Nachdem er nämlich die Götterversammlung unglaubwürdig gemacht hatte, stimmte er seinen Lobgesang an auf den *einen* Gott – »den einzigen Gott, unter Göttern und Menschen der

Größte, weder an Aussehen den Sterblichen ähnlich noch an Gedanken«.[19] Er begründete seine neue Gottesversion ganz begrifflich: »Wenn aber die Gottheit das Mächtigste von allem ist, dann kann sie nur eine einzige sein ... denn sie könnte unmöglich alles, was sie wollte, wenn es mehrere Götter gäbe.«[20] Von dieser Gottheit sagt Xenophanes, sie sei gestaltlos und bewirke den Umschwung des Alls ohne Mühe allein durch ihre Kraft.

Gestaltlos und Grund aller Bewegung – das entsprach dem Apeiron oder ganz allgemein der Arche, dem Urgrund und der Ureinheit. Xenophanes suchte dasselbe wie die Philosophen vor ihm; er fand dafür dieselben gedanklichen Bestimmungen, ließ ihm aber noch den vertrauten Namen Gott. »Auf das All hinblickend, nannte er das Eine Gott«, schrieb Aristoteles über ihn.[21] Dieser neue Gott hatte wenig gemein mit den bisherigen Göttern, er war völlig unanschaulich und bar jeder Menschenähnlichkeit – keine Gottesgestalt mehr, sondern ein Gottesbegriff. In ihm verschmolzen die neuen Ansprüche philosophischen Denkens mit den alten Geboten griechischer Gläubigkeit.

Xenophanes wurde sehr populär. Er trat selbstbewußt wie ein Star auf und wagte sogar, seinen Hörern ihre hemmungslose Bewunderung der Olympiakämpfer verdächtig zu machen. »Wenn einer auch in den landesüblichen Wettkämpfen den Preis davontrüge und von seinen Mitbürgern hoch geehrt würde, wäre er doch nicht so viel wert wie ich, denn besser als die rohe Kraft von Männern und Rossen ist meine Weisheit.«[22]

Als er alt und des Herumziehens überdrüssig wurde, ließ er sich in Elea, einer griechischen Siedlung südlich von Neapel, nieder. Dort gründete er eine Philosophenschule, der sein Schüler Parmenides zu hohem Ansehen verhalf.

VERNUNFT – DAS BEWEGTE PRINZIP

Heraklit, um 544–484 v. Chr.

Bereits zu Lebzeiten von Xenophanes und Pythagoras warf sich ein jüngerer Mann zu ihrem Kritiker auf: *Heraklit.* »Vielwisserei bringt noch lange keinen Verstand«, lautete sein abfälliges Urteil.[23] Es war nicht sein einziges über Vorgänger und Zeitgenossen.

Heraklit war ein Aristokrat reinsten Wassers. Er führte seine Herkunft auf ein athenisches Königsgeschlecht zurück; die neumodische Demokratie bedachte er mit Verachtung. »Einer ist mir soviel wert wie zehntausend, wenn er der Beste ist.«[24] Als in Ephesos, seiner zwischen Milet und Kolophon gelegenen Vaterstadt, die Volkspartei an die Macht kam, war seine Reaktion: »Die Ephesier sollten sich samt und sonders, Mann für Mann, aufhängen und den Unmündigen ihre Stadt überlassen.«[25] Angewidert zog er sich vom politischen Leben zurück; es heißt, er habe die Einsamkeit der Berge und Wälder gesucht und die Abgeschlossenheit des Artemistempels von Ephesos. Dort soll er auch seine Schrift feierlich niedergelegt haben, die von späteren Geschichtsschreibern unter dem Titel »Über die Natur« zitiert wurde; wir wissen nicht, ob zu Recht oder nicht.

Als Heraklit geboren wurde – etwa 544 v. Chr. –, waren Thales und Anaximander gerade gestorben. Der Wechsel von der ersten Denkergeneration zu Heraklit bezeichnet auch einen Gedankenwandel: Das Denken entdeckte allmählich sich selbst. Der Grund dieser Entwicklung: Je einheitlicher, ungeschiedener und allumfassender die Arche gedacht wurde, desto schwieriger war es, das Entstehen des Vielen, Gegensätzlichen und Wechselnden aus ihr abzuleiten. Alle bisherigen Denker boten zwar Erklärungen für das *Wie* dieses Prozesses – Verdünnung/Verdichtung, Ausscheidung von Gegensätzen oder ihre Verbindung –; aber *warum* es überhaupt dazu kam, blieb unerklärlich, solange die Ureinheit ohne eine treibende Differenz in sich selbst vorgestellt wurde. Eine derartige differenzierende

Kraft mußte – sollte sie die Einheitlichkeit der Arche nicht sprengen – mit ihr identisch sein. Diese gedankliche Forderung erfüllte am ehesten das Denken selber: Es ist Selbstbewegung (der Gedanken) und bringt durch diese Eigenbewegung Unterschiedliches in sich hervor.

Bei Xenophanes zeichnet sich diese Entwicklung bereits ab, wenn er von dem All-Einen, das er Gott nennt, sagt: »Doch ohne Mühe bewirkt er den Umschwung des Alls durch des Geistes Denkkraft.«[26] Damit war die Vernunft ausdrücklich hineingenommen in den Grund alles Geschehens – Heraklit sah nun in ihr selbst diesen Grund.

Wie kommt der »Logos« bei Heraklit zu diesem göttlichen Rang? Logos bedeutete zunächst: die zusammenhängende Rede, Wort und Satz; dann: das, was der Rede ihren Sinn gibt, eben die Vernunft. Sie ist die ordnunggebende Einheit, die sich im vernünftigen Reden zeigt. Heraklit versteht unter Logos nicht etwa die individuelle Vernunft des einzelnen Denkenden, sondern das Übergeordnete, wonach die individuelle Rede sich richten muß, um vernünftig, um »logisch« zu sein. Aus dem Logos geht deshalb alles, was wir überhaupt sinnvoll denken, hervor; er verbindet alle Sprechenden und Denkenden. »Daher muß man dem Gemeinsamen folgen. Obgleich aber der Logos allen gemeinsam ist, leben doch die Vielen, als ob sie eine eigene Denkkraft hätten.«[27] Der Logos hat also einen einzigartigen Rang, weil er das allgemeinste Ordnungsprinzip darstellt. Ein solches Ordnungsprinzip nennen wir auch Gesetz.

Das Prinzip des Logos war allen früheren überlegen, weil es an sich selbst Einheit *und* Vielheit, Dauer *und* Wechsel ist. Die Vernunft ist eine zeitlose Einheit, und doch treibt sie unablässig Widersprüche und Gegensätze im zeitgebundenen Streit der Meinungen hervor. Darum sagt Heraklit von seinem Prinzip, »daß es auseinanderstrebend mit sich selbst übereinstimmt«[28] – und weiter, daß »das Widerstrebende sich vereinige und aus dem Entgegengesetzten die schönste Harmonie entstehe und alles Geschehen auf dem Wege des Streits erfolge«.[29] Erst im Kampf der Gegensätze sondert sich alles aus dem einen göttlichen Logos aus und wird zu etwas Bestimmtem, Einzelnem. »Kampf ist der Vater von allem, der König von allem; die einen macht er zu Göttern, die anderen zu Menschen, die einen zu Sklaven, die anderen zu Freien.«[30]

Gerade weil der Logos ein sich selbst bewegendes Prinzip ist, ist allein er von Dauer und ewigem Bestand; was er hervorbringt, aber ist in stetem Wechsel begriffen und dem Verfall anheimgegeben: Es wandelt sich, kommt und geht; alles hält der Logos im Fluß, während er sich selbst gleichbleibt. Ein Bild Heraklits: »Wer in denselben Fluß steigt, dem fließt anderes und wieder anderes Wasser zu.«[31] So enthält alles Werdende in sich schon den Keim seines Gegenteils, der es zum Untergang treibt und anderes hervorbringt. Dieser Grundgedanke Heraklits hellt uns sogar einen seiner dunkelsten Sprüche auf: »Unsterbliche sterblich, Sterbliche unsterblich; sie leben den Tod jener und sterben das Leben jener.«[32] Das klingt wie eine Variation zu dem Satz Anaximanders über die Dinge, die einander Buße leisten für ihre Ungerechtigkeit.

Und doch hat Heraklit das Weltprinzip nicht ausschließlich als Logos bezeichnet, sondern auch als Feuer. Wie Xenophanes war Heraklit Pantheist; das heißt, auch er dachte sich Gott und die Natur als dasselbe. »Eins, das allein weise ist, will nicht und will doch mit Zeus' Namen genannt werden.«[33] Beim gewöhnlichen Sprechen unterscheiden wir zwar zwischen Gott und der Natur, aber für das Denken sind Gott – also Logos – und Natur eins; eine Unterscheidung hält Heraklit für schlichtweg unbegründbar. »So vieler Reden ich auch gehört habe – keiner ist dahin gekommen, daß er einsähe, daß das Weise etwas von allem anderen Abgesondertes ist.«[34] Deshalb ist für Heraklit das Feuer auch nicht ein zweites Prinzip, sondern die sichtbare Gestalt des ersten und einzigen. Er wählte es wahrscheinlich, weil die Kraft des Feuers der des Logos gleicht: Sie verwandelt alle Dinge, löst sie auf, bringt aber auch neue hervor, zum Beispiel Metall aus Gestein. »Alles ist Austausch des Feuers und das Feuer Austausch von allem, gerade wie für Gold Waren und für Waren Gold eingetauscht wird.«[35]

Da dieser Urprozeß ewig ist, nimmt Heraklit an, daß die Welt sich periodisch in Feuer auflöst und wieder neu daraus entsteht. Anfang und Ende sind zu einem Kreis geschlossen – steter Wechsel des Geschehens und ewige Dauer des ihn hervorbringenden Prinzips gedanklich widerspruchsfrei verbunden. Die Einsetzung der Vernunft als Weltprinzip hatte das ermöglicht.

Hegel bezeichnete Heraklit deswegen als den ersten spekulativen Denker. Der Gedanke, daß der Wechsel das ewig Dauernde sei, zog die Geister bis in die Neuzeit immer wieder an. Er war Goethe vertraut und wurde für Nietzsches Lehre von der ewigen Wiederkehr des Gleichen wichtig. Gerechtfertigt war Nietzsches Berufung auf Heraklit freilich nicht; denn dort sind der Streit als Vater aller Dinge und die periodische Wiederkehr alles Geschehens regiert vom Logos: von der Vernunft – und nicht vom blinden Prinzip der Macht wie bei Nietzsche.

Darum gibt auch der vielzitierte Spruch »Panta rhei« – Alles fließt – nur einen einseitigen Ausschnitt von Heraklits Werk wieder. Er stammt übrigens wahrscheinlich nicht einmal von dem Philosophen selbst, sondern wurde ihm erst Jahrhunderte später in der zusammenfassenden Darstellung von Aristoteles zugesprochen.

SEIN - DAS RUHENDE PRINZIP

Parmenides, um 540–470 v. Chr.

Fast zugleich mit Heraklit erkannte *Parmenides* die Bedeutung des Denkens und der Vernunft für das in Frage stehende Weltprinzip. Er gelangte allerdings zu einem völlig entgegengesetzten Ergebnis über dessen Natur.

Er war der erste der vorsokratischen Philosophen, der nicht mehr an der ionischen Küste aufwuchs, sondern in Italien. Unter dem Druck persischer Truppen hatte die griechische Kolonisation ihre Richtung verkehrt; je mehr die Griechen im Osten bedrängt wurden, desto weiter schwärmten ihre Schiffe nach Westen aus auf der Suche nach neuen Siedlungs- und Handelsplätzen. Die einheimische Bevölkerung setzte den Ankömmlingen anfangs kaum Widerstand entgegen. So entstanden Dutzende griechischer Kolonien, die meisten in Italien, einzelne in Südfrankreich und Spanien. Die Siedlungen waren politisch nur locker untereinander verbunden und auch von ihren Heimatstädten weitgehend unabhängig. Mancherorts zeugen die Ruinen gewaltiger Tempelanlagen noch immer von der Gesinnung und dem Reichtum der mächtigsten dieser Gründungen. Poseidonia – das heutige Paestum südlich von Neapel – war ein solcher Platz. In der Nähe lag der Geburtsort von Parmenides: Elea, die Stadt, in der Xenophanes sich am Ende seiner Wanderschaft niedergelassen hatte. Parmenides war sein Schüler; er übertraf den Lehrer jedoch bald an Bedeutung.

Heraklit, sein geistiger Gegenpol, nahm die Vernunft als Weltprinzip an, weil sie das höchste Gemeinsame alles geordneten Verstehens repräsentiere; das Ordnungsprinzip des Denkens und der Welt war für ihn noch selbstverständlich eines: eben der Logos. Parmenides sieht diese Einheit ebenfalls, doch er setzt sie nicht mehr mit der gleichen Selbstverständlichkeit voraus wie Heraklit; er hält sie zwar für das einzig Denkbare, aber er begründet nun ausdrücklich, warum das Denkbare auch das wahrhaft Wirkliche sein muß. Er hält also einen Zweifel an dieser Gleichsetzung immerhin für möglich. Das zeigt: Das philosophische Erkennen wird sich immer mehr seiner eigenen Problematik bewußt.

Parmenides begründete die Einheit von Denk- und Weltprinzip aus dem Denken selbst: Er versuchte nachzuweisen, warum alles andere schlechtin undenkbar sei. Er argumentierte: Das Prinzip aller seienden Dinge müsse notwendig *gedacht* werden, um überhaupt befragt und erkannt zu werden. Er sprach diese fundamentale Voraussetzung des philosophischen Fragens erstmals deutlich und bewußt aus und baute darauf seine Philosophie auf. Ihr Kernsatz:

> »Das ist dasselbe, daß Erkennen ist und der Gedanke, daß Sein ist. Denn nicht ohne das Sein, in dem es ausgesprochen ist, kannst Du das Erkennen finden.«[36]

Parmenides gibt dieser Erkenntnis in seinem Gedicht »Über die Natur«, von dem uns 155 weitgehend zusammenhängende Hexameter erhalten sind, den Rang einer göttlichen Offenbarung. Die Göttin, die ihn nach einer abenteuerlichen Fahrt durch »das lichte Tor der Pfade des Tages und der Nacht« empfängt, läßt er sprechen: »Kein geringes Geschick, sondern Themis und Dike leiten Dich, diesen Weg zu nehmen, der da außerhalb ist der von Menschen betretenen Pfade. So sollst Du denn alles erfahren: der wohlgerundeten Wahrheit nie wankendes Herz und das Scheinwesen menschlicher Setzung, die ohne Verlaß ist und ohne Wahrheit... Wohlan, so will ich denn sagen – Du aber vernimm und pflege die Kunde –, welche Wege des Suchens und Fragens allein zu sehen sind: der eine, daß es [das Sein] ist und nicht nicht sein kann, das ist der Weg der Überzeugung, der die Wahrheit unzertrennlich begleitet. Der andere aber, daß es [das Sein] nicht ist und nicht sein kann – ein Pfad, so sage ich, ganz und gar nicht zu begehen. Denn Nichtsein kannst Du nicht erkennen noch sagen – es ist nicht zu fassen. Denn es ist dasselbe: daß Erkennen ist und daß Sein ist.«[37]

Mit dieser Gleichsetzung von Erkennen und Sein wird zur Grundvoraussetzung alles Denkbaren erklärt: daß es *ist*. Das Allgemeinste, das das Denken an den Dingen ausmachen kann, ist das Sein – nicht ihr Sein als einzelnes, nicht was sie sind, sondern daß sie sind. »Sein ist mir ein Allgemeinsames«, spricht Parmenides' Göttin.[38] Denn: »Was man sagen und erkennen kann, das muß auch sein, Nichtsein ist nicht.«[39]

Aus diesem Unvermögen, das Nichts wirklich als Nichts denken zu können, leitete Parmenides dann die weiteren Bestimmungen seines Seinsbegriffes ab. Da »Nichts« undenkbar ist – sonst wäre es ja nicht Nichts, sondern Etwas –, kann Sein weder daraus hervorgehen noch darin übergehen: Sein ist »ungeboren und unvernichtbar«.[40] Es muß auch stets in sich selber gleich sein, denn sonst wäre es irgend*wann* etwas *nicht,* was es zuvor oder danach ist, oder es wäre irgend*wo* etwas *nicht,* was es andernorts ist. Der Gedanke irgendeines »nicht« aber widerspricht dem Sein. »So ist es entweder ganz und gar oder überhaupt nicht.«[41] Es ist weder teilbar, noch kann es mehr oder weniger werden; es ist eben in gar keiner Weise einschränkbar.

Damit ist jede Bewegung des Seins und jede Veränderung in ihm unmöglich. So folgerte Parmenides: »Entstehung und Vernichtung sind fernab verschlagen, von unzweideutigem Zeugnis verstoßen.«[42] Das Sein ist ein vollkommen unbewegtes, ewig in sich ruhendes Prinzip – Werden und Vergehen sind unmöglich.

Der Augenschein menschlicher Erfahrung widersprach und widerspricht dem aber ganz eindeutig: Das Vielerlei der Welt, das stete Werden und Vergehen aller Dinge sind unübersehbar. Auch Parmenides wußte das. Um die Wahrheit des Denkens zu retten, blieb ihm nur ein Ausweg: Er bezichtigte die Wahrnehmung unserer Sinnesorgane der Unwahrheit, hielt sie für einen täuschenden Schein. Er schied darum sein Lehrgedicht in zwei Teile mit den Worten der ihn erleuchtenden Göttin: »Hier ende ich mein festes Künden und Erkennen im Reiche der Wahrheit. Von nun an erfahre das Scheinwesen der menschlichen Setzungen, hörend meiner Worte trügendes Gefüge.«[43]

Das Scheinwesen entstehe, weil die Menschen in Gegensätzen dächten, sie mit Namen belegten und jeweils beide für seiend erachteten, während in Wahrheit nur eines sei. Schon am Anfang hatte die Göttin vor diesem trügerischen Weg gewarnt: »Laß Dich nicht durch die Gewohnheit und ihr vieles Erfahren auf ihn zwingen, nicht durch das Walten der ziellosen Augen, des brausenden Gehörs und der Zunge.«[44]

Merkwürdigerweise legte Parmenides trotzdem im abschließenden Teil seines Gedichtes, der immerhin ein Drittel des erhaltenen Textes ausmacht, die täuschende menschliche

»Weltordnung in der ganzen Glaubhaftigkeit ihres Scheins« dar.[45] Für ein bloßes Trugbild wäre das ein recht unverständlicher Aufwand. Offenbar meinte Parmenides, daß die bewegte Welt unserer sinnlichen Erfahrungen zwar vor dem reinen Wahrheitsanspruch des Denkens nicht bestehen kann, in diesem Trug zu leben aber unser menschliches Schicksal ist; wir können zwar seine Scheinhaftigkeit begreifen, aber ihr trotzdem nicht entrinnen. Und weil wir diesen Schein nie völlig aufzuheben vermögen, verschmähte auch Parmenides nicht, seinerseits Erklärungen zu geben für das Entstehen von Himmel und Erde, Milchstraße und Sonne, Eros und Menschen.

Er schließt diese Beschreibung mit den Worten: »So erwuchs dies nach glaubhaftem Schein und ist nun und wird sich weiter nähren und schließlich ein Ende nehmen. All dem haben die Menschen Namen als Zeichen gesetzt, jedem einzelnen.«[46] Die menschlichen Bilder und Begriffe von den Dingen sind gegenüber dem Sein zwar nicht eigentlich wahr, aber sie sind auch nicht sinnlose Phantastereien, sondern immerhin Zeichen, mit deren Hilfe die Menschen sich in der schicksalhaften Unvollkommenheit ihres gewöhnlichen Erkennens zurechtfinden.

Nach dem anfänglichen unerbittlichen Anspruch des Denkens ist das ein versöhnlicher, ein menschlicher Schluß. Er kann allerdings nicht darüber hinwegtäuschen, daß die Einheit des menschlichen Erkennens radikal zerspalten wurde, um die Widerspruchsfreiheit eines bestimmten Seinsdenkens zu ermöglichen. Wird die Wahrheit als ein ewiges, unveränderliches und ungeteiltes Sein verstanden, so ist die Abwertung der anschaulichen Welterfahrung und der Sinneswahrnehmung zwingend.

So kam das Denken bei Parmenides zwar auf Kosten der Erfahrung mit sich ins reine, aber nur für den Augenblick; denn von nun an mußte es sich selbst plausibel machen, warum aus dem Sein überhaupt eine Welt des Scheins entstehen konnte und wie Sein und Schein zusammenhängen. Wie alle bisherigen (und künftigen) Problemlösungen beschwor auch diese – das Sein als allgemeinstes Prinzip zu denken – ein neues Problem herauf. Es beunruhigte die Geister mehr als zweitausend Jahre lang und führte zu immer neuen Versuchen, zwischen der ewig gleichbleibenden Wirklichkeit des Seins und der dauernd sich verändernden Wirklichkeit der Welt und des Menschen zu vermitteln. Platons Vermittlungsvorhaben steht Parmenides am nächsten – nicht zeitlich, aber gedanklich. Und da Platon die gedankliche Verbindung von Sein und Schein ohne Gewaltsamkeiten und Lücken gelang, wurde durch ihn Parmenides' statische Seinsvorstellung bestimmend für die weitere Entwicklung des Denkens.

DIE ELEMENTE

Empedokles, um 490–430 v. Chr.

Die erste Antwort auf die Herausforderung, den Zwiespalt zwischen Denken und Anschauung zu überbrücken, versuchte *Empedokles*.

Auch er war wie Parmenides von der Scheinhaftigkeit des Wechsels überzeugt und von der gedanklichen Notwendigkeit unveränderlichen Seins. »Aus Nichts kann nichts entstehen: Unerweisbar, unmöglich ist, daß Seiendes vergehe; es wird stets sein, wohin ein Gott es stellt«, schrieb er – und das gleicht dem Text des Parmenides zum Verwechseln.[47]

Aber während in Parmenides' Lehrgedicht Sein und Werden übergangslos nebeneinanderstehen, fand Empedokles einen Weg, den Wechsel und das Werden aus dem Sein hervorgehen zu lassen und doch zugleich dessen Unveränderlichkeit zu erhalten. Dabei kam Empedokles auf den Grundgedanken der Philosophen aus Milet zurück: auf den Urstoff. Aber nachdem die früheren Philosophen nur *einen* Urstoff angenommen hatten, ging Empedokles von vier Elementen aus: dem Feuer, dem Wasser, der Luft und der Erde.

Diese Lehre hatte zwei Vorteile.

Erstens entsprach sie mehr dem gewohnten Bild der Welt – einer Welt aus Inseln und Küsten, der anschaulichen Welt eines seefahrenden Volkes. Ich vergesse nie einen Abend zwischen den zerklüfteten Felsen einer griechischen Insel: Unter mir stoben die Wellen des Mittelmeeres gegen den rauhen Stein, der Wind bedrängte meinen Atem, die Sonne sank in den Dunst des Horizontes, und das Meer spiegelte in einer langen Bahn ihr letztes Licht. Da begriff ich plötzlich, daß ich die Welt der Alten sah. Erde, Wasser, Luft und Feuer – diese vier standen mir vor Augen, mächtig und überwältigend, nichts aber sonst; alles, was ich sah, waren diese vier, nur aus ihnen bestand diese Welt: aus Feuer, Wasser, Luft und Erde. Ich erblickte erstmals mit eigenen Augen die Wahrheit der antiken Elementenlehre; ich erlebte an mir selbst, wie die Griechen aus der Anschauung ihrer Welt heraus philosophiert haben, wie unmittelbar Empedokles die Welterfahrung seines Volkes in Worte und Gedanken faßte. Seine Elemente »begriff« jeder; jeder sah, daß die Grundfesten der Welt tatsächlich aus ihnen bestanden.

Die Einfachheit des Gedankens sicherte ihm eine ungeheuere Wirkung in der Folgezeit. Aristoteles übernahm die Lehre von den vier Elementen; und seine Autorität wiederum verhalf ihr zur Geltung bis ins Mittelalter.

Der zweite Vorteil der Vierelementenlehre: Mit ihrer Hilfe ließ sich das Sein in Bewegung setzen und das Viele aus ihm erzeugen. So deutete Empedokles alles in dieser Welt als Mischung der vier Elemente. Sie selbst seien unzerstörbar und unvergänglich, befänden sich aber in steter Mischung und Trennung. Dieser Vorgang erscheine den Menschen als Werden und Vergehen der Einzeldinge. »Etwas anderes will ich dir sagen: Entstehung gibt es von keinem einzigen all der sterblichen Dinge noch ein Ende im verderblichen Tode. Nein! Nur Mischung gibt es und Trennung des Gemischten. Das Wort ›Entstehung‹ gibt es nur bei den Menschen.«[48]

Das gilt nicht nur für die Dinge, sondern auch für die Lebewesen, sogar für die Menschen selbst. »Dringt aus Vermischung Menschliches ans Licht, Geschlecht der Tiere, Vogel oder Pflanze, so spricht man von Geburt. Doch trennen sich die Elemente, heißt es böser Tod. Wie falsch! Doch red' ich selber nach dem Brauche.«[49]

Mit dieser Lehre sind zwar das gleichzeitige Bestehen unveränderlicher, ewiger Urstoffe – der vier Elemente – und die dauernd wechselnde Scheinexistenz des Vielen erklärt, aber die Frage drängt sich auf, warum die Elemente sich überhaupt miteinander mischen, was sie eigentlich zu diesem Prozeß veranlaßt. Empedokles' Antwort: »Dieser fortwährende Wechsel hört niemals auf: bald kommt alles durch die Liebe in eins zusammen, bald wieder scheiden sich alle Dinge voneinander durch den Haß des Streites.«[50] Das ist eine sehr griechische Antwort: Liebe und Streit, die Grundkräfte des Lebens, halten auch das Sein in Gang.

Die menschliche Liebe ist für Empedokles nur eine besondere Ausformung eines viel allgemeineren Prinzips. Er sagte von ihr: »Sie schaue an im Geiste und sitze nicht erstaunten

Blickes. Sie waltet auch in Gliedern der Menschen, Huld und Eintracht blühen durch sie, man nennt sie Wonne oder Aphrodite. In Elementen wirbelt sie – das weiß kein Mensch, du aber sollst den Gang der Wahrheit hören.«[51]

Der Ton priesterlicher Verkündigung kommt nicht von ungefähr. Empedokles war nicht nur Politiker und Wissenschaftler, sondern auch ein weithin berühmter Priester und Prophet. Seine Heimatstadt Akragas – heute Agrigent – soll ihm sogar die Königswürde angeboten haben. Er lehnte ab; er stand auf der Seite der Volkspartei, die für bürgerliche Freiheiten und Rechte eintrat. Als es ihm gelang – wahrscheinlich durch Trockenlegung von Sümpfen –, nicht nur in seiner Vaterstadt das ungesunde Klima zu verbessern, sondern auch in Selinunt im Westen von Sizilien die mörderische Malarie zu bannen, wurde er wie ein Heiliger verehrt. – »Ich wandle jetzt, ein Gott, kein Sterblicher mehr, vor Euch, in Ehren, die mir jeder schuldet, geschmückt mit Binden und mit Blütenkränzen. Betret' ich mit den Männern hier und Frauen der Städte Pracht, so betet man mich an. Und Scharen folgen, nach dem Heilweg fragend«, so schilderte er seinen Ruhm.[52]

Nur Pythagoras war bisher in ähnlicher Weise vergöttert worden, Empedokles' Ansehen scheint noch größer gewesen zu sein. Er selbst verehrte den Meister der Pythagoreer und schrieb ehrfürchtig über ihn: »Es lebte dort ein übermenschlich Weiser, gewaltig war in ihm des Geistes Macht, und Meister war er aller weisen Künste.«[53]

Die Seelenwanderungslehre verband beide. Empedokles führte sie in seinen »Katharmoi« – Sühneliedern – fort. Er beschreibt den mühevollen Weg der Seele durch die Reihe der Leiber bis hin zur endgültigen Reinigung und Befreiung von neuen Bindungen an neue Körper. Von seiner eigenen Seele sagte er: »Schon war ich einst, als Knab' und auch als Mädchen, als Pflanze, Vogel, stummer Fisch der Flut.«[54] Alte orphische Überlieferungen und pythagoreische Lehren mischten sich in diesen Läuterungsgesängen.

Neuartig war sein Versuch, eine Erkenntnislehre zu entwickeln, also die Funktionsweise des menschlichen Wahrnehmens zu erklären. Den früheren Denkern hatte sich diese Frage kaum gestellt, weil der Unterschied zwischen dem Erkennenden und dem Erkannten noch nicht deutlich herausgearbeitet worden war. Je mehr aber die Dinge zum bloßen Schein erklärt wurden, desto fragwürdiger mußte die Sinneswahrnehmung werden, war sie doch vermeintlich Kronzeuge für die Wirklichkeit dieser Dinge.

Parmenides hatte sich der Frage noch entziehen können; da er die Sinnenwelt schlechthin für Schein hielt, die Sinne also für völlig irrend und blind, erübrigte sich für ihn eine Theorie der Wahrnehmung. Anders Empedokles. Zwar ist auch für ihn das Entstehen und Vergehen der unendlich vielen Einzeldinge letztlich eine Täuschung; aber diese Täuschung ist kein reines Trugbild, sondern die irrige Betrachtungsweise eines ihr tatsächlich zugrunde liegenden Mischungsverhältnisses der Elemente. Wir unterscheiden also Dinge, weil wir irgendwie Verschiedenheiten in den Mischungsverhältnissen der Elemente wahrnehmen – wenn auch in der irrigen Meinung, gänzlich Verschiedenes vor uns zu haben, während es sich in Wahrheit nur um verschiedene Mischungszustände desselben handelt. Wie kann eine solche Wahrnehmung zustande kommen?

Die Antwort des Empedokles: »Denn mit der Erde [in uns] sehen wir die Erde, mit dem Wasser das Wasser, mit der Luft die göttliche Luft, aber mit dem Feuer das vernichtende Feuer, mit der Liebe die Liebe, den Streit mit dem traurigen Streite.«[55] Da auch der Mensch eine Mischung der vier Elemente ist, bewegt von den Urkräften Liebe und Haß, wird Gleiches um uns durch Gleiches in uns wahrgenommen.

Offen blieb, wie der Vorgang der Wahrnehmung sich zu der im Menschenleib wohnenden Seele verhält. Ein Fragment zeigt die Fuge zwischen Körper und Seele, aber es sagt nichts über das Zusammenwirken beider beim Erkennen: »Des Blutes Flut, anbrandend, nährt das Herz. Dort eben wohnt, was Menschen Seele nennen; Blut, kreisend um das Herz, ist ihre Seele.«[56] Die vier Elemente waren als Prinzip selbst zu körperhaft, um mehr als die körperliche Seite der Wahrnehmung erklären zu können. Die Frage, wie die Wahrnehmungen der vergänglichen Sinnesorgane und die Erkenntnisse der unsterblichen Seele miteinander verbunden waren, was beide einte und was sie trennte – diese Frage blieb unbeantwortet, bis Platon sich ihrer annahm.

Empedokles starb wenige Jahre, bevor Platon geboren wurde, wahrscheinlich auf der Peloponnes; seine Landsleute hatten ihn aus Agrigent vertrieben. Um sein Sterben rankten sich bald phantastische Geschichten. Seine politischen Gegner neideten ihm sogar noch den Nachruhm: Sie verbreiteten das Gerücht, er sei in den Feuerschlund des Ätna gesprungen, nur um die Nachwelt mit seinem geheimnisvollen Tod zu beeindrucken. Seinen Ruf zerstörten sie damit nicht – im Gegenteil. Über zweitausend Jahre später schrieb Hölderlin über diesen sagenhaften Sprung in den Vulkankrater das Trauerspiel »Der Tod des Empedokles«.

DAS VIELE UND DER GEIST

Anaxagoras, um 500–428 v. Chr.

Wie alle griechischen Philosophen, die im 5. Jahrhundert v. Chr. lebten und lehrten, schlug sich auch *Anaxagoras* mit dem von Parmenides und seiner eleatischen Schule hinterlassenen Problem der Scheinhaftigkeit des Werdens herum. Daß aus nichts nichts werden kann, daß alles, was ist, darum immer sein müsse – diesen eleatischen Grundsatz nahm Anaxagoras noch wörtlicher als Parmenides: Er wandte ihn nicht auf das Sein im allgemeinen an, sondern auf alle Stoffe und Dinge.

Seine Überlegung: Wenn nichts entstehen kann, was nicht schon irgendwie ist, so muß alles, was – scheinbar – neu entsteht, in Wahrheit schon immer da sein, nur eben verborgen für unsere Blicke. »Denn wie könnte aus Nichthaar Haar und aus Nichtfleisch Fleisch werden?«[57] Wenn nicht, so folgerte er, bereits in der Speise, die wir zu uns nehmen, diese Stoffe schon als solche vorhanden wären. Also Brot und Wasser enthalten Blut, Sehnen, Knochen, Fleisch, Haare und alles übrige – allerdings in Teilchen so klein, daß wir sie mit unseren Sinnen nicht wahrnehmen.

Was aber nehmen wir wahr, wenn wir Wasser als Wasser und Blut als Blut erkennen? Wie Empedokles hilft Anaxagoras sich mit dem Gedanken der Mischung als Mittler zwischen den ewig gleichbleibenden Ureinheiten und den wechselnden Erscheinungen. Was am Beispiel der Speisen gezeigt wurde, gilt für alles. Da letztlich aus jedem Ding durch natürliche Veränderung oder künstliche Bearbeitung alles entstehen kann, muß jedes Ding von allen anderen Dingen etwas enthalten; aber die Anteile der unterschiedlichen Stoffteilchen in ihm sind nicht gleich. Und wir nehmen nur diejenige Menge gleichartiger Teilchen wahr, die in dem Ding überwiegend vorhanden ist. Im Wasser sind also zwar auch Blutteilchen, aber in so geringer Menge, daß wir sie neben der Masse der Wasserteilchen nicht erkennen. Im Blut ist es umgekehrt: Der Körper hat aus allem, was er aufnimmt, die Blutteilchen gesammelt, so daß sie nun im Blut überwiegen und alle anderen Anteile unerkennbar gering sind.

Werden und Vergehen ist mithin ein steter Übergang von einem Mischungsverhältnis zu einem anderen, von einem Anreicherungsprozeß zum nächsten. Wirklich seiend sind dabei allein die vielen Ur-Teilchen jedes Stoffes: »Spermata«, wie Anaxagoras sagt, also Samen oder Keimanlagen. Für jede Art von Ding oder Stoff gibt es einen bestimmten Typ von Ur-Teilchen; alle Teilchen desselben Typs sind unter sich völlig gleich – Aristoteles gab ihnen darum in seiner Beschreibung der Philosophie des Anaxagoras den Namen »Homoiomerien« aus: homoios = gleichartig und meros = Teil, Anteil.

Im Urzustand der Welt waren alle diese Teilchen gleichmäßig gemischt. »Alle Dinge waren beisammen – unendlich an Menge und unendlich an Kleinheit... Und da alle Dinge zugleich waren, war wegen der Kleinheit keins wirklich sichtbar.«[58] Warum aber blieb es nicht dabei? Warum entmischten sich Homoiomerien und fanden sich zusammen, bis ihre Mengen die Größenordnung der Sichtbarkeit erreichten und als Dinge erschienen?

Die Welt, die aus dieser Entmischung hervorgeht, ist geordnet und regelhaft; und ihre Ordnung ist für die menschliche Seele erkennbar. Also muß die Kraft, die den Kosmos erzeugt hat und in Gang hält, eine auch in der Seele wirkende Ordnungskraft sein. Anaxagoras sagt, es ist der Geist, der »Nus«. »Alle anderen Dinge haben ein jedes Anteil an allem, nur der Geist ist unendlich und selbstherrlich und mit keinem Ding vermischt, sondern allein für sich selbst... Er ist nämlich das Allerfeinste von allen Dingen und das Allerreinste. Und er hat Erkenntnis von allem und hat am meisten Kraft; das gilt für alles, was Seele hat, für die größeren so gut wie für die kleineren Wesen, daß sie alle der Geist beherrscht. Das gilt aber auch für den Umschwung des Ganzen, daß der Geist seine Herrschaft über es angetreten hat, so daß es überhaupt in Umschwung geriet... Und was immer werden sollte und was je war, was jetzt nicht ist, und was jetzt ist und was alles sein wird, das hat alles der Geist in seine Ordnung gebracht.«[59]

Platon und Aristoteles vernahmen hier einen Vorklang ihrer eigenen Gedanken. Anaxagoras habe endlich begriffen, was seine Vorläufer alle nicht verstanden hätten, meinte Aristoteles, denn es sei unsinnig, Ordnung und Schönheit des Kosmos auf ein stoffliches Prinzip – wie das Feuer oder dergleichen – zurückführen zu wollen oder gar auf den bloßen Zufall. »Wenn also jemand lehrte, es sei Geist auch in der Natur genau wie in den Lebewesen die Ursache aller Schönheit und Ordnung, so mußte er als der erste Besonnene erscheinen, während die Früheren nur so daherredeten.«[60] Allerdings schränkte Aristoteles sein Lob gleich wieder ein; er warf Anaxagoras vor, den Geist immer nur dann als Erklärung einzusetzen, wenn er um eine andere verlegen sei. »Anaxagoras nämlich bedient sich des Geistes kaum einmal bei der Weltschöpfung, und nur wenn er keinen Rat weiß, welche Notwendigkeitsursache für etwas vorliege, zieht er ihn herbei, sonst aber ist für ihn Ursache alles andere eher als der Geist.«[61] Und auch Platon läßt Sokrates enttäuscht über Anaxagoras' Schriften klagen, weil die Lektüre zeige, »wie der Mann mit dem Geist so gar nichts anfängt und auch sonst gar nicht Gründe anführt, die sich auf die Ordnung der Dinge beziehen, dagegen aber allerlei Luft und Äther und Wasser vorschiebt und sonst vieles zum Teil Wunderliches«.[62]

Diese wunderlichen Naturerklärungen erwiesen sich als nicht ungefährlich. 462 v. Chr. war Anaxagoras aus seiner ionischen Heimat nach Athen gekommen, wo er bald im Ruf eines Aufklärers stand. Als alter Mann wurde er auf Betreiben eines strenggläubigen Bürgers der Gottlosigkeit angeklagt, wahrscheinlich, weil er die Sonne als eine glühende Gesteinsmasse bezeichnet und ihr damit ihr göttliches Wesen abgesprochen hatte. Es kam zum Prozeß. Nur der Einfluß seines Freundes Perikles, des Staatschefs von Athen, soll ihn vor dem Todesurteil gerettet haben. Er kam mit einer hohen Geldstrafe davon und kehrte der Stadt den Rücken. Andere Quellen berichten, er sei bereits vor der Urteilsverkündung geflohen. Jedenfalls fuhr er nach Lampsakos, einer Stadt an der Meerenge des Hellespont, die den Siebzigjährigen gastlich aufnahm. Als Freunde ihn bedauerten, weil er nun in der Fremde sterben müsse, erwiderte er gelassen, der Weg in die Unterwelt sei von überall her gleich weit.

DIE ATOME UND DAS NICHTS

Leukipp und Demokrit, um 460–370 v. Chr.

Während Anaxagoras über das Meer floh und Empedokles aus Agrigent emigrierte, stand *Leukipp* auf der Höhe seines Erfolges. Unsicher ist, ob er aus dem ionischen Milet oder dem unteritalienischen Elea stammt; sicher jedoch, daß er in Elea bei Zenon, dem bekanntesten Schüler des Parmenides, lernte und danach eine eigene Philosophenschule in Abdera, einer Stadt an der Nordküste des Ägäischen Meeres, gründete.

Mit seinem Schüler *Demokrit* wurde er bald nur noch in einem Atemzug genannt. Beider Schriften erschienen bereits zu ihren Lebzeiten zusammengefaßt unter Demokrits Namen. Deshalb zweifelten Epikur und – durch ihn veranlaßt – einige moderne Forscher sogar an Leukipps Existenz. Doch erwähnt Aristoteles, unser Kronzeuge, Leukipp etwa zehnmal; mit einer Ausnahme allerdings auch immerhin zusammen mit Demokrit. Beider Lehren sind kaum voneinander abgrenzbar; Aristoteles sagt darüber: »Leukipp und Demokrit behaupten, daß aus unteilbaren Körpern die übrigen Dinge zusammengesetzt seien.«[63] Unteilbar – das heißt auf griechisch: »atomos«. Und Aristoteles berichtet weiter: »Leukipp und Demokrit, die die Atome erfunden haben, lassen die Veränderung und Entstehung aus diesen erfolgen: durch ihre Trennung und Vereinigung das Entstehen, durch ihre Anordnung und Lage die Veränderung.«[64]

Aristoteles und sein Interpret Simplicius versuchten zu erklären, warum Leukipp und Demokrit die Dinge nicht für unbegrenzt teilbar hielten: Jede Teilung setze einen Hohlraum voraus, damit das teilende Instrument überhaupt eindringen könne; um unendlich oft teilbar zu sein, müßte ein Ding also unendlich viele Hohlräume enthalten – das sei aber offensichtlich unsinnig. Also bleibe nur, die unendliche Teilbarkeit der Dinge zu bestreiten und vorauszusetzen, sie bestünden aus kleinsten, nicht mehr weiter teilbaren kompakten Teilchen: aus

Atomen – wobei diese antike Atomvorstellung mit unserer heutigen wenig gemein hat.

Um die Verschiedenheit der aus gleichartigen Atomen gebildeten Dinge erklären zu können, machten Leukipp und Demokrit zwei Zusatzannahmen. Erstens: Die Atome seien ganz unterschiedlich gestaltet – rund, eckig, hakenförmig, rauh, glatt und so fort. Zweitens: Die Atome seien ständig in Bewegung. Diese Voraussetzungen erlaubten die Konstruktion eines rein mechanisch bedingten Weltgeschehens. Allen sichtbaren und fühlbaren Vorgängen sollten die Bewegungen der wegen ihrer Kleinheit unsichtbaren Atome zugrunde liegen – und sonst nichts. Diese Bewegungen vollzögen sich nach den festen Gesetzen von Aufprall und Abprall wie ein endloses mechanisches Spiel, aus dem ständig neue Figuren hervorgehen: zusammengesetzte Körper, die uns als Dinge erscheinen. Folglich gäbe es auch kein zufälliges oder grundloses Geschehen, vielmehr sei alles bedingt durch die Ursachenverkettung der aufeinanderstoßenden Atome. »Nichts geschieht von selbst, sondern alles infolge eines Grundes und unter dem Druck der Notwendigkeit.«[65]

Das Bestechende dieser Weltdeutung war ihre scheinbare Lückenlosigkeit. Alles ließ sich mit ihrer Hilfe auf Bewegungsursachen zurückführen. Das Urbild unserer naturwissenschaftlichen Welterklärung war erdacht worden. Demokrits Ausspruch, er wolle lieber einen einzigen Ursachenzusammenhang finden als König von Persien werden, würde auch einem heutigen Naturwissenschaftler noch anstehen.

Freilich zeigte dieses atomistisch-mechanische Weltbild nicht nur die gleichen Stärken wie die moderne Naturwissenschaft, sondern auch die gleichen Schwächen. Die wichtigste Schwäche: Das mechanische Modell bot keine überzeugende Erklärung des Seelen- und Geisteslebens. Auch die Atomisten sahen in der Seele denjenigen Teil des Menschen, der den Körper bewegt; daher nahmen sie an, die Seele bestehe aus kugelförmigen Atomen, die von sich aus höchst beweglich seien und dadurch leicht die anderen Atome in Bewegung halten könnten. Aristoteles glossiert: »So zum Beispiel Demokrit, der sich ähnlich wie der Komödiendichter Philippos [ein Sohn von Aristophanes] äußert. Dieser behauptet nämlich, Dädalus habe die hölzerne Aphrodite befähigt, sich zu bewegen, indem er Quecksilber in sie hineingoß. Ähnlich äußert sich auch Demokrit. Er behauptet nämlich, daß die Kugelatome durch ihre Bewegung niemals zur Ruhe kämen, den ganzen Körper mitrissen und in Bewegung setzten.«[66]

Auch die Wahrnehmung sollte auf mechanische Weise zustande kommen; das Sehen zum Beispiel durch Teilchen, die sich von den Gegenständen lösen, auf das Auge zubewegen und dort durch ihren Aufprall das Abbild des Gegenstandes hinterlassen. Darin hat die spätere Unterscheidung primärer und sekundärer Sinnesqualitäten der Dinge ihre Wurzel; primär ist nur ihr körperliches Sein – ihr Widerstand, den die Dinge anderem bieten –, sekundär sind alle ihre anderen Eigenschaften. »Nur scheinbar hat ein Ding Farbe, nur scheinbar ist es süß oder bitter; in Wirklichkeit gibt es nur Atome und den leeren Raum«, meinte Demokrit.[67]

Aristoteles deckte zwei weitere Schwächen der Atomlehre auf: erstens die Unfähigkeit, die Herkunft der Atombewegung zu erklären, und zweitens das Unvermögen, die sichtbare Ordnung des Naturgeschehens zu begründen. Vor allem das letztere – die Unmöglichkeit, das Entstehen einer Ordnung aus dem sinn- und ziellosen Aufeinanderprallen unzähliger Atome herleiten zu können – war ein Mangel, der für die Griechen unübersehbar war. Er erklärt den geringen Einfluß von Leukipp und Demokrit auf den Fortgang der griechischen Philosophie. Er macht auch verständlich, warum nicht bereits damals, also um 400 v. Chr., aus diesem Gedankenansatz eine naturwissenschaftliche Forschung in unserem neuzeitlichen Sinn hervorging. Denn sogar das Experiment, das Hauptinstrument beweisender Naturwissenschaft, wurde von den Atomisten bereits zur Bestätigung der Richtigkeit ihrer Gedanken benutzt. Sie füllten ein Gefäß mit lockerer Asche, meinten festzustellen, daß es trotzdem gleich viel Wasser aufnähme, wie wenn es leer wäre, und sahen darin den handgreiflichen Beweis für die Existenz des Leeren zwischen den Atomen. Doch ihre Experimente konnten bestenfalls eine Theorie bestätigen, die alles durch ein blindes Ursachengeschehen erklären wollte und dies auch recht konsequent tat, die aber damit keineswegs erklärte, warum es nicht bei einem Atomchaos geblieben war, warum dem unsichtbaren Durcheinander eine sichtbare Ordnung entsprang und warum dieser Ordnung im Denken des Menschen etwas entsprach. Wie unzureichend diese mechanische Weltdeutung war, zeigt auch die Verlegenheit Demokrits, sein umfangreiches ethisches Regelwerk aus ihr abzuleiten. Seine lebensklugen Aufforderungen zur Mäßigkeit, zur Beherrschung und zum Rechten stehen merkwürdig fremd neben seiner Atomlehre. Allenfalls seine Mahnung zur Geduld und Bescheidung läßt sich als ein ethischer Reflex der Unabänderlichkeit des von Atombewegungen bestimmten Weltgeschehens auffassen. Erst Epikur verhalf der Atomlehre wieder zu Ansehen, indem er den offensichtlichen Widerspruch zwischen Freiheit – als Voraussetzung ethischen Handelns – und Mechanik aufzulösen versuchte. Seine römischen Nachfolger Lukrez und Cicero gaben dann die Gedanken von Leukipp und Demokrit weiter; und seit der Renaissance wurde die Erwartung, alles aus den Bewegungszuständen kleinster Teilchen im leeren Raum erklären zu können, zur Voraussetzung der naturwissenschaftlichen Weltdeutung.

In Griechenland war die Atomlehre der letzte der verschiedenen Versuche, zwischen Heraklits Position des ewigen Wechsels und Parmenides' These vom unveränderlichen Sein zu vermitteln, *ohne dabei über das Denken selbst nachzudenken und es ausdrücklich in diese Vermittlung einzubeziehen.* Empedokles und Anaxagoras hatten vergleichbare Lösungen des spannungsvollen Verhältnisses von Sein und Werden ersonnen. Auch sie hatten das Immer-Seiende eher stofflich aufgefaßt, und sie hatten es ebenfalls in sich differenziert – Empedokles durch die Vierzahl der Elemente, Anaxagoras durch die Vielzahl der Homoiomerien –; doch erst die Atomisten hatten wieder das Nichts dem Sein (der Atome) ausdrücklich gegenübergestellt. Die Leere zwischen den Atomen war nicht bloß eine mechanische Vorbedingung für deren Beweglichkeit, sie war die logische Grundbedingung für die Abgrenzbarkeit kleinster Teilchen überhaupt. Die Atomlehre forderte das Nichts als gedankliche Kehrseite des Seins. Damit war die äußerste Gegenposition zu Parmenides' Philosophie entstanden – und zwar entstanden gerade aus dem Nachdenken über das von ihm ungelöst hinterlassene Problem des Zusammenhangs von Sein und Werden.

II.
DER GRUND DER WAHRHEIT

Die erste Phase der Auseinandersetzung des Denkens mit der sichtbaren Welt ging zu Ende: der Versuch, ein Prinzip allen Weltgeschehens zu erdenken. Doch die Vielzahl der Deutungen machte ihren Gehalt verdächtig. Wo war Wahrheit?

Die Fragen der Skeptiker wurden lauter, ihre Zweifel an der Gültigkeit des Gedachten unabweisbar. Bis jetzt war das Denken unbekümmert gebraucht worden; nun wurde es selbst immer fragwürdiger. Seine Befähigung, Wahres zu finden, mußte begründet werden – sonst blieb jede Wahrheit willkürlich.

DER MENSCH ZWISCHEN URBILD UND ABBILD

Platon, 427–347 v. Chr.

Sokrates und sein Schüler

Im Jahr 399 v. Chr. sprachen athenische Richter ein skandalöses Urteil: Sie verdammten den Philosophen *Sokrates* zum Tode. Die Urteilsbegründung lautete: Einführung neuer Götter und Verführung der Jugend. Der Verurteilte hätte aus dem Gefängnis fliehen können; doch er blieb, weil er die Einhaltung des Gesetzes für wichtiger hielt als das Unrecht, das ihm im Namen dieses Gesetzes angetan worden war. Er trank den Giftbecher inmitten seiner Schüler und Freunde, die sich im Gefängnis bei ihm versammelt hatten.

Einer von ihnen fehlte, er war krank: *Platon.* Trotzdem hat er uns die Szene und die letzten Gespräche in seinem Dialog »Phaidon« beschrieben. Er war achtundzwanzig Jahre alt, als Sokrates starb.

Das Leben des Sokrates hatte in Platon die Liebe zur Weisheit geweckt – der Tod des Sokrates bestimmte ihn endgültig zur Philosophie. Die Gelassenheit im Sterben gab den Worten des Lehrers Überzeugungskraft über alle Streitgespräche hinaus; und das ihm angetane Unrecht vergällte seinem Schüler endgültig die Politik.

Sie wäre sein Beruf gewesen, da er von Adel war, Verbindungen besaß und Neigung verspürte, sich an der Verwaltung des Staates zu beteiligen. Doch sein erster Eifer war durch die Erfahrungen einer Revolution und einer Gegenrevolution bereits gedämpft worden, wie er rückblickend in seinem siebenten Brief berichtet. Er hatte erleben müssen, wie die »Diktatur der Dreißig«, angeführt von einem seiner Verwandten, alle versprochenen Reformen verschlampte. Schlimmer noch: Die Diktatoren hatten seinen Lehrer Sokrates zur Mithilfe an einem politischen Mord zwingen wollen. Der Sturz der Diktatur durch die Demokraten wiederum hatte neue Repressalien gebracht, maßvollere allerdings, so daß Platon nun seine Kräfte der Republik zur Verfügung stellen wollte, auf eine Besserung der politischen Verhältnisse hoffend; hoffend – bis Wortführer dieser Demokraten Anklage gegen Sokrates erhoben.

Überdies waren nicht nur die politischen Zustände zum Verzweifeln. Auch in der Philosophie war der Mißbrauch des Denkens die traurige Regel. Denkansätze vorsokratischer Philosophen wurden von geschickten Rednern zu griffiger skeptischer Münze verarbeitet und unter die Gebildeten gebracht. Für diese *Sophisten* bestand die Weisheit, die ihr Name verhieß, weniger in der reinen Erkenntnis als in der praktischen Lebenskunst. Die meisten zogen von Stadt zu Stadt, lehrten Rhetorik und versprachen Erfolg. So verdienten sie ihr Geld. Die bildungswilligen jungen Leute waren begeistert von den Stars dieses intellektuellen Wandergewerbes und ihren eingängigen Thesen. Alles Vertraute – Vernunft, Götter und Gesetze – wurde rhetorisch zerpflückt; übrig blieb, wie der Meistersophist Protagoras lehrte: »Der Mensch ist das Maß aller Dinge.«[1] Sein Wohlergehen sei sein legitimes oberstes Interesse, die Überzeugungskunst verhelfe ihm in der Praxis des öffentlichen Lebens dazu. Auf welche Weise? »Man muß die schwächere Sache zur stärkeren machen können«, pries Protagoras das Ziel seiner Rhetorik.[2]

Das blendende Auftreten der Sophisten wurde nicht nur von Begeisterung begleitet, es erzeugte auch Mißbehagen und Abwehr, zumal geistige und politische Ansprüche meist miteinander verquickt waren. »Progressive« Aufklärer, gläubige Konservative, ehrliche Demokraten und skrupellose Machtpolitiker kämpften mit Staatsbütteln, Parteiintrigen, Demagogie und Erpressungen mit- und gegeneinander. In dieser verseuchten Atmosphäre gediehen die Anklagen wegen Gotteslästerung; sie entsprangen politischer Gegnerschaft, aber sie hätten kaum so erfolgreich sein können, wäre nicht auch echte Sorge um den Bestand der alten Ordnung im bedenklichen Spiel gewesen.

Die Desorientierung war allgemein. »Da entschloß ich mich«, schreibt Platon, »zwar nicht von der Theorie über die etwaige Verbesserung dieser politischen Zustände und der Staatsverfassung abzulassen, in bezug aber auf die praktische Tätigkeit in der Politik bis auf bessere Zeiten zu warten.«[3]

Der Ton des schmerzlichen Verzichtes in seinen Worten ist unüberhörbar. Die große Ordnung, die er dem Staat seiner Zeit nicht zu geben vermochte, begründete er im Denken. Es kreist um zwei Zentren: um die Frage nach der Möglichkeit des Guten und der Möglichkeit des Wahren. Von hier geht er aus, hierher kehrt er immer wieder zurück, und hierin kommt sein Denken zum Abschluß, die Antwort auf beide Fragen in eins schmelzend.

Nicht nur für Platons Leben war Sokrates die bestimmende Gestalt, sondern auch für sein Werk. Um ihn gruppieren sich die vielen Lehrgespräche, die Platon verfaßt hat. In den frühen Dialogen führt Sokrates das Gespräch fast allein, später treten auch die anderen Partner selbständiger auf; doch erst in den zwölf Büchern der »Gesetze«, Platons letztem großen Werk, fehlt Sokrates ganz.

Wen hören wir, wenn Sokrates in den von Platon geschriebenen Dialogen spricht? Bereitete Platon nur schriftstellerisch auf, was er in früheren Diskussionen bei Sokrates gehört hatte, oder aber legte er seine eigenen Worte dem Lehrer in den Mund?

Drei Arten von Indizien lassen uns den tatsächlichen Urheber erkennen: 1. die Zeugnisse von Zeitgenossen, die im Kreis der philosophierenden Athener zu Hause waren; 2. die innere Weiterentwicklung im schriftstellerischen Werk von Platon, die zu einer Zeit stattgefunden hat, als Sokrates längst tot war; 3. die Grenzen der sokratischen Weise, zu philosophieren.

Dazu läßt Platon den Sokrates in einem Gespräch mit dem jungen Mathematiker Theaitetos von sich selbst sagen: »Hierin geht es mir eben wie den Hebammen: ich gebäre nichts von Weisheit; und was mir bereits viele vorgeworfen, daß ich andere zwar fragte, selbst aber nichts über irgend etwas antwortete, weil ich nämlich nichts Kluges wüßte zu antworten, darin haben sie recht. Die Ursache davon aber ist: Geburtshilfe leisten nötigt mich der Gott, erzeugen aber hat er mir verwehrt. Daher bin ich selbst keineswegs etwa weise, habe auch nichts dergleichen aufzuzeigen als Ausgeburt meiner eigenen Seele.«[4] Sokrates verfaßte keine Schrift, sondern ließ allein im Gespräch seine und seines Partners Gedanken hervortreten. Einen höchst aufschlußreichen Widerschein dieses gelebten Verfahrens finden wir in der Darbietungsform von Platons Denken.

Anders als Sokrates *schrieb* Platon – und er schrieb in fünf Jahrzehnten ein Tausende von Seiten füllendes Werk –, doch er schrieb fast alles in Gesprächsform. Diese Form war weder eine bloß äußerliche Fortführung der sokratischen Gesprächskunst noch etwa ein Zugeständnis an leichtere Lesbarkeit. Diese Form ergab sich vielmehr zwingend aus Grundgedanken der platonischen Philosophie. Warum, schreibt Platon selbst im siebenten Brief.

Er grenzt zunächst ab, wodurch Erkenntnis eines jeden Dinges zustande kommt. Er unterscheidet dabei dreierlei: erstens den Namen, also die sprachliche Bezeichnung für die gemeinte Sache; zweitens die Begriffserklärung dafür, also ihre Definition; drittens ihr durch die Sinne wahrnehmbares Bild. Mittels dieser drei entsteht als viertes die volle Erkenntnis der Sache; diese Sache selbst – »das, was erkennbar und in Wirklichkeit seiend ist«[5] – ist das fünfte.

Diese Bestandteile der Erkenntnis werden dann am Beispiel des Kreises demonstriert. Der Name ist eben das Wort »Kreis«; die Definition lautet: »das von den äußersten Punkten allerwärts zur Mitte gleich weit Abstehende«;[6] das Bild: der auf die Tafel gezeichnete, wieder wegwischbare Kreis. Dank dieser drei kommt also Erkenntnis zustande; dennoch findet diese Erkenntnis nicht statt in den sprachlichen Lauten, durch die sie ausgedrückt wird, noch auch in der gezeichneten oder sonstwie sichtbar gemachten Gestalt des Kreises, sondern in der erkennenden Seele. Doch auch die Seele hat nicht die Sache selbst. Wir unterscheiden das Sein der Erkenntnis von der Seinsart der erkannten Sache, hier des Kreises.

Unsere in der Seele stattfindende Erkenntnis steht dabei immerhin der Sache am nächsten; die ersten drei Momente – Name, Definition, Bild – sind weiter von ihr entfernt, nur Vorstufen der Erkenntnis. Das zeigt sich darin, daß diese Momente niemals der Sache völlig entsprechen können. Der gezeichnete Kreis weicht von dem gedachten Kreis ab, da wir in Wirklichkeit nie seine vollkommene Linie zeichnen können; jede Zeichnung ist nur eine fehlerhafte Veranschaulichung dessen, was wir eigentlich meinen, ein unvollkommener bildlicher Hinweis darauf. Der Name der Sache ist austauschbar und beruht nur auf einer Übereinkunft. Die Definition besteht ihrerseits wieder aus Worten, also aus Namen, und ist somit auch nicht zuverlässiger. Das Sein des in allem gemeinten Kreises dagegen ist immer ein unveränderliches, es enthält nicht die kleinste Abweichung oder Unvollkommenheit. Deshalb können unsere Bilder und unsere Reden davon niemals die wahre Sache selbst sein, denn sie verändern sich, entstehen, vergehen und weichen stets, bald hierin, bald darin, von der Sache ab. Wegen dieser Schwachheit aller Rede, so folgert nun Platon, wird »jeder ernst zu nehmende Mann über ernst zu nehmende Dinge ganz bestimmt niemals etwas schreiben und es so den Leuten bloß zu ihrer Rechthaberei und Verwirrung preisgeben«.[7]

Sichtlich hat Platon seine eigene Maxime nicht rigoros befolgt – er hat seine Gedanken aufgezeichnet. Aber er hat dafür die Gesprächsform, den Dialog, gewählt. Der dialektische Austausch der Argumente läßt dem Gegenstand seine verschiedenen Aspekte, kreist das Gemeinte erst allmählich ein.

Auch die mißbräuchliche Nutzung dieses Prinzips durch die Sophisten ficht Platon nicht an. Im Gegenteil: Er verteidigt es gerade gegen diesen Mißbrauch, indem er die Wurzeln der sophistischen Fehldeutungen aufzeigt. Sie liegen in dem bloß vorläufigen Charakter der genannten Momente: Name, Begriffserklärung, Bild und Erkenntnis. Weil keines dieser vier die Sache selbst ist und die Erkenntnis nur im rechten Zusammenwirken aller zustande kommt, bietet jedes einzelne für sich eine leicht zu nutzende Mißbrauchsmöglichkeit. »Da behält einer, der sich auf das Umlegen versteht, wann er will, den Sieg.«[8] Oft wird dabei widerlegt nur »die jeweilige Natur von jedem jener vier, die aber wenig taugen«, nicht aber die Sache selbst.

Diese Sätze zeigen, wie stark Platons Untersuchung der Erkenntnismomente auch durch die Abwehr der rhetorischen Vergewaltigung des Wahrheitsbegriffes durch die Sophisten vorangetrieben wurde. Erst wenn klar wurde, warum ein Redner im Streitgespräch scheinbar recht behalten und doch die Sache selbst verfehlen konnte, war der Weg frei zur Darlegung einer neuen Philosophie.

Nach der kritischen Untersuchung des Erkennens bleibt dann allerdings Platons Weisung für das richtige Vorgehen recht allgemein: »Wohl aber vermag verweilendes Durchgehen aller dieser vier, das hinauf und hinab bald zu diesem, bald zu jenem sich wendet, am Ende doch in den recht Gearteten Wissen vom Rechtgearteten zu erzeugen ... Schließlich wird, wenn jedes einzelne dieser vier an dem anderen geprüft wird, Namen und Begriffsbestimmungen und anschaulich Wahrgenommenes, wenn sie alle in wohlmeinenden Widerlegungsversuchen auf die Probe gestellt werden und wenn man sich ohne Rechthaberei in Fragen und Antworten übt, am Ende plötzlich über ein jedes Einsicht und Verständnis in einem aufgeleuchtet sein, so weit, wie es überhaupt in der Möglichkeit des Menschen steht.«[9]

Hier halten wir die Richtschnur für Platons Philosophieren wie für sein Schreiben in der Hand. Sie verläuft als Fortsetzung der Linie, die Sokrates mit seiner geistigen Hebammenkunst vorgezeichnet hatte, aber sie verläuft auf neuem gedanklichem Boden.

Die Ideen oder der Grund des Denkens

Aristoteles zeigt uns in seiner »Metaphysik« die Zäsur: »Sokrates war der erste, der auf dem Gebiet der ethischen Tugenden seine Betrachtungen anstellte und für sie Allgemeinbegriffe suchte.«[10] Und etwas weiter im Text spricht Aristoteles dem Sokrates ohne die Beschränkung auf die Ethik ausdrücklich das Verdienst zu, die Allgemeinbegriffe und den Weg der Hinleitung zu ihnen entdeckt zu haben. »Aber«, fährt er fort, »Sokrates machte das Allgemeine und die Begriffsbestimmung noch nicht zu einem abgetrennten Ding. Seine Nachfolger aber trennten sie ab und nannten so etwas dann ›Ideen‹.«[11]

Damit fällt endlich das Wort, das oft als ein Schlüsselwort zu Platons Philosophie angeboten wird. Aber die Idee ist Abschluß und Ziel vieler platonischer Gedankengänge – sie an den Anfang zu setzen heißt, sich den Zugang zu diesen Gedankengängen und die allmähliche Einsicht in die Ideenlehre zu verstellen.

Begegnet sind wir der Idee bereits in den Darlegungen des siebenten Briefes über das Erkennen. Als fünftes wurde dort die Sache selbst, das, was es eigentlich zu erkennen gilt, genannt. Es wurde als der wirkliche Bezugspunkt jedes Erkenntnisvorganges beschrieben, als das, was die Seele sucht im Durchgehen und Vergleichen von Name, Definition und Bild. Was dieses Ding aber sein soll, wurde an dieser Stelle nicht gesagt – nur, daß es von anderer Seinsart ist als die Erkenntnis selbst und ihre Vorstufen. Es blieb letztlich offen, ob es geistiger oder materieller oder sonst welcher Natur ist; es wurde nur festgestellt, was es nicht ist und daß es Ziel aller Erkenntnis ist.

Noch negativer endet der lange vor dem zitierten Brief geschriebene Dialog »Theaitetos« mit der Zusammenfassung: »Weder also Wahrnehmung, o Theaitetos, noch die richtige Vorstellung noch die mit der rechten Vorstellung verbundene Erklärung kann Erkenntnis sein.«[12] Zuvor hatte der platonische Sokrates in dem langen Gespräch herausgefragt, warum dies alles bestenfalls Wegweisung zur Erkenntnis, aber nicht die Erkenntnis selbst sei.

Die Sinne liefern uns stets nur viele einzelne Eindrücke, so argumentiert er. Jeder Sinn kann nur die ihm gemäßen Eindrücke aufnehmen: das Ohr den Ton, das Auge die Farbe und so fort. Von allen Eindrücken aber sagen wir ein Gemeinsames: nämlich daß sie *sind.* Wir unterscheiden sie also einerseits voneinander, andererseits stellen wir etwas Gemeinschaftliches an ihnen fest. Aufgrund wessen sind wir dazu überhaupt fähig? Das ist die Platons Denken bewegende, in vielen Spielarten formulierte Kernfrage an unser Erkennen.

»Denn weder vermittels des Gesichtes noch vermittels des Gehörs ist es dir möglich, das Gemeinschaftliche von ihnen aufzufassen«, läßt Platon den Sokrates feststellen und dann weiterfragen: »Vermittels wessen wirkt denn nun dasjenige Vermögen, welches dir das in allen und auch in diesen Dingen Gemeinschaftliche offenbart, indem du von ihnen das Sein oder Nichtsein aussagst? ... Was für Werkzeuge willst du annehmen, vermittels deren unser Wahrnehmendes jedes davon wahrnimmt?« Und der junge Theaitetos antwortet: »Du meinst das Sein und Nichtsein, ihre Ähnlichkeit und Unähnlichkeit, Einheit und Verschiedenheit, ferner ob sie eins sind oder eine andere Zahl. Offenbar begreifst du darunter auch die Frage nach dem Geraden und Ungeraden und was damit zusammenhängt, vermittels welcher Teile des Körpers wir dies mit der Seele wahrnehmen? ... Beim Zeus, Sokrates, dies wüßte ich nicht zu sagen, außer daß es mir scheint, als gäbe es überall gar nicht ein solches besonderes Werkzeug für dieses und für jenes, sondern die Seele scheint mir vermittels ihrer selbst das Gemeinschaftliche in allen Dingen zu erforschen.«[13]

Hier ließe sich einwenden, daß wir die genannten Grundfähigkeiten der Seele doch aus den Sinnen gewonnen haben, nämlich als eine Abstraktion aus der Vielheit unserer Erfahrungsdaten, sozusagen durch das Ausfiltern immer wiederkehrender Eindrücke und Konstellationen aus der zunächst ungeordneten Vielheit von Sinneseindrücken.

Im Dialog »Phaidon« setzt Platon sich auch mit dieser Einrede ausführlich auseinander und weist sie auf die für ihn charakteristische Weise ab. Wenn wir eine Sache als ähnlich oder gleich erkennen, führt er aus, so stellen wir sie in Beziehung zu etwas, das wir zuvor gesehen haben, dessen wir uns erinnern; wir stellen im Vergleichen ein Mehr oder Weniger an Ähnlichkeit fest. Um aber überhaupt einen derartigen Vergleich zu unternehmen, müssen wir außerdem »Gleichheit« als einen möglichen Bezugspunkt vorgegeben haben. Freilich könnte diese Gleichheit in den Sachen selbst vorliegen, und wir brauchten sie nur daraus abzunehmen – dies war ja der Einwand. Nun erscheinen uns gleiche Dinge nie als in jeder Hinsicht, als vollkommen gleich, denn dann könnten wir sie gar nicht als zwei unterscheiden. Diese Unterscheidung setzt immer irgendeine Ungleichheit an den im übrigen gleichen Dingen voraus. Der Gedanke der Gleichheit selbst dagegen meint etwas immer und überall Gleiches. »Also, sprach er [Sokrates], sind jene gleichen Dinge und dieses Gleiche selbst nicht dasselbe.«[14] Die gleichen Dinge sind dem Gleichen nur ähnlich – nämlich sie gleichen ihm nur insofern, als sie untereinander gleich sind, nicht jedoch darin, daß sie sich daneben noch in irgend etwas unterscheiden.

Bei unserem Vergleichen setzen wir also nicht nur zwei Dinge zueinander in Beziehung, wie es zuerst schien, sondern in diesem Vorgang beziehen wir uns notwendig immer schon auf ein Drittes, eben die Gleichheit selbst. Wir vergleichen die beiden Dinge nicht nur miteinander, sondern wir vergleichen währenddessen auch mit der reinen Gleichheit selbst, um so zu erkennen, ob und in welchem Umfang überhaupt eine Ähnlichkeit vorliegt.

Auch für dieses zweite Moment des Vergleichens gilt, was Voraussetzung jedes Vergleichs ist: daß es nämlich nur im Hinblick auf ein Vorgegebenes, mit dem wir vergleichen, geschehen kann. Und so folgert Platon: »Notwendig also kennen wir das Gleiche schon vor jener Zeit, als wir, zuerst Gleiches erblikkend, bemerkten, daß alles dergleichen strebe, zu sein wie das Gleiche, aber doch dahinter zurückbleibe.« Und weiter: »Ehe wir also anfingen, zu sehen oder zu hören oder die anderen Sinne zu gebrauchen, mußten wir schon irgendwoher die Erkenntnis bekommen haben des eigentlich Gleichen, was es ist, wenn wir doch das gleiche in den Wahrnehmungen so auf jenes beziehen sollten, daß dergleichen alles zwar strebt, zu sein wie jenes, aber doch immer schlechter ist.«[15]

Das bisherige Ergebnis hieß: Unsere Sinne können Gleiches überhaupt nur dadurch erkennen, daß wir *zuvor* Kenntnis von Gleichheit haben. Wann aber hat die Seele solche bekommen? Da wir von Geburt an sehen, hören und alle Sinne gebrauchen, müssen wir diese Kenntnis zu diesem Zeitpunkt bereits gehabt haben. Und nun Platons Folgerung: »Ehe wir also geboren wurden, müssen wir sie, wie sich zeigt, bekommen haben.«[16]

Es zeigt sich noch mehr. Denn was hier an dem Gleichen demonstriert wurde, gilt genauso für Größe, für das Schöne und das Gute; kurz, es gilt »von allem, was wir bezeichnen als dies selbst, was es ist, in unseren Fragen, wenn wir fragen, und in unseren Antworten, wenn wir antworten. So daß wir notwendig von diesem allen die Erkenntnisse, schon ehe wir geboren wurden, erhalten haben.«

Woher wir sie erhalten haben – das ist die nächste Frage. Und erst sie führt zu den Ideen.

Der Unterschied zu allem früheren Philosophieren wird an dieser Nahtstelle deutlich. Erstmals Platon bedachte mit radikaler Folgerichtigkeit unsere Erkenntnisweise und die darin enthaltenen Voraussetzungen. Wahrheit und wahres Sein suchte er nicht nur *mit* dem Denken, er suchte beides *im* Denken.

Ansätze dazu hatte es vor ihm gegeben: bei Pythagoras, bei Heraklit, bei Anaxagoras und – in der skeptischen Umkehrung – bei den Sophisten. Aber es war stets bei Ansätzen geblieben – mit einer Ausnahme: Für Parmenides war das Denken selbst Thema geworden und Einstieg zur Bestimmung des Seins. Doch was er gelehrt hatte – die Undenkbarkeit des Nichts und der Veränderung – und was er daraus gefolgert hatte – die Scheinhaftigkeit menschlicher Erfahrung gegenüber dem Denken des einen unveränderlichen Seins –, das alles war mehr eine These als eine Beweisführung. Ihre lapidare Wucht war beeindrukkend, aber in der kritischen Atmosphäre Athens im 4. Jahrhundert kaum noch überzeugend. Platon konnte nicht mehr Denken und Sein einfach gleichsetzen, wie Parmenides hundert Jahre zuvor selbstverständlich getan hatte. Die Philosophie hatte ein größeres Problembewußtsein erreicht, nicht zuletzt, weil bestimmte Argumentationsweisen durch die Sophisten verdächtig und damit fragwürdig geworden waren. Andererseits konnte die unmittelbare Einsichtigkeit des parmenideischen Grundgedankens nicht einfach übersehen oder vergessen werden, hatte er doch schon eine eigene Wirkungsgeschichte hervorgebracht in den mehrfachen Versuchen, Übergänge zwischen dem schroffen Gegensatz von Schein und Sein zu schaffen.

Platon war geschult an den Gesprächen seines Lehrers Sokrates, an dessen Bemühen, allmählich wachsende Erkenntnis im Dialog herzustellen. Der siebente Brief hat uns gezeigt, welche Bedeutung noch der alte Platon dieser dialogischen Annäherung an die Wahrheit beimaß und warum er es tat. Folgerichtig suchte Platon die Wahrheit dort zu begreifen, wo er ihr zuallererst begegnete: im denkenden Gespräch. Er fragte nicht sogleich nach der letzten Wahrheit des Seins, sondern er fragte, was wir eigentlich meinen, wenn wir von Wahrheit reden, und warum wir überhaupt nach Wahrheit streben. Verglichen mit den Kosmos und Mensch umgreifenden philosophischen Gedanken der Vorsokratiker, setzte er höchst bescheiden ein. Er verkündete nicht, was das Sein sei, er dozierte nicht, was wahr ist; er zeigte seinem Leser in den gespielten Gesprächen zunächst nur, wie Erkennen sich entwickelt. Dabei ergibt sich immer auch ein Wissen über den erörterten Gegenstand – über die Gerechtigkeit, die Freundschaft, die Sprache, die Sophisten und anderes –, aber zugleich heben sich immer deutlicher grundlegende Verfahrensweisen und feste Bezugspunkte des denkenden Erkennens hervor. Sie werden dann weiter befragt auf ihre Herkunft. Und damit erst wird der Leser herangeführt an den Überschritt vom Denken zum Sein.

Die Darstellung aus den Dialogen »Theaitetos« und »Phaidon« hat das gezeigt: Hätten wir nicht ein bestimmtes Wissen vor allem Erkennen, wir wären überhaupt nicht in den Stand gesetzt, etwas zu erkennen; wir würden allenfalls unbestimmbares, unerkennbares Geschehen erleben. Erst indem wir in dem konturlosen Fließen unserer Sinneseindrücke Selbiges erkennen können, begreifen wir überhaupt etwas.

Darin liegt ein bestimmtes Verständnis von Wahrheit beschlossen. Das Veränderliche kann nicht wahr sein, meint Platon, denn es ist bald so, bald anders beschaffen. Eine Wahrheit dagegen muß zeitlos sein, ewig sich selbst gleichbleiben – andernfalls ließe sich heute etwas von ihr sagen, das morgen, wenn sie sich verändert hat, schon unwahr sein würde. Das aber ist für Platon ein Selbstwiderspruch. Wahr ist nur das, was immer wahr ist.

Sein Musterbeispiel sind die mathematischen Wahrheiten. Sie gelten unabhängig von Zeit, Ort und Situation; unabhängig auch von den unvollkommenen Demonstrationsfiguren, die wir zu ihrer Darstellung entwerfen. Wahrhaft wirklich ist nicht das einzelne Dreieck, das wir zeichnen und wieder auslöschen können, sondern das, was wir damit eigentlich meinen, das Dreieck schlechthin – nicht die konkrete, sondern die ideale Figur, die uns beim Zeichnen jedes beliebigen Dreiecks vorschwebt.

Die Seele und die Ideen

Nicht nur in der Mathematik, sondern auch im menschlichen Handeln findet Platon eine Bezugssphäre, die allem Geschehen vorausliegt und auf die alles einzelne sich bezieht: das Gute. Er argumentiert wie bei der Untersuchung des Erkennens: Was »gut« ist, läßt sich als gemeinsamer Bestandteil für gut erachteter Handlungen überhaupt nur deshalb erkennen, weil wir in der Suche nach dem Guten, in dem Fragen danach, bereits ein bestimmtes Vorverständnis davon haben. Würden wir nicht davon geleitet, wir könnten gar nicht danach fragen.

So wird also nicht allein das Erkennen, sondern auch das Handeln ermöglicht und geführt von einem Vorwissen der Seele, von in ihr bewahrten Vorbildern. »Wenn das etwas ist, was wir immer im Munde führen, das Schöne, das Gute und jegliches Wesen dieser Art, und wenn wir hierauf alles, was uns durch die Sinne zukommt, beziehen als ein vorher Gehabtes, was wir als das Unsrige wieder auffinden, und wenn wir diese Dinge damit vergleichen, so muß notwendig, ebenso wie dieses ist, so auch unsere Seele sein, auch ehe wir noch geboren worden sind.« Und noch deutlicher: »Also waren die Seelen, auch ehe sie in menschlicher Gestalt waren, ohne Leiber und hatten Einsicht.«[17]

Woher kam ihnen diese Einsicht zu?

Platon spricht hier gern in mythischen Bildern. In dem Dialog »Phaidros« beschreibt er den Weg der menschlichen Seele. Zunächst wird ihre Unsterblichkeit dargelegt. Platon weitet die Frage aus ins Kosmische. Er unterscheidet zwei Arten von Bewegung: das Bewegt-werden und das Bewegen. Das erste kann aufhören, wenn der Antrieb fortfällt; alles, was sich auf diese Weise bewegt, ist also sterblich. Das Bewegende dagegen besteht bereits im Anfang aller Bewegung. Da dieser Anfang aber ungeworden sein muß (andernfalls gäbe es ja einen anderen Anfang vor ihm), ist er auch unvergänglich. »So ist also der Bewegung Anfang das sich selbst Bewegende. Dieses aber kann weder untergehen noch erst werden; sonst würde der ganze Himmel und alles Werden zusammenfallen und stillestehen und nichts mehr vorhanden sein, woraus Bewegtes werden könnte.«[18]

In gleicher Weise wirkt nun die Seele im menschlichen Körper, der – wie wir am Toten sehen – aus sich selbst keine Bewegung hervorbringt. Sein Bewegendes ist die Seele, und als Bewegendes ist sie unvergänglich.

Platon vergleicht die Seele dann mit einem Wagengespann. Gezogen wird es von zwei Rossen sehr unterschiedlicher Abkunft: einem edlen, das den Mut, den Ehrgeiz und die Hoffnung darstellt; einem unedlen, das den Nahrungstrieb, die Geschlechtsbegierde, Trägheit und Lust versinnbildlicht. Beider Lenker ist der denkende Seelenteil, der Geist. Oft zerren die uneinigen Pferde in verschiedene Richtungen. »Schwierig und unbeholfen ist da notwendig die Wagenlenkung bei uns.«[19] Anders bei den Göttern. Ihr Gespann führt sie mühelos hinauf zum Himmel und darüber hinaus; sie stehen dann auf dem Rükken des kreisenden Himmelsrundes und »schauen, was außerhalb des Himmels ist«.[20] Sie erblicken das »Gefilde der Wahrheit«,[21] die unbewegten Urbilder alles Wissens, die Ideen. Folgt die menschliche Seele einem Gott, so kann auch sie dorthin gelangen; doch das Ungestüm der widerstreitenden Rosse vergönnt dem Lenker nur einen kurzen Blick auf die Ideen, einige sieht er, andere nicht.

Kommen nun die Seelen auf die Erde, so wird jene, die am meisten von den Ideen gesehen hat, in den Lebenskeim eines Weisheits- und Schönheitsfreundes eingepflanzt werden. Platon zählt auch noch die anderen Charaktere auf, denen die weniger wissenden Seelen in absteigender Reihe zugeordnet werden: Auf den Philosophen folgt der König oder kriegerische Herrscher, dann als dritter der Staatsbeamte, Wirtschaftler und Finanzmann, viertens der mit Leibesübungen oder Arztkunst Beschäftigte, fünftens der Priester, sechstens der Dichter, siebentens der Handwerker und Landmann, achtens der Sophist oder Volksschmeichler und als letzter der Tyrann.

Eingeboren in einen Körper erinnert sich die Seele nun dessen, was sie einst sah. Sie treibt den Menschen zur Suche nach der Wahrheit. Damit zieht Platon den Bogen von der Erkenntnislehre zur Seinslehre wieder in umgekehrter Richtung und schließt den Kreis. In den sinnlichen Wahrnehmungen findet der Mensch Ähnlichkeiten mit dem, dessen sich seine Seele erinnert. Er sucht es zu erkennen durch Bilder, Worte und Begriffserklärungen. »Das aber ist eben Wiedererinnerung an jenes, was einst unsere Seele sah, als sie mit dem Gott wandelte, über das, was wir jetzt als Sein bezeichnen, hinwegsehend und sich nach dem wahrhaft Seienden emporrichtend.«[22]

Wahrhaft seiend sind die Ideen, weil sie im Gegensatz zum Zeitlichen, Körperhaften, Sinnlichen immerwährend gleich sind, frei von Werden und Veränderung. Und je ähnlicher ihnen die Seele in ihrer Betrachtung wird, desto näher ist sie selbst der Wahrheit, soweit sie für Menschen überhaupt erreichbar ist. Im »Phaidon« sagt Platon: »... daß die Seele, wenn sie sich des Leibes bedient, um etwas zu betrachten, ... dann von dem Leibe fortgezogen wird zu dem, was sich niemals auf gleiche Weise verhält, und daß sie dann selbst schwankt und irrt und wie trunken taumelt, weil sie ja eben solches berührt ... Wenn sie aber durch sich selbst betrachtet, dann geht sie ein zu dem reinen, immer seienden Unsterblichen und sich stets Gleichen; und als diesem verwandt hält sie sich stets zu ihm, wenn sie für sich selbst ist und es ihr vergönnt wird, und dann hat sie Ruhe vor ihrem Irren und ist auch in Beziehung auf jenes immer sich selbst gleich ...«[23]

Wir Modernen neigen dazu, mythische Bilder für Ausflüchte zu halten. Unser Denken ist begrifflich, deshalb überzeugt uns Gedachtes nur in der Form von Begriffen. Platons Denken gestaltet vielfältiger. Gerade dadurch eröffnet er uns die Einsicht in andere Darstellungsweisen der Wahrheit, denn er läßt uns keineswegs ohne Begriffe – wir vermögen ihm also zu folgen –, aber er stellt dieselbe Erkenntnis auch in einem anderen Medium dar, und in Bildern schaut die Phantasie, was der Geist denkt.

Ein Lächeln scheint durch den Satz, mit dem er im »Phaidon« die Erzählung vom Weg der Seele abschließt: »Daß sich nun alles genau so, wie ich es dargelegt habe, verhält, sollte man als vernünftiger Mensch nicht geradezu behaupten wollen. Daß es aber entweder genau so oder wenigstens ungefähr so mit unseren Seelen und ihren Wohnsitzen geht, nachdem einmal klar ist, daß die Seele unsterblich ist, das soll man wohl annehmen und das soll man ruhig wagen zu behaupten. Denn schön ist dies Wagnis.«[24]

So wagt er auch das berühmte Höhlengleichnis, um das Verhältnis von dem wahrhaften Sein der Ideen zu der abbildhaften Erkenntnis des Menschen zu zeigen. Am Anfang des siebenten Buches der Schrift über den »Staat« vergleicht er uns Menschen mit Gefangenen, die ihr Leben lang in einer Höhle gefesselt sind, mit dem Rücken zum Licht, und ihren Kopf nicht wenden können. Alles, was sie sehen, sind die auf der Höhlenwand vor ihnen sich abzeichnenden Schatten von Figuren, die entlang einer niedrigen Mauer in ihrem Rücken vorbeigetragen werden; alles, was sie hören, sind die von der Wand zurückgeworfenen Laute der hinter ihnen beim Vorbeitragen entstehenden Geräusche. Diese Gefangenen, die nie etwas anderes erblickt haben, werden notwendig die Schatten der Gebilde für die einzig wahren Gebilde halten und ebenso die Töne. Sie würden sogar dieser Überzeugung bleiben, wenn jemand sie losbände und zum Licht drehte, weil die Helligkeit sie blendete und die wirklichen Figuren nicht klar erkennen ließe. Erst wenn man sie vorsichtig und allmählich zur Einsicht brächte, würden sie die Urgestalten der wandelnden Schattenbilder erkennen, statt sich erschreckt wieder den gewohnten Schatten zuzuwenden und sie für die wirklichen Dinge zu halten.

Gewiß beantworten uns diese Bilder nicht alle Fragen, die sich aus Platons Annahme der Ideen ergeben. Bilden die Ideen eine Welt neben oder »über« der Welt? Wie gelangen ihre Abbilder in die Sinnenwelt? Wovon gibt es überhaupt Ideen? Wie hängen sie untereinander zusammen, denn im Denken finden wir sie ja miteinander verknüpft? Wer hat sie geschaffen?

In mehreren Dialogen kreist Platon die möglichen Antworten ein, die bis zum Schluß unterschiedlich bleiben. Doch es entspricht Platons erklärter Absicht, die Wahrheit erst durch die Verschiedenheit ihrer Aspekte allmählich aufzuhellen und sichtbar werden zu lassen. Hätte Platon ein endgültiges und abschließendes Ergebnis seines Philosophierens festgeschrieben – er wäre damit seiner dialektischen Methode untreu geworden. Erinnert er doch immer wieder daran, daß wir Menschen die Ideen trotz allen Mühens nie in voller Reinheit erblicken können. Die letzte Eindeutigkeit in seinen Aussagen zu vermissen hieße darum ihn verkennen. Bei der Erörterung über die Entstehung des Alls im »Timaios« schreibt er: ». . . so müßt ihr schon zufrieden sein und bedenken, daß wir alle – ich, der Darsteller, und ihr, die Beurteiler – von nur menschlicher Natur sind, so daß es sich bei diesen Gegenständen für uns ziemt, uns damit zu begnügen, wenn die Dichtung nur das Wahrscheinliche für sich hat und wir nichts darüber hinaus verlangen dürfen.«[25]

Gott und die Ideen

Als den eigentlichen Grund der Welt und des Werdens sieht Platon Gottes Wille, »daß alles ihm selbst so ähnlich als möglich werde«[26] – das heißt: gut, schön und vollkommen. Und weil Gott das Beste wolle, habe er der regellosen Bewegung des Sichtbaren Ordnung gegeben. Ferner sei ein vernunftbegabtes Werk schöner als ein vernunftloses; die Vernunft könne aber ohne Seele keinem Gegenstand zuteil werden. »In dieser Erwägung bildete er die Vernunft in eine Seele und die Seele in einen Körper ein und fügte so aus ihnen den Bau des Weltalls zusammen.«[27]

Die Ideen als Leitbilder dieser Gestaltung bilden ihrerseits eine Ordnung unter sich. Nicht alle haben gleichen Rang, denn viele sind nur denkbar, wenn andere bereits vorausgesetzt werden. »Hypothesis« ist Platons Wort für »Voraussetzung«.

Wie unter einem Vergrößerungsglas läßt sich an einem solchen einzelnen Begriff studieren, daß Platon Denk- und Seinsfunktion lediglich als zwei Aspekte einer ungetrennten Einheit verstanden hat. Die logische Hypothese ist nur die gedankliche Erscheinungsweise einer im Verhältnis der Ideen untereinander tatsächlich bestehenden Rangordnung.

Eine Idee gibt es allerdings, die nicht mehr auf der Voraussetzung einer anderen ruht, sondern auf der alle anderen gründen: das Gute. Warum gerade das Gute? Alles andere besteht oder geschieht im Hinblick auf etwas, im Begriff des Guten aber liegt beschlossen, allein um seiner selbst willen zu sein (oder getan zu werden). So waltet das Gute über den Ideen wie die Sonne über deer sichtbaren Welt. Und wie das Auge nur durch das von der Sonne gespendete Licht alles sieht, so erkennt die Vernunft die Ideen nur durch die Ausstrahlung des Guten.

Platon führt den Vergleich mit der Sonne noch weiter. Die Sinnendinge werden nicht nur dank der Sonne erkennbar, sondern die Sonne gibt ihnen auch Werden, Wachsen und Nahrung. Und er folgert: »So räume denn nun auch ein, daß den durch die Vernunft erkennbaren Dingen von dem eigentlich Guten nicht nur das Erkanntwerden zuteil wird, sondern daß ihnen dazu noch von jenem das Sein und die Wirklichkeit kommt.«[28]

Und es folgt noch ein Schritt: Die Sonne gibt Werden und Wachsen, aber sie selbst hat daran nicht teil, sie schwebt darüber. Analog setzten Sein und Erkennen der Ideen das Gute voraus, darum muß es selbst ein noch Höheres als die Ideen sein – »es ist über allem Sein, es ragt an Hoheit und Macht darüber hinaus«.[29]

Damit begründet Platon den Überstieg zu Gott, zur Transzendenz, zum Grund des Seins – ein Grund, der sich als hinter allem Sein liegend jeder Bestimmung, sogar der des Seins, entzieht. Dieser Gedanke hat vielfältig in der Geschichte der Philosophie und vor allem der Theologie gewirkt; er ist immer wieder nachgedacht, neu formuliert und variiert worden.

Einwände und Probleme

Platon ist immer wieder bezichtigt worden, er habe die Welt in zwei Teile gespalten: in die uneigentliche Welt der scheinhaften sinnlichen Erfahrungen in Raum und Zeit und in die eigentliche Welt der körperlosen ewigen Ideen und des Geistes. Schon sein berühmter Schüler Aristoteles wirft ihm diese »Kluft« vor und sieht sich als ihr Überwinder. Seitdem gilt Platon als Stammvater des Dualismus.

Ohne Zweifel läßt sich dieser Vorwurf des Dualismus mit Platons eigenen Sätzen belegen – wir haben das gesehen. Wir haben aber auch gesehen, daß Platons Absicht auf etwas anderes zielt: nämlich auf eine abgestufte Ordnung der Welt; und zwar nicht auf eine bloß gedachte Ordnung, sondern auf eine Ordnung, die sich, vom Sein, von den Ideen, kommend, im Denken für den fragenden Menschen am reinsten darstellt.

Platon fand die Welt längst durch das Denken gespalten vor, das wird meist vergessen. Nahezu alle vorsokratischen Philosophen hatten das Zeugnis der Sinne verdächtig gemacht – sei es, indem sie ihm ausdrücklich jeden Erkenntniswert absprachen, wie Parmenides es am entschiedensten getan hatte, oder indem sie ein nicht sinnliches Prinzip als das Eigentliche des Geschehens annahmen wie etwa das Apeiron, den Nus oder die gleichartigen Urteilchen.

Oft wird verkannt, daß Denken unausweichlich mit der schlichten Erfahrung in Konflikt gerät; denn es richtet sich stets auf die Verarbeitung von Erfahrung, es sucht das in den Erfahrungsgegenständen wirkende allgemeine Gesetz oder den sie verursachenden Grund. Indem das Denken also notwendig »hinter« die bloße Betroffenheit durch Erfahrung oder Sinneswahrnehmung zu kommen sucht, entwertet es automatisch die Erfahrungswirklichkeit. Das gilt für jede Erfahrungssuche, auch für die sogenannten »Erfahrungswissenschaften« – sinnliche Wahrnehmung wird nicht nur von Philosophen, sondern ebenso von Naturwissenschaftlern als Schein eingestuft. Dieser Konflikt ist so alt wie das Denken. Und er war voll aufgebrochen, ehe Platon geboren wurde.

Tatsächlich war die Kluft zwischen Sinnen und Geist, die Aristoteles Platon anrechnet, vorher viel tiefer. Niemand hatte nämlich einen überzeugenden Zusammenhang zwischen beiden herstellen können, obwohl doch beide im Menschen offensichtlich zusammenwirkten. Das Denken hatte nur vermocht, die Sinne zu untergraben, nicht aber, ihnen ein neues, wenn auch schmaleres Fundament zu sichern. Warum die angeblich bloß scheinhafte und unwahre Sinneswahrnehmung keineswegs chaotisch ist, warum sie für Menschen lebenswichtige Bedeutung hat, warum wir durch sie durchaus etwas erkennen, warum sie nicht ohne Beziehung zum Denken ist – das alles wurde vor Platon nicht beantwortet, allenfalls in sehr allgemeinen Formeln, wie wir sie etwa von Anaxagoras über den in allem wirkenden Geist kennen. So also fand Platon die Problemsituation vor: Die naive Einheit des Erkennens war zerstört worden, und der schöpferische Entwurf einer neuen, durch das Denken begründbaren Einheit fehlte.

Platon schuf ein Gefüge, in dem Welt und Mensch, Sinne und Denken, das Gute, die Wahrheit und Gott sich einander verstehbar zuordneten. Seine dialektische Schärfe trennt Dinge und Begriffe bis zur letzten deutlichen Unterscheidung und Scheidung; die Ideenlehre hebt den Sinnenschein scharf ab vom Denken, die vergänglichen Weltdinge von den ewigen Ideen; aber das alles sind Unterscheidungen an einem Sein, denn die Ordnung der Ideen wirkt auch in den Einzeldingen und dem Werden der Welt. Es gibt eine »Teilhabe« jedes einzelnen an seinem Urbild, eine »Methexis« an der Idee. Nur weil selbst das Sinnending in seiner Scheinhaftigkeit immer noch ein Abbild der Idee enthält und nur weil auch die Seele durch die Erinnerung an den Ideen teilhat, kommt die »Wiedererinnerung«, die »Anamnesis«, im Anschauen der Welt zustande.

Diese alles durchwirkende Teilhabe ist Grundvoraussetzung menschlichen Erkennens. So wie der Schöpfer, der »Demiurg«, alles Seiende als Abbild der von ihm gedachten Ideen gemacht hat, so verweist in Umkehrung das Abbildhafte des zeitlich Seienden den Menschen auf das unveränderliche Sein der Ideen, auf ihre Ordnung und schließlich auf ihren Seinsgrund im Guten.

Die Schattenbilder im Höhlengleichnis bedeuten nicht einfach nichts, sie sind vielmehr Abbilder, sie künden von den vorbeigetragenen Figuren und dem Licht im Rücken der Gefangenen. Abstufungen der Wahrheit und Eigentlichkeit demonstriert uns das Gleichnis, aber nicht zwei Welten. *Ein* Sein stellte sich in verschiedenen Modalitäten dar, abgestuft vom wahren Sein der Ideen bis zum uneigentlichen Sein der Sinnendinge, die aber doch durch das abbildhafte Anwesen (Parusia) des wirklichen Seins an ihm teilhaben, wenn auch abgeschwächt fast bis zur Nichtigkeit.

Im »Timaios« weist Platon den Dualismus ausdrücklich mit den Worten zurück: »Nur von einer Welt kann die Rede sein.«[30] Denn, so argumentiert er, wäre die Ideenwelt eine zweite Welt neben der handgreiflichen, so müßte es ein drittes, beide umfassendes Wesen geben. Im Vollzug dieses Gedankens schildert er dann die Schaffung des sichtbaren und körperhaften Alls durch Gott aus der Verbindung von Feuer und Erde, Wasser und Luft.

Übrigens hat bereits zu Platons Lebzeiten sein Werk einen scharfen Kritiker gefunden. Er hieß – Platon. Er hatte, schon weit in den Fünfzigern, die umfangreiche Schrift »Der Staat« und den Dialog »Phaidros« beendet. In beiden Schriften führt die Untersuchung des besonderen Themas zu einer zusammenfassenden Darlegung von Platons bisher entwickelter Philosophie. Dann folgt eine kritische Überraschung: der Dialog »Parmenides«. Die wesentlichen fiktiven Gesprächspartner sind Sokrates und Parmenides – »schon hoch bejahrt und ganz grau, aber noch immer schön und stattlich von Aussehen« – und dessen Schüler Zenon – »damals nahe an vierzig, schlank und von anmutigem Äußeren und mit dem Ruf, einst der Geliebte des Parmenides gewesen zu sein«.[31] Und diesmal sind die Rollen vertauscht: Parmenides fragt nach sokratischer Art, und Sokrates antwortet. Schonungslos deckt der platonische Parmenides Schwächen und Lücken der Ideenlehre auf. Der sie verteidigende Sokrates gerät schnell in Selbstwidersprüche. Ob er sagt, die Ideen seien getrennt von allem für sich oder aber sie seien bloßer Gedanke in unserem Geist – jede seiner Annahmen führt zu unsinnigen Folgerungen. Meint er, es gebe für jede Gattung eine Idee, so fragt Parmenides ihn, ob wohl auch vom Schmutz und anderen Abfalldingen.

Schließlich kapituliert Sokrates, und Parmenides faßt das Grundproblem zusammen: »Wenn also einer, mein lieber Sokrates, es mir nicht zuläßt, daß es Ideen der Dinge gibt, in Rücksicht auf all unsere jetzigen und ähnliche Schwierigkeiten, und wenn einer deswegen nicht mehr für jedes Seiende eine Idee bestimmen will, dann wird er auch nicht mehr wissen, wohin er sein Denken richten soll, wenn er nicht zuläßt, daß für jedes der Seienden die Idee immer ein und dieselbe ist; und auf diese Weise wird er die Möglichkeit des Sichverstehens vollständig zerstören. Das war es, scheint mir, was Du vor allem im Auge hattest.«[32]

Hier nennt Platon das durchlaufende Grundmotiv seines eigenen Philosophierens. Es enthält zugleich eine Rechtfertigung, trotz der Einwände an der Ideenlehre weiterzuarbeiten, da ohne sie Wahrheitssuche überhaupt nicht möglich sei.

Die Schwierigkeiten, mit denen Platon hier selbstkritisch kämpft, gruppieren sich um die Teilhabe, also das Anwesen der reinen Idee in anderem – in anderen Ideen, im Vielen der Welt, in der einzelnen Seele. Das Problem dieser Teilhabe ist: Die Idee darf nichts von sich abgeben, das widerspräche ihrem reinen unveränderbaren Sein; andererseits muß es eine Form der Vermittlung mit anderen Ideen, der Welt und der Seele geben, wenn die Ideen die beschriebene Funktion für das Erkennen haben sollen. Wir haben hier vor uns die platonische Ausformung des alten parmenideischen Problems des Überganges vom denknotwendig einen unteilbaren Sein zum erfahrenen Vielen der Welt. Wohl darum hat Platon den Parmenides zum Wortführer dieses Gespräches gemacht.

Komplizierter als für den historischen Parmenides wird das Problem für Platon nicht nur, weil sein Sein sich vermittelt, sondern weil diese Vermittlung der Idee in dreierlei Hinsicht geschehen muß: 1. In bezug zum Ding – von Platon beschrieben als Verhältnis vom Urbild zum Abbild; 2. in bezug zur Seele – beschrieben als vorgeburtliches Schauen und spätere Wiedererinnerung; 3. in bezug auf andere Ideen – beschrieben als »Hypothesis«. Platon hat also nicht nur die Vermittlung zwischen Sein und Schein darzulegen, sondern auch die Auseinanderlegung des einen Seins in die Vielheit der Ideen zu begründen. Die Spannung Einheit–Vielheit ergibt sich mithin auf zwei Ebenen: *zwischen* Sein und Welt und dann *im* Sein selbst.

Da für Platon Denken die Schau der seinshaften Ordnung der Ideen ist, muß jeder Denkbezug einem Seinsbezug innerhalb der Ideenwelt analog sein. Doch was sich im Denken unschwer vollziehen läßt – Unterstellung des einzelnen unter einen Gattungsbegriff, Verknüpfung von Begriffen, Vergleich, Entgegensetzung, Negation und Teilnegation –, das läßt sich als Seinsbezug der Ideen untereinander nur schwer vorstellen. Die »Teilhabe« und die »Gemeinschaft der Ideen« bleiben als Erklärung nicht nur sehr allgemein, sondern sie geraten auch in die im »Parmenides« vorgebrachten Widersprüchlichkeiten.

»Wie wirst Du es nun mit der Philosophie halten?« fragt Parmenides endlich den ratlosen Sokrates – fragt der bald sechzigjährige Platon sich selbst. »Wohin willst Du Dich wenden, wenn diese Dinge nicht erkannt werden?«[33]

Und durch den Mund des Parmenides stellt Platon sich die

Aufgabe seines Alters: mit Hilfe eines systematisch anzuwendenden antithetischen Verfahrens die Dialektik zu verfeinern, das Verhältnis von Einheit und Vielheit zu differenzieren und derart begreifbar zu machen, wie alles Viele nur Teil der Ordnung des Einen ist, analog dem Hervortreten der Zahlen aus der Eins.

Der Dialog »Parmenides« ist also vielleicht eine Krise der platonischen Ideenlehre – er ist oft so gedeutet worden –, aber gewiß nicht ihr kritischer Umsturz. Der Philosoph war sich der Probleme seiner Lehre klar bewußt, er hat trotzdem diese Lehre aufrechterhalten.

Enttäuschungen

Die unaufhebbare Spannung zwischen den ewigen Orientierungsbildern unseres Erkennens und der zeitlichen Wirklichkeit der Welt hat Platon nicht nur im Denken erfahren, sondern auch als Handelnder – und das sehr schmerzlich.

Zwar hatte er als junger Mann der praktischen Politik abgesagt, aber da ihm die Philosophie Erkenntnisquelle des Wahren wie des Guten war, suchte er folgerichtig das Erkannte auch in die Tat umzusetzen. Was ihm in Athen nicht gelungen war, unternahm er im sizilianischen Syrakus. Während seiner Wanderjahre kam er zum erstenmal dorthin, bereits ein gestandener Mann von fast vierzig Jahren, bekannt mit führenden Mathematikern und Pythagoreern seiner Zeit, weit gereist und durch seine Teilnahme am Korinthischen Krieg auch im Militärwesen erfahren. Der Herrscher von Syrakus, Dionysos I., schien ein offenes Ohr für Platons gesellschaftspolitische Reformideen zu haben; besonders begeistert war der junge Schwager des Fürsten, Dion. Aber als Platon auf die Verwirklichung seiner Gedanken drängte, wurde der Fürst mißlaunig, bald bis zur offenen Feindseligkeit. Nach der – nicht ganz verläßlichen – Überlieferung soll Platon gar als Gefangener auf dem Sklavenmarkt in Ägina feilgeboten worden und von Annikeris, einem Schüler des Sokrates, zufällig entdeckt und freigekauft worden sein. Zurück in Athen, lehnte der hilfreiche Freund die angebotene Erstattung des Kaufpreises ab; Platon soll darauf von diesem Geld den Garten gekauft haben, in dem er seine Akademie einrichtete.

Der ideale Staat war leichter auf dem Papier zu entwerfen als in der Wirklichkeit zu errichten. In den zehn Büchern der »Politeia« hat Platon ihn mit liebevoller Genauigkeit beschrieben: eine konsequente Utopie, in der die Menschen rigoros seinem Leitbild der Gerechtigkeit angepaßt werden. Ein Philosophenkönig repräsentiert sie; Demokratie ist verpönt. Handwerker, Bauern und Händler kommen noch glimpflich in diesem aristokratischen Staat davon, aber die staatstragenden Wächter und Krieger werden von Kind an mit allen Mitteln eines totalitären Staates zur Härte und Tüchtigkeit angehalten. Sie dürfen weder Familien gründen noch Privateigentum besitzen; sie haben Frauen- und Gütergemeinschaft, um nicht durch persönliche Rücksichten in ihren Aufgaben behindert zu werden. Alles ist bei ihnen geregelt: das Essen, der Sport, die Krankenbehandlung und das Vergnügen. Literatur, Theater und Musik werden zensiert, um keine schlechten Vorbilder zuzulassen. Sogar die Liebe steht noch im Dienst des Staates: »Es müssen ... die besten Männer den besten Weibern möglichst oft beiwohnen und die schlechtesten Männer den schlechtesten Weibern möglichst selten, und die Kinder der einen muß man aufziehen, die der anderen aber nicht, wenn die Herde möglichst vorzüglich sein soll.«[34] Um dies unauffällig zu erreichen, sind selbst betrügerische Manipulationen erlaubt.

Platon hat diese Forderungen später abgemildert, aber sein Vorbild wirkte auch in der Staatslehre weit in die Geschichte hinein. Im Namen der Wahrheit alle Welt gängeln zu sollen blieb und bleibt eine Versuchung des Denkens. Für Platon war sie besonders groß, weil er in den Ideen eine übermenschliche Ordnung erblickte, der zu ihrem Recht auch in der gesellschaftlichen Wirklichkeit zu verhelfen geradezu eine moralische Herausforderung für einen Philosophen war.

Wohl darum reiste er trotz seiner üblen Erfahrungen in Sizilien auf Einladung Dions noch zweimal nach Syrakus mit der Hoffnung, endlich seine philosophisch begründete Staatsordnung bei Dionysos II., dem Nachfolger des alten Herrschers, durchzusetzen. Die Erwartung erfüllte sich nicht, die Reisen waren umsonst. Schließlich wurde auch noch sein Freund Dion, auf dessen politischen Erfolg Platon gehofft hatte, ermordet.

Fortan begab Platon sich nicht mehr in die Politik. Er schrieb seine letzten Werke, zum Abschluß die zwölf Bücher der »Gesetze«; und er lehrte in seiner Akademie. Deren geistige Ausstrahlung wirkte nicht nur auf die Nachwelt, sondern auch auf das öffentliche Leben seiner Zeit; die Akademie war kein abgekapselter Ort der Wissenschaft, keine lebensferne Debattierstätte, sie war eine Schule des Denkens und der Wirklichkeitsgestaltung zugleich gemäß Platons ethischen Forderungen.

Platon starb mit achtzig Jahren – so berühmt, daß die Legende ihn bald zum Sohn Apollons erhob. Und noch ein Mathematiker und Philosoph unseres Jahrhunderts, der Harvardprofessor Whitehead, erklärte, die gesamte abendländische Philosophie bestehe bloß aus Fußnoten zu Platon. Sicher ist jedenfalls: Platons Lehre von den zeitlosen, unkörperlichen und überirdischen Ideen, deren Glanz wir im Denken und deren Abglanz wir in den Dingen wahrnehmen, gab der Philosophie ihr Thema für zwei Jahrtausende. Zustimmung und Ablehnung widerfuhr ihr, Fortentwicklung und Rückschritt, aber losgekommen ist unser Denken tatsächlich nie mehr von dieser seiner ersten großen Begründung.

DIE WAHRE WELT DER ERFAHRUNG

Aristoteles, 384–322 v. Chr.

Platons Schüler und Widerpart

Gerade als Platon von der zweiten seiner erfolglosen Sizilienreisen zurückkehrte, trat ein achtzehnjähriger Jüngling in die Akademie ein, den Vornehmheit und Stellung seiner Familie empfahlen: *Aristoteles.* Er kam aus dem Norden Griechenlands; er war 384 v. Chr. in der Stadt Stagira in Thrakien geboren und bald verwaist durch den frühen Tod seines Vaters, eines Leibarztes des makedonischen Königs Amyntas III. Seine Heimat war politisch unruhig – noch unruhiger als die meisten griechischen Staaten. In Makedonien stritten und kämpften mehrere Thronanwärter gegeneinander, Nachbarstaaten mengten sich ein, Amyntas suchte seinen Vorteil in Athens Freundschaft; aber alle innen- und außenpolitischen Konstellationen bestanden nur kurz, Freundschaft und Feindschaft wechselten rasch.

Aristoteles lebte währenddessen in der Akademie Platons – zwanzig Jahre lang. Er verließ sie erst, achtunddreißig Jahre alt, als Platon starb; er war unter den Augen seines Lehrers vom Jüngling zum Mann gereift, von seinem Schüler zu seinem Erben geworden. Freilich mußte der Lehrer den Nachruhm bald mit dem Schüler teilen: Neben Platons Gedankenreich entstand ein zweites, ebenbürtiges; als kontroverse Grundpositionen des Denkens bekämpften, durchdrangen und befruchteten sie einander und waren doch keineswegs so gegensätzlich wie zuzeiten ihre Wirkungen.

Nach Platons Tod zog Aristoteles mit anderen Akademiemitgliedern nach Assos, einer Stadt an der kleinasisatischen Küste nördlich der Insel Lesbos, um dort eine Akademie nach dem Muster der platonischen aufzubauen. Die Wahl des Ortes war wahrscheinlich durch Aristoteles' Freundschaft mit dem dort residierenden Fürsten Hermias von Atarneus bestimmt, der ebenfalls an der Akademie in Athen studiert hatte. Aus der Freundschaft wurde bald Verwandtschaft: Aristoteles heiratete Pythias, die Nichte und Adoptivtochter des Fürsten. Doch schon nach drei Jahren mußte er Assos verlassen – auf der Flucht vor den Persern, die Hermias gefangengenommen hatten. Ein Schiff brachte ihn nach Lesbos. Dort erreichte ihn ein ungewöhnlicher, höchst ehrenvoller Ruf: König Philipp II., der endlich das unruhige Makedonien geeint und zur griechischen Hauptmacht entwickelt hatte, wünschte Aristoteles als Erzieher für seinen dreizehnjährigen Sohn. Der junge Alexander, der wenige Jahre später »Der Große« hieß, entwuchs schnell der Fürsorge seines Lehrers: Als halbes Kind noch wurde er von militärischen und politischen Aufgaben und vor allem wohl von seinem eigenen Ehrgeiz gefordert. Als er mit neunzehn Jahren den Hof seines Vaters gemeinsam mit der ränkeschmiedenden Mutter verließ, endete bald auch Aristoteles' Amt, das gewiß längst mehr das eines Ratgebers als eines Lehrers war. Trotz seiner Jugend wurde Alexander Feldherr der Hellenen im Kampf gegen die Perser. Nachdem Philipp II. ermordet worden war und sein Sohn den Thron bestiegen hatte, brach Aristoteles im Jahre 335 nach Athen auf.

Hier gründete er eine eigene Schule, Lykeion, genannt nach dem heiligen Bezirk des Apollon Lykeios, in dem sie lag. Später wurde sie auch als »peripatetische Schule« bezeichnet wegen der Wandelhalle (Peripatos), in der Schüler und Lehrer auf und ab gingen.

Aristoteles hatte bis dahin viel geschrieben und veröffentlicht, aber wenig ist davon erhalten geblieben. Einige überlieferte frühe Bruchstücke zeigen ihn noch dicht bei Platon, andere – vermutlich spätere – bereits in kritischem Abstand von der Ideenlehre.

Die erhalten gebliebenen späteren Schriften zeichnen sich aus durch eine bisher kaum zu findende systematische Genauigkeit der begrifflichen Analyse. Dabei sind diese Schriften offenbar so nicht zur Veröffentlichung bestimmt gewesen, sondern waren wahrscheinlich Vorlagen für die Lehrtätigkeit am Lykeion, manche vielleicht sogar nur Mitschriften eifriger Vorlesungshörer.

Mit ihnen setzt Aristoteles sich nun ausgesprochen von Platon ab und entfaltet neue Wirklichkeiten des Denkens.

Regeln des Denkens: Die Logik

Methodisch verfährt er zunächst wie sein Lehrer: Er setzt ein mit der Untersuchung des Zustandekommens menschlicher Erkenntnis, wie sie im Denken und in der Rede vorliegt. Er fragt sich, was eigentlich geschieht, wenn wir reden; und bezeichnend ist, daß er sich um der Systematik willen nicht scheut, fast schulmäßig mit der Darlegung der Wortarten und ihrer Funktionen im Satz zu beginnen. »Zunächst ist zu bestimmen, was Hauptwort (Substantiv) und was Zeitwort (Verbum) ist, dann, was Bejahung und Verneinung, Aussage und Satz ist. Die Sprache ist Zeichen und Gleichnis für die seelischen Vorgänge, die Schrift wieder für die Sprache.«[35] Vor allem geht es Aristoteles darum, festzustellen, daß mit dem Namen einer Sache, dem Hauptwort, allein noch nichts Wahres oder Falsches gesagt oder gedacht ist, ebensowenig mit dem Zeitwort allein. Der Nachdruck, den er darauf legt, ist nur aus der Absetzung gegen Platon verständlich, weil dort das Denken des Begriffes, die innere Schau der Idee, die engste Annäherung an deren wahres Sein brachte. Dagegen Aristoteles in seiner »Hermeneutik«, der »Auslegungskunst«: »Nur bei Verbindung und Trennung [der Wörter] ergibt sich Irrtum und Wahrheit. Die Haupt- und Zeitwörter für sich allein gleichen nur dem Gedanken ohne Verbindung und Trennung wie zum Beispiel das Wort ›Mensch‹ oder ›weiß‹, sofern man sonst nichts hinzusetzt: Hier gibt es noch nicht Irrtum und Wahrheit.«[36]

Erst in der Rede, dem Satz, werden Hauptwort und Zeitwort als Satzgegenstand und Satzaussage (Subjekt und Prädikat) aufeinander bezogen. Auch diese Beziehung zielt noch nicht unbedingt auf Wahrheit – zum Beispiel, wenn wir eine Bitte aussprechen –, sondern erst dann, wenn wir etwas von etwas aussagen wollen. Dabei zeigt das Zeitwort die ausgesagte Beziehung auch im Hinblick auf ihre zeitliche Geltung an.

Was macht nun aus einem einfachen Satz eine wissenschaftliche Aussage? fragt Aristoteles in seiner »Ersten Analytik« und antwortet: der Beweis. Woraus besteht für ihn der Beweis? Aus dem Schluß von der festgestellten oder vorausgesetzten Wahrheit eines Satzes auf die Wahrheit eines daraus sich ableitenden. »Ein Schluß (Syllogismus) ist eine Rede, in der, wenn etwas gesetzt wird, etwas von dem Gesetzten Verschiedenes dadurch folgt, daß das Gesetzte ist.«[37] Das klassische Beispiel hierzu: Wird vorausgesetzt, daß jeder Mensch sterblich ist (a) und daß Sokrates ein Mensch ist (b), so lautet der Schluß (a + b), daß Sokrates sterblich ist.

Die Voraussetzungen des Schlusses sind also ein Ober- und ein Untersatz, denen ein Mittelglied gemeinsam ist. Dieses in beiden Sätzen vorhandene gleiche Mittelglied – im obigen Beispiel »Mensch« – ermöglicht die Verknüpfung von Ober- und Unterbegriff, da es von beiden Begriffen ausgesagt ist.

Durch derartige Aneinanderreihung von Schlüssen ergeben sich Schlußketten, bei denen jedes Glied vom vorhergehenden abhängt.

Wird Wissenschaft verstanden als Beweisen, so ist die erste Forderung, sicherzustellen, daß das Schließen korrekt erfolgt. Darum arbeitete Aristoteles ein System der Aussagearten und Schlußverfahren aus: die Logik, von ihm selbst »Analytik« (Zerlegungskunst) genannt. Seine verschiedenen Schriften zur Logik wurden später zusammenfassend als »Organon«, als »Werkzeug« des Denkens bezeichnet. Damit vergewisserte sich das Denken zum erstenmal planmäßig und vollständig seiner eigenen Regeln. Und zwar so vollständig, daß Kant zweitausend Jahre später noch sagen konnte, die Logik habe seit Aristoteles keinen Schritt rückwärts tun dürfen, habe aber auch keinen Schritt vorwärts machen können.

Schon Platon hatte uns gezeigt, daß bestimmten Begriffen beim Argumentieren eine Sonderrolle zukommt – wie etwa

Gleichheit, Ähnlichkeit, Einheit, Zahl –, ohne daß er eigentlich erklärt hatte, warum. Aristoteles geht dem nach und findet, daß sich alle Begriffe, mit denen oder von denen wir etwas aussagen, in Gruppen einteilen lassen gemäß ihrer Aussageart, er nennt sie »Kategorien«. Eine Aussage bezeichne entweder das Wesen (einer Sache oder Vorstellung) oder besage etwas über Quantität, Qualität, Relation, Ort, Zeit, Lage, Sichverhalten, Tun und Erleiden. Offensichtlich ist die erste dieser zehn Kategorien anders als die übrigen beschaffen: Sie bezeichnet die Sache selbst unmittelbar, die anderen hingegen die ihr zukommenden Eigenschaften – die erste wird später »Substanz«, die anderen werden »Akzidentien« genannt.

Die Akzidentien lassen sich ihrerseits in zwei Gruppen scheiden: 1. die Bestimmungen, die einer Sache immer zukommen, die »Proprien« oder Wesenseigenschaften, nach dem Muster »Ein Dreieck hat eine Winkelsumme von 180 Grad«; 2. die gewöhnlichen Akzidentien, also Eigenschaften, die eine Sache nur mehr oder weniger zufällig hat, nach dem Muster »Der Zaun ist grün«. Diese Unterscheidung ist keine Systemspielerei; sie ist grundlegend, weil Wissenschaft nur durch Aussagen der ersten Art entsteht, denn sie zielt auf das Allgemeine, von den Zufälligkeiten des Einzelfalls Befreite, auf den Allgemeinbegriff.

Dieser Begriff von etwas wird durch die Definition ausgesagt, sie ist Wesensbestimmung. Aristoteles nennt auch für ihre Aufstellung strikte Regeln, die seitdem zum Grundbestand der Logik gehören. Zunächst muß die Gattung festgestellt werden, in welche die zu definierende Sache gehört, und zwar die ihr nächste Gattung (genus proximum). Soll zum Beispiel eine Eiche definiert werden, so ist die *nächste* Gattung nicht etwa »Pflanze«, sondern »Baum«. Um die Eiche genau zu bezeichnen, muß dann der Unterschied aufgesucht werden, der sie von allen anderen Bäumen sondert: die »differentia specifica« – z. B. die nur ihr eigene Blattform. Ein ähnliches Schema hatte schon Platon entwickelt. Allerdings war ihm wichtig gewesen zu zeigen, wie jede Einzeldefinition in den Zusammenhang aller Ideen eingeflochten und nur von diesem herzuleiten ist. Darum ging er von einem möglichst allgemeinen, obersten Begriff aus und schied dann in immer neuen Teilungsschritten (Diairesis) aus, was nicht auf die zu definierende Sache zutraf, um schließlich nur das Gemeinte übrigzubehalten. Der Unterschied ist sehr bezeichnend: Platon blickt von der Höhe seiner Ideenpyramide auf das einzelne herab; Aristoteles geht vom einzelnen aus und grenzt es nach oben und unten ab.

Das Ergebnis der Definition ist in jedem Fall die völlige Dekkungsgleichheit der beiden Seiten einer Aussage; ihr äußeres Kennzeichen daher die beliebige Umkehrbarkeit des Satzes. Es ist gleich, ob man sagt: »Die erste gerade Zahl ist Zwei« oder »Zwei ist die erste gerade Zahl«. Dagegen läßt sich der Satz »Zwei ist eine gerade Zahl« nicht umkehren, weil es noch viele andere gerade Zahlen neben der Zwei gibt; er sagt also etwas Richtiges über die Zwei aus, grenzt aber nicht ausschließlich sie ein.

Das logische Regelwerk des Aristoteles sichert Klarheit und Eindeutigkeit des Beweisens. Aber führen korrekte Beweise allein schon zur Wahrheit? Besteht Wissenschaft nur aus Beweisen? Mit diesen Fragen gelangt die Logik auf ihren ontologischen Grund – das Nachdenken über das Denken führt auch Aristoteles ebenso selbstverständlich zur Seinsfrage wie einst seinen Lehrer Platon.

Quelle der Ideen: Die Erfahrung

Bei dem Übergang von der Logik zur Ontologik – von der Denk- zur Seinswissenschaft – werden uns zuweilen die Wege bekannt dünken, dann wird plötzlich wieder alles neu und fremd sein. Auch Aristoteles läßt sich nicht auf eine Formel bringen – trotz seiner Systematik. So wenig wie das Schlagwort vom Dualismus den ganzen Platon trifft, so unzulänglich wäre für Aristoteles die Bezeichnung Empiriker, obwohl er der Erfahrung grundlegende Bedeutung zuerkennt.

Obgleich die Logik in sich geschlossen und überzeugend ist – Aristoteles sieht, wie bald der Beweis als Werkzeug der Wissenschaft an zwei Grenzen gerät.

Erstens: Da jeder Schluß innerhalb der Beweiskette auf Voraussetzungen beruht, gelangt man bald zu einer ersten, nicht mehr durch Vordersätze beweisbaren Voraussetzung. Diese Tatsache läßt aber Aristoteles nicht etwa an der Erkenntniskraft des Beweises zweifeln, sondern er stellt fest, daß unser Denken von Ausgangssätzen ausgeht, deren wir offenbar auf eine andere Weise gewiß sind. Bezeichnenderweise dient ihm eine mathematische Figur als Beispiel in der »Zweiten Analytik«: »Wahr muß der Ausgangssatz sein, weil es nicht möglich ist, zu wissen, was gar nicht ist, zum Beispiel, daß die Diagonale [etwa eines Rechtecks] gleich lang wie die Seite sei. Auf ursprünglichen und ohne Beweis einleuchtenden Ausgangssätzen muß das Wissen beruhen, weil man nicht wissen könnte, ohne sie als Beweis zu besitzen.«[38]

Zweitens: Bei der Definition treffen wir auf einem anderen Weg auf das gleiche Problem, denn sie ist im strengen Sinn gar kein Beweis, sondern eigentlich nur eine Feststellung dessen, was wir einer Sache als wesensnotwendig zusprechen. Wir können das Zutreffen einer definierenden Bestimmung überhaupt nur im Hinblick auf das prüfen, was wir sowieso immer schon unter der Sache verstehen. Genaugenommen erkennen wir also durch die Definition nichts Neues, sondern beschreiben nur etwas schon Bekanntes.

Die Folgerung aus beiden Überlegungen ist so konsequent wie erstaunlich: »Wir sagen, daß nicht jedes Wissen beweisbar ist, daß vielmehr das Wissen um die unvermittelten Grundsätze unbeweisbar ist.«[39]

Die für alle Erkenntnis entscheidende Frage wird damit: Woher kommt uns dieses erste, grundlegende, unbeweisbare Wissen zu?

Bis hierhin könnte dies alles auch Platon geschrieben haben. Doch allmählich tritt in den Darlegungen der »Zweiten Analytik« das Neue hervor: »Früher und bekannter ist etwas aber in zweifachem Sinn. Denn es ist nicht dasselbe, ob etwas von Natur aus früher ist oder für uns früher, von Natur her das Bekanntere oder von uns her. Ich nenne für uns früher und bekannter, was der sinnlichen Wahrnehmung näher liegt, schlechtin früher und bekannter, was ihr ferner liegt. Am fernsten ist ihr das Allgemeinste, am nächsten das einzelne.«[40]

Aristoteles beschreibt hier die Doppeldeutigkeit jedes Erkenntnisvorganges: Einerseits erkennen wir nur bereits Gestaltetes, andererseits stellt sich diese Gestalt und das Wissen darum uns erst in der Wahrnehmung her. Platon hatte diese gegensätzlichen Momente als die zwei Quellen der »Wiedererinnerung« beschrieben: Um durch die Wahrnehmung etwas zu erkennen, brauchen wir zwar die vorgegebenen Bilder der

Ideen, aber wir erinnern uns derer erst angesichts ihrer in den Sinnendingen vorliegenden Abbilder. Aristoteles greift dagegen zunächst nicht auf ein drittes – auf Ideen oder derartiges – zurück, sondern er erklärt die Doppeldeutigkeit aus dem Zusammenwirken von sinnlicher Wahrnehmung und Gedächtnis.

Wahrnehmung komme allen Lebewesen zu, aber nur bei manchen bleibe davon eine Spur in der Seele zurück. Bei einigen Wesen führe diese Erinnerung dann zur Bildung von Begriffen, und zwar auf folgende Weise: »Aus der Wahrnehmung bildet sich, wie gesagt, die Erinnerung, aus der Erinnerung, wenn sich derselbe Vorgang öfter wiederholt, die Erfahrung. Die zahlenmäßig häufigen Erinnerungen führen nämlich zu einer einheitlichen Erfahrung. Aus der Erfahrung oder aus dem von allen Erinnerungen in der Seele zurückgebliebenen Allgemeinen – das ist das Eine neben dem Vielen, das, was in allen Wahrnehmungen dasselbe blieb – entsteht Können und Wissen; Können, wenn es sich um die Herstellung, Wissen, wenn es sich um das Sein handelt. Diese Fähigkeiten sind uns nicht fertig angeboren noch sind sie aus noch erkenntniskräftigeren abgeleitet, sondern sie stammen nur aus der Wahrnehmung.«[41]

Das sind die Kernsätze der aristotelischen Erkenntnislehre. Sie gelten nicht bloß für die Bildung der ersten Allgemeinbegriffe, sondern auch für die darüber liegenden Gattungsbegriffe. Das Beispiel von Aristoteles: Als erstes Allgemeines erkennen wir den Begriff »Mensch« aus der Wahrnehmung verschiedener Personen; nach demselben Verfahren ergibt sich aus der Wahrnehmung auch anderer Geschöpfe schließlich ein erweitertes Allgemeines, der Oberbegriff »Lebewesen«. Er entsteht in uns, indem wir das Gemeinsame der ersten unmittelbar aus der Erfahrung hervorgegangenen Begriffe herausfinden. »Es ist also einzusehen, daß wir nur durch Herausholen aus der Erfahrung die ersten Grundlagen gewinnen können; denn auch die Wahrnehmung vermittelt uns auf diesem Weg das Allgemeine.«[42]

Allerdings will Aristoteles hiermit ausschließlich die Herkunft des begrifflichen Materials der Erkenntnis erklären, nicht das Vermögen zu denken selbst. Dies bleibt der Vernunft vorbehalten, die an Kraft der Wahrheitserkenntnis dem Wissen voraus und somit Ursprung des Erkennens überhaupt ist.

Wissen vom Sein: Die Metaphysik

Mit diesen Überlegungen über die Regeln unseres Denkens und die Grundlagen unseres Wissens hat Aristoteles die Voraussetzungen gesichert, um zwei zentrale Fragen anzugehen: Was sind die Dinge überhaupt? Was meinen wir eigentlich, wenn wir sagen, sie *sind*?

Die erste Frage beantwortet er vor allem in den acht Büchern der »Physik«, die zweite in den vierzehn Büchern der sogenannten »Metaphysik«. So genannt, weil der Titel nicht aus Aristoteles' Zeit stammt, sondern erst viel später aus einer bibliothekarischen Angabe entstand: In der antiken Aristoteles-Ausgabe von Andronikos standen nämlich diese vierzehn Bücher nach den physikalischen Lehrschriften, also nach (meta) der Physik. Freilich war diese Anordnung nicht zufällig, sondern durch den Inhalt gegeben; und so traf die Bezeichnung so genau das Thema, daß sie nicht nur zum Werktitel, sondern zum Namen für derartige Philosophie überhaupt wurde. Tatsächlich sind beide Werke keineswegs so gegensätzlich wie ihre Titel, obwohl das eine die Ursachen der Naturdinge sucht, das andere die Bedeutung von Sein.

Aristoteles selbst unterscheidet drei Arten von theoretischen Wissenschaften: die Physik, die Mathematik und die Theologie. Letztere geht hervor aus den Untersuchungen, die später als Metaphysik bezeichnet worden sind. Aristoteles definiert die Metaphysik als eine »Wissenschaft, die das Seiende als solches betrachtet und die ihm zukommenden Bestimmungen«. Und er stellt sich die Aufgabe: »Auch wir also müssen die obersten Ursachen des Seienden als solchen suchen.«[43]

Er setzt ein mit einer Aufgliederung der sprachlichen Bedeutungen von »sein«, denn »vom Seienden sprechen wir in vielerlei Sinn, beziehen uns aber immer auf einen gewissen Kern und ein einziges Wesen«. Diese Klärung ist für ihn besonders wichtig, weil viele Beweisführungen der platonischen Dialoge erst durch die schillernde Vieldeutigkeit des Wortes »sein« möglich, aber eben auch fragwürdig wurden. Die Dialoge zeigen, daß Platon sich dieses Bedeutungsspielraumes durchaus bewußt war, aber trotzdem schied er die Bedeutungen nicht klar und ein für allemal. Das unternahm erst Aristoteles und schuf damit eine fortan gültige Ordnung des Denkens.

Zum Leitfaden wurde ihm seine Kategorienlehre – also die im Zusammenhang mit der Logik vorgenommene Einteilung der Aussageweisen in zehn Kategorien, nämlich Wesen (Substanz), Quantität, Qualität, Relation, Ort, Zeit und so fort. Das Wort »sein« oder »ist« wird in Aussagen jeder Kategorie gebraucht; dabei verändert es seine Bedeutung, und zwar jeweils entsprechend der Kategorie. Einmal bezeichnet es Menge, einmal Beschaffenheit, einmal den Ort oder die Zeit oder die Lage und so weiter – und es bezeichnet dann nur dieses und nicht zugleich das allgemeine Sein der Sache. Das ist seinerseits Gegenstand einer kategorialen Aussage und als solche begrenzt auf eben diese Bedeutung. Damit wird auch endlich klar, wieso wir von einer Sache sagen können, sie sei nicht schwarz – also das Sein eines Nichtseins aussprechen können. Eine derartige Aussage stellt nur das Vorhandensein oder Nichtvorhandensein einer bestimmten Beziehung fest und sonst nichts: Das Nichtsein einer Beziehung ist ausgesagt, keineswegs das teilweise Nichtsein der Sache. Derartige logische Probleme waren bisher höchstens im Einzelfall, aber nie generell gelöst worden. Und die logischen Schwierigkeiten hatten sich in der Ontologie gespiegelt.

Allerdings beziehen sich alle Aussageweisen des »ist« trotz ihrer Verschiedenheit stets auf eine bestimmte Sache, ein Wesen (Usia), eine Substanz. Sie ist der Bezugspunkt alles dessen, was ihr in verschiedenen Hinsichten zugesprochen wird. Sie »ist« also offensichtlich in anderer Weise als die ihr jeweils zukommenden Eigenschaften; sie bleibt dieselbe, auch wenn viele ihrer Bestimmungen oder Eigenschaften sich ändern, etwa die Lage, die Temperatur, die Farbe. Das Wesen der Sache ist also jedenfalls von den zufällig im einzelnen ihr anhaftenden Eigenschaften zu unterscheiden.

Schwieriger ist zu verstehen, wie ein Ding im Werden sich auch in seinen Wesenseigenschaften soll verändern können – zum Beispiel wie die Pflanze zur Nahrung wird und schließlich in einem anderen Lebewesen aufgeht. Es wird dann etwas, was es nicht ist – und doch ist das Gewordene keineswegs etwas völlig anderes, sondern das Vergangene ist darin irgendwie enthalten.

Aristoteles steht hier an der Schwelle des vertrauten Problems, die stete Veränderung des Seienden zu vereinen mit den unveränderlichen Einheiten unseres Welterkennens, den Begriffen, Gattungen oder Ideen. Seine Lösung ist neu und von weitreichender Wirkung.

»Alles was wird, wird entweder von Natur oder durch Kunst oder von ungefähr. Bei allem, was wird, muß man unterscheiden, wodurch, woraus und was es wird. . . Das, woraus etwas wird, ist der von uns so genannte Stoff.«[44] Für diesen »Stoff« hat Aristoteles eine eigene Bezeichnung: »Hyle«. Sie ist das allem Zugrundeliegende, das Gestaltlose, jedoch Gestaltungsfähige. Sie ist Grundlage jeglichen Werdens – »erste Materie«, wie Aristoteles sagt.

Wodurch etwas wird, ist die »Form« oder »Gestalt« – Aristoteles schreibt »Morphe« aber auch »Eidos«, Idee. Stoff und Form bilden zusammen das tatsächliche Ding. Stoff ohne Form gibt es in Wirklichkeit nie.

Die Form ist das bleibende Wesen – insofern Idee wie bei Platon; doch für Aristoteles existiert sie nicht losgelöst von den Dingen, außerhalb ihrer, sondern sie ist *in* den Dingen; sie ist die in allen Einzelwesen einer Gattung sich darstellende allgemeine Gestalt. Eben diese Form ist es, die wir aus der Reihe der Einzelwahrnehmungen als durchgängiges Allgemeines erfahren.

So wird auch der Grund sichtbar, warum Aristoteles in der »Zweiten Analytik« das wahrgenommene Einzelding als das für den Menschen frühere und bekanntere bezeichnete, das Allgemeine hingegen als das von Natur aus frühere. Denn – so sein Beispiel – aus dem Menschen geht der Mensch von Natur aus, eben durch Zeugung und Geburt, als ein allen Menschen gleiches Wesen hervor. Beim Erkennen nehmen wir aber zunächst nur einzelne, unterschiedliche Menschen wahr; das Allgemeine, das ihnen trotz der individuellen Unterschiede gemeinsam ist, zeigt sich uns erst in der Reihe dieser Erfahrungen – ist für uns also das Spätere, während es tatsächlich von Natur aus das Frühere war.

Die Verwirklichung der Form im Stoff begründet also einerseits das Werden von Gleichartigem, andererseits aber auch das Entstehen von Individuen innerhalb der Gattung. Denn die

Form verleiht dem Stoff die mit dem Gattungsbegriff gegebenen Bestimmungen, die wir auch in der Definition ausdrücken; aber der Stoff kann auch noch weitere, nicht gattungsbestimmte Eigenschaften annehmen, sofern sie nicht dem Wesen der Sache widerstreiten. Die Form läßt im Stoff Spielraum für die gewöhnlichen Akzidentien, für die nicht gattungsbedingten Eigenheiten, die das Individuelle ausmachen.

Die Eleganz dieser gedanklichen Lösung ist besonders augenfällig vor dem Hintergrund der Schwierigkeiten, die Platon mit der »Teilhabe« der für sich seienden Idee am einzelnen hatte. Indem Aristoteles die allgemeine Form nur im erfahrbaren Einzelding sein läßt, vermeidet er den problematischen Überstieg von einem zum anderen. Die gestaltende Kraft ist in dem wirklichen Ding selbst.

Auch die Abhängigkeit der Begriffe untereinander und ihre Rangordnung lassen sich mit den Momenten Stoff und Form deuten. Das aristotelische Beispiel: Der Balken ist Form im Verhältnis zum Stoff des rohen Baumstammes, im Hinblick auf das fertige Haus ist er jedoch selbst Stoff, Ausgangsmaterie. Aristoteles nennt einen derart geformten Stoff wie den Balken, der seinerseits wieder nur Stoff für eine weitere Form abgibt, die »zweite Materie« – im Gegensatz zur ersten, die bloßer, gänzlich formloser Stoff wäre, wenn es sie rein gäbe.

Diese Unterscheidung fügt zu der Erklärung des Entstehens der individuellen Einzelwesen das letzte fehlende Glied. Denn gäbe es nur eine Form für jede Gattung und völlig gestaltlosen Stoff, so wäre schon schwer zu erklären, warum daraus nicht nur ein Wesen, sondern viele einzelne entstehen, noch schwerer aber wäre zu verstehen, warum diese einzelnen nicht völlig gleich wären, da von nirgendwoher etwas sie Unterscheidendes hinzuträte. Einzelung wäre problematisch, Individualität vollends unbegreifbar. Sie kann nur durch Verschiedenheit des *Stoffes* erzeugt werden, denn die Form muß ja für alle Einzelwesen einer Art oder Gattung dieselbe sein.

Nun ist Stoff nach Aristoteles nie gänzlich ohne Form; der wirkliche »Stoff« der Welt ist also immer schon »zweite Materie«, in irgendeiner Hinsicht bereits gestaltet, also unterschieden. Und damit ist die Voraussetzung für individuelle Verschiedenheiten der gattungsmäßig gleichen Wesen oder Dinge gegeben.

Daraus folgt nun allerdings auch, daß nicht aus jedem alles werden kann. Der wirkliche Stoff ist immer schon vorgestaltet – das schränkt auch seine Fähigkeit zur Aufnahme anderer Formen ein. »Alles hat Stoff, was sich wandelt, aber das eine diesen, das andere jenen.«[45] Anders ausgedrückt: Jeder Stoff bietet nur bestimmte Möglichkeiten des Werdens oder der Veränderung.

Das stellt Aristoteles vor die Aufgabe, etwas zu finden, das nicht oder noch nicht ist, aber doch bereits von solcher Beschaffenheit, daß es bestimmtes künftiges Sein erlaubt, anderes dagegen verwehrt. Hierzu führt Aristoteles das Begriffspaar »Möglichkeit und Wirklichkeit« als weitere Bestimmung von Stoff und Form ein – griechisch: »Dynamis« und »Energeia«, lateinisch: »Potentia« und »Actus«.

Damit ging eine Epoche der Philosophie zu Ende. Das anfängliche Denken hatte das Werden nicht angemessen zu begreifen vermocht. Mit der starren Gegensätzlichkeit seiner Begriffsbildung war das Kontinuum des Werdens nicht zu denken. Die unausweichliche Folge: Entweder es wurde in seiner Eigentlichkeit geleugnet – von Parmenides –, oder aber es wurde zum Eigentlichen erhoben – von Heraklit. Alle Vermittlungsversuche mußten so lange scheitern, wie die verschiedenen Bedeutungen von »sein«, von »ist«, nicht gedanklich klar geschieden worden waren. Solange »sein« immer als Existenz überhaupt mitverstanden wurde, nicht strikt begrenzbar war auf eingeschränkte Geltungen, etwa nur die Existenz einer Mengen- oder sonstigen Beziehung, solange konnte es keine Überbrükkung des Gegensatzes von Sein und Nichtsein, Existieren und Nichtexistieren geben. Platons Vermittlungsversuch führte am weitesten, und doch erwies sich letztlich zur Erklärung des Werdens die »Teilhabe« als problematisches Bindeglied zwischen Sein und Nichtsein.

Im aristotelischen System übernimmt diese vermittelnde Funktion zwischen Nichtsein und Sein die »Zweite Materie« – der bereits vorgestaltete Stoff; denn sowohl Stoff wie Form treten real nie gänzlich isoliert auf, sondern sind immer schon verbunden. Und so enthält die »Zweite Materie« stets Möglichkeiten für weitere Wirklichkeiten. »Daher kann man nicht nur sagen, mittelbar entstehe etwas aus dem Nichtseienden, sondern alles entsteht auch aus Seiendem, nämlich aus dem, was freilich nur ›in Möglichkeit‹ ist, ›in Wirklichkeit‹ aber nicht ist.«[46]

Jegliches Werden ist damit als Übergang vom Möglichen zum Wirklichen gedeutet. Das Möglichsein ist ein Existenzzustand zwischen Nichts und Sein, der es erstmals erlaubt, Werden als kontinuierlichen Vorgang zu begreifen. Die Ordnung dieses Vorganges in der Natur und seine korrespondierende Verstehbarkeit im Denken sind durch das Zusammenwirken von Stoff und Form bestimmt.

Aristoteles veranschaulicht diese Beziehungen mit Vorliebe an der künstlerischen Gestaltung. Der Stein des Bildhauers ist der Stoff, in dem die Statue sich verwirklicht. Das zur Verwirklichung Treibende ist die Form, sie muß als Möglichkeit früher da sein als die wirkliche Statue; aber sie ist trotzdem nicht etwas Überwirkliches, sondern ein Teil der Wirklichkeit des Bildhauers. Sie existiert real, aber doch erst als Möglichkeit in den Gedanken und Fertigkeiten des Künstlers. Aristoteles betont dies immer wieder, um die zuweilen naheliegende platonische Mißdeutung abzuwehren. »Denn immer entsteht das Wirkliche aus dem Möglichen durch ein Wirkliches, ein Mensch durch einen Menschen und aus ihm, der Gebildete durch einen Gebildeten, wobei immer etwas den ersten Anstoß gibt. Dieses ist schon wirklich da.«[47]

Komponenten des Werdens III: Der Zweck

Was ist es, das »den ersten Anstoß gibt«? Das bisher Gesagte enthält dafür keine Erklärung, wohl aber diese Andeutung: Die Form bestimmt den Stoff zu einer neuen Verwirklichung. Das heißt doch auch, in der Vollendung der Form ist dem Werden ein Ziel gesetzt, ihm strebt es zu. Aristoteles bezeichnet dieses Streben als »Entelechie« (das Bestimmunggebende). Jedes Ding hat im Werden den Drang zu seiner Vollendung, zur Verwirklichung seiner Möglichkeiten in der vollkommenen Form.

Folglich ist sein Werden nicht allein aus der mechanischen Bewegungsursache zu verstehen. Selbstverständlich gibt es stets auch diese Ursache, doch es gibt daneben offensichtlich andere.

Aristoteles zählt in seiner »Physik« vier Ursachen auf – vier Gründe, auf die sich alles Werden und Bestehen zurückführen läßt: Stoff, Form, Zweck und Bewegungsursache. Er leitet sie nicht nur aus der Beobachtung der Bewegungen und des Werdens ab, sondern wiederum auch aus unserem in der Sprache ausgedrückten Verstehen. »Denn auf ebensoviel Arten fragt man nach dem Warum. Dieses Warum wird nämlich entweder letztlich im Wesen gesucht bei nicht bewegten Sachen, zum Beispiel in der Mathematik, ... oder im Ursprung der Bewegung, zum Beispiel ›Warum führten sie Krieg?‹ – ›Weil jene geplündert hatten‹, oder im Zweck – um sie zu beherrschen – oder bei allem Werdenden im Stoff. Daß dies nach Art und Zahl die Gründe sind, ist also klar.«[48]

Neu ist die Benennung des Zwecks neben Bewegungsursprung, Stoff und Form. Nun kommen Form, Zweck und Bewegungsursache häufig auf ein und dasselbe heraus, »weil Wesen und Zweck dasselbe ist und Bewegungsursprung der Art nach mit diesen zusammenfällt«.[49] Der von Aristoteles so gern als Beispiel benutzte Hausbau veranschaulicht eine solche Einheit der drei Gründe gegenüber dem Stoff – dem Baumaterial – als viertem: Das Wesen oder die Form des Hauses ist durch den Zweck, nämlich als Wohnstätte zu dienen, gegeben, ebenso die Bewegungsursache, nämlich die handwerkliche Herstellung des Baues.

Freilich erhellt dieses Beispiel nur das Wirken der Zweckursache in menschlichen Werken, nicht aber in der Natur; dort könnte alles nur aus kausaler Notwendigkeit geschehen. »Es ist aber doch noch eine Frage, warum die Natur nicht zwecktätig sein und das Beste verfolgen sollte, warum es nicht regnen soll, damit das Getreide wächst, sondern nur aus Notwendigkeit, weil etwa die aufsteigende Luft sich abkühlt, dadurch zu Wasser werden und wieder herabkommen muß, während das Wachsen des Getreides nur nebenbei erfolgt ... Ähnlich in allen anderen Fällen, in denen scheinbar eine Absicht waltet.«[50]

Aristoteles überlegt sogar, ob das Zweckmäßige nicht durch Auswahl aus dem nur von ungefähr Entstandenen herausgefiltert worden sei – ein Gedanke, dessen Originalität wir gewohnt sind, Charles Darwin zuzuerkennen. Zweitausend Jahre früher lautet der Text: »Da nun, wo alles sich so entwickelt, als ob es mit Absicht so eingerichtet sei, erhält sich das Dasein, das von ungefähr so zweckvoll entstanden ist – was aber anderes wächst, das ist zugrunde gegangen und geht immer wieder zugrunde wie die Rinder mit Menschenköpfen, von denen Empedokles erzählt.«[51]

Allerdings lehnt Aristoteles diese Selektionstheorie sogleich ab. Seine Begründung dafür ist kurz: Im Einzelfall könne zwar auf diese Weise Zweckmäßiges entstehen und sich erhalten, aber die gesamte Natur sei zweckmäßig geordnet, und sämtliche Naturvorgänge vollzögen sich immer wieder auf die gleiche zweckvolle Weise, nur gelegentlich gestört durch zufälliges Geschehen. Nur zufällig regne es auch einmal im Sommer, sonst aber zweckhafterweise immer im Winter; Hitze träte auch zufällig schon einmal im Winter auf, aber eigentümlich sei sie dem Sommer. Ferner lasse sich der Aufbau einer Pflanze und das Verhalten der Tiere überhaupt nur unter dem Zweckgesichtspunkt verstehen. »Natürlich ist, was aus einem gewissen, in ihm selbst liegenden Grund an ein Ziel gelangt.«[52] Und dieser Grund ist die schon bezeichnete Einheit von Form oder Wesen, Zweck und Bewegungsursache, die also nicht nur bei den herstellenden Tätigkeiten des Menschen auf den Stoff wirkt, sondern ebenso in den Naturdingen.

Der Urgrund: Der unbewegte Beweger

Damit ist die Frage nach dem Werden für Aristoteles aber noch nicht zu Ende. Die Gründe des Werdens und der Bewegung sind zwar aufgezeigt, noch aber ist offen, warum es diese Gründe überhaupt gibt. Nach den bisherigen Erklärungen waren die Formen oder Wesensgestalten die eigentliche Triebkraft des Werdens und damit der Welt.

Da sie nur in den Dingen wirklich sind, müßten sie auch vergänglich wie die Dinge selbst sein. Wären sie freilich vergänglich, so würden sie irgendwann als Bewegendes ausfallen. »Nun kann aber unmöglich Bewegung entstehen oder vergehen, denn sie war immer da. Auch die Zeit nicht, weil Früheres und Späteres nicht sein kann ohne Zeit.«[53] Das heißt: Es muß immer etwas Bewirkendes, alles Bewegendes gegeben haben und wird immer eines geben müssen – andernfalls würde überhaupt niemals eine Bewegung stattfinden können, denn Bewegung kann nicht aus dem Bewegungslosen entstehen. Wir müssen also ein Bewegendes annehmen, das ewig ist.

Da ergibt sich sofort ein Problem. Ist es ewig, so muß es auch immer sein – anders gesagt: Es muß reine Wirklichkeit sein, denn wäre es zuweilen nur der Möglichkeit nach, so könnte es auch einmal gar nicht sein. Als reine Wirklichkeit wäre es ohne Stoff, denn Stoff ist ja gleichbedeutend mit der Möglichkeit, anderes zu werden. Als derart stofflose Wirklichkeit könnte es sich nicht mehr verändern, könnte sich also auch nicht bewegen. Wie aber soll ein ewig Unbewegtes alles andere ewig bewegen? Diese scheinbar widersprüchlichen Bestimmungen müssen jedoch notwendig von dem Urgrund alles Seienden gedacht werden: Er muß ewig bewegen und selbst ewig unbewegt sein – ein unbewegtes Bewegendes.

Im Denken selbst liegt die Lösung, denn: »Das Begehrte und das Gedachte bewegen, ohne selbst bewegt zu werden.«[54] Beides ist eigentlich dasselbe, weil wir letztlich nur begehren, was das Denken vernünftigerweise als begehrenswert erkennt. Das ist die Verwirklichung der Vernunft. Sie bewegt als Begehrtes und Gedachtes unser Denken, sie ist der unsere Gedanken bewegende Endzweck. »Er bewegt dadurch, daß er ersehnt wird, und das [durch ihn] Bewegte bewegt alles übrige.«[55]

So erweist sich die Vernunft (Nus) als eins mit dem ewig wirkenden »Unbewegten Beweger« – in ihrer vollkommenen Form ist sie stofflos, mithin ewig und unveränderlich, und doch bewegt sie alles Veränderliche durch die Sehnsucht nach ihr. »Auch Leben kommt dem höchsten Wesen zu, denn die Tätigkeit der Vernunft ist Leben, sie aber ist reine Tätigkeit ... Das beste, ewige Wesen nennen wir Gott, so daß Gott Leben hat und ewige Dauer. Das nämlich ist Gott.«[56]

Allerdings läßt sich hier fragen, wie die Vernunft denn beschaffen sein müsse, um im Stand göttlicher Vollkommenheit zu sein. Aristoteles wendet sofort selbstkritisch ein, daß die unbewegte Vernunft, insofern sie *nichts* denkt, wohl nicht gerade als göttlich gelten könne, sofern sie aber etwas denkt, sich doch wieder verändert, weil sie dann etwas habe, was sie zuvor nicht hatte – das widerspräche jedoch ihrem göttlichen Wesen. Aristoteles antwortet: »Folglich denkt die Vernunft sich selber, wenn sie das Beste ist, und ihr Denken ist Denken des Denkens.«[57]

Außerdem bestehe der Unterschied zwischen Gedachtem und Denken im Bereich des Stofflosen nicht, also falle Denken und Gedachtes bei Gott in eins. Uns sei dieser glückselige Zustand vollkommener Einheit allenfalls für Augenblicke erreichbar, das reine Denken aber verhalte sich so in Ewigkeit.

Um zu entscheiden, ob es nun nur einen Gott gibt oder mehrere, bezieht Aristoteles seine astronomischen Vorstellungen mit in den Beweis ein. Sie sind bestimmt von dem Augenschein eines auf der Erde stehenden Himmelsbetrachters: Die Erde ruht im Mittelpunkt der Welt; die Sterne sind verteilt auf über fünfzig kugelförmig die Erde überwölbende Sphären, deren äußerste die Sphäre der Fixsterne ist. Diese hohe Zahl ergab sich aus dem Versuch, die Bewegungen der Planeten und anderer Himmelskörper mathematisch zu verfolgen und vorherzusagen.

Nur durch das Ineinandergreifen derart vieler Faktoren konnte die zeitgenössische Mathematik die sehr verwickelten Bewegungen der Himmelskörper gegeneinander in ein halbwegs berechenbares System bringen; so verwickelt erschienen sie freilich nur, weil sie – irrigerweise – auf die Erde als feststehenden Punkt bezogen wurden.

Der Mond und seine Bahn bezeichnen die Grenze zwischen dem Reich des Vergänglichen – der sublunaren Welt unserer Erde – und dem Reich des Unvergänglichen, den in Ewigkeit sich gleich bewegenden Sternen.

Nur die oberste der Sphären, der »erste Himmel«, wird von dem Unbewegten Beweger in Bewegung gehalten; da es nun bloß einen äußersten Himmel geben kann, folgert Aristoteles, gibt es auch nur ein höchstes Wesen.

Die anderen Sphären beziehen sich in ihren Umschwüngen auf den obersten Himmel, führen dabei aber doch auch eigenständige Bewegungen aus. Da diese Bewegungen ebenfalls in Ewigkeit gleich sind, also nicht in Möglichkeit und Wirklichkeit geschieden, nimmt Aristoteles für jede dieser Sphären einen eigenen Unbewegten Beweger an. Schlechthin unbewegt freilich ist allein der oberste Beweger – weder wird er bewegt, noch bewegt er sich –; die Beweger der anderen Sphären dagegen sind an sich selbst auch unbewegt, werden aber von den Bewegungen des obersten Himmels als ganze mitbewegt.

Diese vielschichtige Konstruktion ist weniger versponnen, als es auf den ersten Blick scheint, wenn man sich ihre Motive klarmacht.

Da ist zunächst das mathematische Problem, Eigenbewegungen von Körpern sinnvoll zu ermöglichen, die ihrerseits Teile eines größeren Bewegungssystems sind, das seinerseits wieder in ein noch umfassenderes System eingebaut ist.

Ferner muß Aristoteles einen Bewegungsübergang von seinem Gottwesen zur Welt und den verschiedenen Bewegungsarten zeigen, damit er sich nicht dem gleichen Vorwurf aussetzt, den er selbst gegen Platons Ideen vorgebracht hat: Nämlich sogar wenn es Ideen als überirdische Wesenheiten gäbe, könnten sie mangels einer ihnen selbst innewohnenden Wirkkraft gar nichts ausrichten und erklären.

Schließlich lebt auch Aristoteles noch in einer Zeit der Gotteslästerungsprozesse und versucht, der Glaubenstradition gerecht zu werden. Immer noch sind den Griechen Sonne und Planeten Götter, wenn auch längst angezweifelte. Der Unbewegte Beweger des Aristoteles dagegen ist ein Gedankengott, keine Person für Opfer und Gebete; seine Sphärenwesen sind allenfalls noch Schatten der alten Götter und ihrer Statuen in den Tempeln. »Daß diese [Sterne] Götter sind und daß das Göttliche die ganze Natur zusammenhält, das ist von den Alten und Uralten in der Form der Mythen überliefert auf die Späteren. Das übrige haben diese Mythen hinzugefügt, damit die Masse ihnen glaubt und um den Gesetzen und dem Gemeinwohl Geltung zu verschaffen ... Wenn man dies beiseite läßt und nur den Ursprung nimmt, daß sie nämlich glaubten, die ersten Wesen seien Götter, dann kommt man zu der Überzeugung, daß die Überlieferung wahrhaft göttlich ist ... Nur insoweit sind uns der Glaube unserer Väter und die Überlieferung der Urzeit verständlich.«[58]

Derartige Sätze boten politischen Feinden eine Handhabe gegen Aristoteles. Solange Alexander der Große über das von ihm eroberte Riesenreich herrschte, gefürchtet von Griechenland bis Indien und Nordafrika, war Aristoteles sicher. Niemand in dem von Alexander abhängigen Staat hätte gewagt, das Wort oder gar die Hand gegen den einstigen Lehrer des mächtigsten aller Herrscher zu erheben.

Doch im Sommer 323 v. Chr. erreichte Athen die Nachricht, daß Alexander, der König von Asien, in Babylon an einem Fieber gestorben sei. Die antimakedonische Partei bekam Oberwasser; Aristoteles war gefährdet. Wie zu Sokrates' Zeiten diente der Prozeß wegen Gotteslästerung noch immer als politisches Kampfmittel. Als die Anklage gegen ihn erhoben wurde, floh Aristoteles nordwärts nach Chalkis auf der Insel Euböa, damit – wie er sagte – »die Athener sich nicht zum zweitenmal an der Philosophie versündigen«.

Bereits im nächsten Jahr starb er dort. In seinem Testament bat er, das Gelübde zu erfüllen, das er für den Fall der künftigen glücklichen Heimkehr seines Pflegebruders aus Alexanders Kriegsdiensten abgelegt hatte. Komme der Bruder heil nach Hause, so solle er in Stagira, der Heimatstadt, den Göttern als Dank zwei Statuen aufstellen. Die Zurückführung der Mythen auf einen unanschaulichen Gottesbegriff hielt den Philosophen nicht davon ab, die überlieferten anschaulichen Darstellungen des Göttlichen fromm zu achten.

Verwirklichung des Menschen: Die Ethik

So zeigte Aristoteles sich auch im Handeln jeglichem Rigorismus ebenso abhold wie in seinen ethischen Schriften. Die »Nikomachische Ethik« – so genannt nach dem Sohn aus zweiter Ehe, Nikomachos – ist geradezu angeordnet um den Begriff der »Mesotes«, der rechten Mitte zwischen den Extremen. Sie war den Griechen als Maßstab des Handelns vertraut; Aristoteles unternahm ihre normative Begründung. Auch hier ist wie in der Metaphysik der Schlüssel zur wesentlichen Einsicht »das, worauf alles hinstrebt«, der dem Geschehen vorgesetzte Zweck.

Ziel menschlichen Handelns – so führt Aristoteles aus – ist nach allgemeiner Meinung die Glückseligkeit, die »Eudämonie«. Doch worin besteht sie? Was ist wiederum ihr Zweck und Ziel?

Will man nicht nach bloßem Augenschein und Gutdünken verfahren, so muß man die Begründung für das Handeln des Menschen in seinem Wesen suchen. Jede Tätigkeit, also auch menschliches Handeln, ist ein Übergang vom Möglichen zum Wirklichen. Die Richtung des richtigen Handelns läßt sich daher bestimmen von der im Menschen zur Darstellung drängenden Form, von dem Streben zur Verwirklichung des in ihm angelegten Zieles.

Worin Glückseligkeit also wirklich besteht, läßt sich feststellen, »wenn man zuvor untersucht, was denn die Bestimmung des Menschen, mit anderen Worten, was sein eigentümliches

Geschäft, was das Werk sei, das er zu vollbringen bestimmt ist«.[59]

Die einfachen Lebenstätigkeiten – Ernährung, Wachsen und Fortpflanzen – hat der Mensch mit Tieren und sogar mit Pflanzen gemeinsam. Auch die zweite Art des Lebens, die empfindende, kommt nicht nur dem Menschen zu, sondern auch den Tieren. Erst die dritte ist allein dem Menschen eigen: die durch Vernunft bestimmte Tätigkeit. An ihr lassen sich zwei Bestandteile unterscheiden: ein Teil, welcher dem Denken gehorcht, ein anderer, welcher das Denken selbst ist. »Wenn also der Mensch eine Bestimmung oder ein ihm von Natur zukommendes Geschäft hat, so bestehen beide in dem vernünftigen Denken oder« – fügt Aristoteles hinzu, menschenverständig und systematisch zugleich – »doch in Handlungen, die nicht ohne Vernunft geschehen. Und wenn dieses die allgemeine Bestimmung der Gattung [Mensch] ist, so ist es auch das Werk des in seiner Gattung vollkommenen Individuums.«[60]

Noch unsere heutigen Schlagwörter der Bildungspolitik – »Selbstverwirklichung« an der Spitze – sind Ausläufer der aristotelischen Bestimmung des Menschen.

Die Verwirklichung der besonderen individuellen Möglichkeiten erfolgt nun durchaus in Einheit mit der Ausbildung der allgemeinen Menschheitsanlagen. »Jedes Wesen aber wird durch das vortrefflich, was es nach der seiner Natur eigenen Vollkommenheit vollbringt.« Was dies ist, entscheidet freilich die Vernunft und gerade nicht ein bloßes Wollen – hier scheiden sich manche der neuzeitlichen Geister von dieser Tradition. Die grundsätzlichen Richtlinien der Vernunft für das Handeln sind die Tugenden, sie weisen den Menschen auf jedem Gebiet zur höchsten Vervollkommnung.

So verständnisvoll Aristoteles den menschlichen Charakter einschätzt, in seinen Grundforderungen bleibt er fest, denn vollkommen verwirkliche sich als Mensch nur, wer der Tugend folgt »durch den Zeitraum eines ganzen Lebens. Denn so wie nach dem Sprichwort eine Schwalbe oder ein schöner Tag noch nicht den Sommer macht: so macht auch noch nicht ein Tag oder eine sehr kurze Zeit, auf jene Art zugebracht, das glückselige Leben aus.«[61]

Was aber sind nun die Tugenden, die uns die Vernunft empfiehlt? Aristoteles geht sie einzeln durch, sucht dabei aber eine allgemeine Bestimmung für alle. »Obwohl nun jeder Mensch derart in jedem einzelnen Fall selbst beurteilen muß, was recht und was gut sei, so kann doch dieser Beurteilung durch eine gute Theorie der Moral vorgearbeitet werden.«[62]

Auf vielen Gebieten unseres Verhaltens gibt es einen breiten Fächer von Handlungsmöglichkeiten zwischen zwei Extremen, die wegen ihrer Einseitigkeit beide schlecht sind. Unsere Gebefreudigkeit steht zwischen Geiz und Verschwendung, der Mut zwischen Tollkühnheit und Feigheit, die Selbstsicherheit zwischen Aufgeblasenheit und Kleinmut und so fort. Daraus folgt: Tugend ist keine einfach qualitativ zu bestimmende Handlung, sondern sie besteht auf jedem Gebiet im rechten Maß, im rechten Fernbleiben von zwei entgegengesetzten Untugenden. Diese Mitte gilt es jeweils allgemein wie im einzelnen Fall zu finden. »Daher, wenn man nach dem Wesen und der inneren Natur der Tugend fragt, so muß man antworten, daß sie gleichsam in allen Sachen das Mittlere sei. Wenn man aber von ihren Vorzügen oder ihrem Wert redet, so muß man sie das Vollkommenste oder das *Höchste* jeder Sache nennen.«[63]

Allerdings bezeichnet zuweilen die Sprache das Böse auch direkt und übergangslos wie etwa bei Mord, Diebstahl und Ehebruch. Hier liegt das Schlechte nicht in einem Mangel oder Übermaß, sondern in der Tat überhaupt; das Rechte ergibt sich also auch nicht durch das Aufsuchen der Mitte. Aristoteles sichert sich ausdrücklich gegen ein solches Mißverständnis: »Man kann zum Beispiel nicht auf eine rechte und auf eine unrechte Weise ehebrechen.« In allem übrigen jedoch gilt: »Der Punkt, welcher zwischen beiden Extremen in der Mitte liegt, ist zugleich der, wo jede dieser Tugenden ihr Wesen unverletzlich enthält.«[64]

Diese Mitte ist nun freilich nicht mathematisch zu bestimmen, sondern in Beziehung auf uns selbst und unsere Kräfte. In der bloßen Handlung allein sieht Aristoteles noch nicht die Tugend. »Denn nur der, welcher dann, wenn er sich einer körperlichen Lust enthält, selbst an dieser Enthaltung ein Wohlgefallen findet, ist der wahrhaft Mäßige; der aber, welcher unwillig ist, sooft er sich enthalten muß, ist gerade der Wollüstling.«[65] Welch eine Absage an Heuchelei und Selbstbetrug! Denn wenn Tugend aus der vernünftigen Einsicht entsteht, muß ihre Befolgung den Vernünftigen auch glücklich machen.

Gewiß stellt das Glück als Lohn der Tugend sich nicht immer sogleich ein, es bedarf einer steten Einübung. Darin besteht die große Aufgabe der Erziehung – hier zitiert Aristoteles ausdrücklich Platon –, daß es nämlich, um den Menschen tugendhaft zu machen, darauf ankommt, ihn von Jugend auf daran zu gewöhnen, sich über das zu freuen, worüber er sich freuen soll, und sich über das zu betrüben, worüber es gut ist, sich zu betrüben. »Und eben hierin liegt der Unterschied zwischen einer guten und einer schlechten Erziehung.«[66]

Die Strafen dienen dieser Aufgabe; sie setzen auf die unrechte Lust den größeren Schmerz. Sie sind den Arzneien des Körpers vergleichbar, die in der Regel auch durch das der Krankheit Entgegengesetzte heilen. Aristoteles ist dieser Hinweis deshalb besonders wichtig, weil an ihm sichtbar wird, daß Lust und Unlust durchaus rechtens mit dem Moralischen verbunden sind – Tugend zu haben also nicht einfach in der Unterdrückung der Lust besteht, sondern selbst auch Lust bringt. Keineswegs lehnt er das Streben nach Glück als moralische Triebkraft ab – im Gegenteil, er rechtfertigt es als Ansporn, sucht seinen Leser aber davon zu überzeugen, daß das dauerhafte Glück eines Menschen sich nur in der Verwirklichung seiner guten Anlagen und nicht durch die Augenblickslust einstellen kann.

Verwirklichung der Ethik: Der Staat

Als Einzelwesen vermag der Mensch dieses Ziel jedoch kaum zu erreichen, denn er »ist von Natur aus ein Gemeinschaftswesen« (Zoon politikon) – und zwar weit mehr als jedes Herdentier, denn als einziges Geschöpf ist er mit Sprache begabt, also auf geistige Verständigung mit seinesgleichen angelegt. »Wer aber nicht in Gemeinschaft leben kann oder ihrer, weil er sich selbst genug ist, gar nicht bedarf, ist kein Glied des Staates und demnach entweder ein Tier oder ein Gott«, schreibt Aristoteles im ersten Buch der »Politik«, seines großen staats- und sozialpolitischen Werkes.[67]

Nur in der Rechtsetzung durch die staatliche Gemeinschaft sieht Aristoteles das Mittel, dem Mißbrauch der überlegenen Fähigkeiten des Menschen vorzubeugen und zu begegnen. »Die Gerechtigkeit aber, der Inbegriff aller Moralität, ist ein staatliches Ding. Denn das Recht ist nichts anderes als die in der staatlichen Gemeinschaft herrschende Ordnung.«[68] Wie diese Ordnung zu gestalten ist, welche Verfassungen möglich und welche rechtmäßig sind, stellt die »Politik« im einzelnen dar. Beurteilungsgrundsatz dabei ist stets die Verwirklichung der Gerechtigkeit im gemeinsamen Nutzen. »So sieht man denn, daß alle diejenigen Verfassungen, die auf den gemeinsamen Nutzen zielen, richtige sind nach dem Maßstab des Rechts schlechthin und daß dagegen diejenigen, die nur auf den eignen Vorteil der Regierenden abzielen, sämtlich fehlerhafte Verfassungen und Entartungen der richtigen sind; sie sind despotischer Art, der Staat ist aber eine Gemeinschaft freier Leute.«[69]

Das Bild des idealen Staates, das Platon entworfen hatte, ist für Aristoteles zu unrealistisch. Und gegen Platons Forderung der Frauen- und Gütergemeinschaft wendet er ein: Die Abschaffung von Familie und Eigentum entziehe vielen wertvollen menschlichen Tugenden den Boden – Liebe, Treue, Enthaltsamkeit, Freigebigkeit, Wohltätigkeit. In Gütergemeinschaften ersterbe schließlich sogar die Liebe zu sich selbst, die in Wahrheit hinter der Freude am eigenen Besitz stehe, durchaus natürlich sei und nur im Übermaß schädlich werde. Außerdem werde sich niemand mehr um etwas ernstlich Mühe und Sorge machen, wenn alles allen gehöre.

Auch der Kunst gestand Aristoteles mehr Freiheit und Unbekümmertheit zu als sein Lehrer, der nur sorgfältig von Unmoral Gereinigtes als Erziehungsmittel zulassen wollte. Aristoteles fürchtete den Aufruhr der Leidenschaften angesichts der Darstellung des Guten und Schlechten nicht; er versprach sich davon vielmehr eine »Läuterung«, eine »Katharsis«, durch das Freisetzen von Affekten – und schuf damit eine Kunsttheorie, die bis heute fortwirkt. Neben diesem höheren Zweck billigte er auch den gewöhnlichen: Erholung und Unterhaltung.

Überlieferung und Wirkung

Überhaupt: Es gibt kein Gebiet menschlichen Wissens, auf dem Aristoteles nicht geforscht oder das er nicht zumindest in seinem Forschen gestreift hat. Es gibt auch keines, auf dem wir nicht bis heute eine Spur seines Denkens finden; zuweilen folgen wir ihr selbstverständlich, ohne uns ihres Ursprunges zu erinnern – so etwa, wenn wir Begriffspaare wie Form und Stoff oder Möglichkeit und Wirklichkeit für ursprünglichen Bestand des Denkens halten, vergessend, daß auch er erst erdacht werden mußte.

Dabei sind die Lehrschriften des Aristoteles und die Wirkungen seiner Gedanken auf abenteuerlichen Wegen und Umwegen auf uns gekommen. Seine Originalmanuskripte galten bald nach seinem Tod als verschollen; trotzdem ist auch aus dieser Zeit die Kenntnis der meisten Werke bezeugt. Um 85 v. Chr. sollen dann bei der Besetzung Athens durch römische Truppen unter Sulla Manuskripte entdeckt worden sein, die einst in einem feuchten Keller vor der Sammelleidenschaft des Fürsten von Pergamon versteckt worden waren. Sulla soll sie nach Rom gebracht haben; jedenfalls erschien dort 50 v. Chr. eine umfassende Neuausgabe. Von ihr geht ein Strang der Überlieferung aus.

Der zweite läuft über Arabien, Nordafrika und Spanien. Bei der Eroberung Syriens und Persiens lernten die Araber syrische Übersetzungen aristotelischer Schriften kennen und schätzen. 832 n. Chr. berief der Kalif El-Mamoun eigens eine Gruppe von Gelehrten, um in Bagdad griechische und syrische Texte zu übersetzen. Von dort strömten Aristoteles' Gedanken in die gesamte hochentwickelte arabische Kulturwelt. Eine ihrer Hochburgen war das spanische Toledo. Im Jahr 1085 n. Chr. wurde es nach fünfjähriger Belagerung den Arabern durch den König von Kastilien entwunden: Die Schätze der Bibliotheken öffneten sich den christlichen Gelehrten und Kopisten. Freilich fanden sie vielfach veränderte und überformte Aristoteles-Texte, was sich zeigte, als im 13. Jahrhundert griechische Texte aus Konstantinopel auftauchten und ins Lateinische übersetzt wurden.

Diese Entdeckungen riefen zuerst sehr zwiespältige Reaktionen hervor. Ein Pariser Provinzialkonzil verbot die Lektüre der naturphilosophischen Schriften von Aristoteles, zugelassen war nur die Beschäftigung mit den logischen und ethischen; ein päpstlicher Legat erweiterte das Verbot sogar noch auf die »Metaphysik«. Trotz weiterer Verbote wurden bald alle Schriften studiert. Wer nach 1366 in Paris das Lizentiat der Artistenfakultät erwerben wollte, mußte bereits das Studium des gesamten Aristoteles nachweisen.

Die scholastischen Gelehrten des Mittelalters erkannten bald, daß Aristoteles ihr christliches Glaubenssystem eher philosophisch untermauerte als gefährdete. Gegenüber der platonischen Tradition der christlichen Philosophie bot er überdies ein System der Naturerklärung, das nahtlos mit dem metaphysischen verbunden war. Der Physiker Aristoteles machte den Metaphysiker noch überzeugender – so überzeugend schließlich, daß in scholastischen Disputen Sätze aus Aristoteles' Werken herangezogen wurden wie letzte unbezweifelbare Wahrheiten. Wurde er zitiert, so hieß es einfach: »Der Philosoph sagt . . .«

III.
ANWEISUNGEN ZUM LEBEN

Auf Platon und Aristoteles gründeten sich die beiden wichtigsten Philosophenschulen in Athen: Die »Akademiker« suchten Platons Gedanken fortzusetzen, die »Peripatetiker« die des Aristoteles. Um 300 v. Chr. wurden neue Schulen gegründet: die Epikurs und die Stoa. Die Epikureer bauten die Atomlehre Demokrits aus; die Stoiker kreuzten die verschiedenen philosophischen Traditionen. Trotz sehr unterschiedlicher Grundsätze war ihnen eines gemeinsam: Lebensweisheit wird zum Ziel des Philosophierens – der Sinn des Wissens erfüllt sich in der weisen Lebensführung. In dieser Tradition stehen: Seneca, der Mentor Neros, Mark Aurel, der Philosoph auf dem Kaiserthron, der römische Adlige Lukrez und der Staatsmann Cicero.

Wie kam es, daß die Menschen vor allem nach Lebensweisheit strebten? Die Möglichkeiten des Denkens, das Seiende und seinen Ursprung auszudeuten, waren für dieses Zeitalter ausgeschöpft. Nachdem alles metaphysisch Denkbare erdacht schien, wendete das Denken sich dem Menschen selbst zu. Er hatte zwar seinen Platz in den philosophischen Systemen, aber er fand sich darin mehr als Begriff denn als die hoffende, fürchtende, handelnde und leidende Person, die er war. Zudem hatte das neue Denken die alten Bilder der Gottheiten verblassen lassen. Die gedankliche Ordnung der Welt mochte den Geist überzeugen, den Platz der Mythen füllte sie nicht aus. Je mehr die Götter schwanden, desto mehr fand der Mensch sich alleine, seine Abhängigkeit sehend und vor ihrem Anblick resignierend, aber nun auch seine Freiheit entdeckend und diese Entdeckung fürchtend. Es war nur folgerichtig, daß das Denken, dem diese beunruhigenden Einsichten entsprungen waren, dem Menschen zu einer neuen Orientierung verhalf und er danach verlangte.

Die berühmten Namen, mit denen die Lehren der Lebensweisheit ausklingen, sind römisch. Die Erben der neuen Philosophenschulen in Athen lebten im ersten und zweiten Jahrhundert nach

Christus in Rom. Politischer und geistiger Mittelpunkt des Abendlandes waren verschoben. Die Römer hatten Stück für Stück die Staaten um das Mittelmeer erobert: zunächst die süditalienischen Griechenstädte, dann im Osten nach mehrfachen Kämpfen Makedonien; schließlich wurden nach wechselnden Besetzungen auch Mittelgriechenland und die Peloponnes römische Provinz. Seit dem Jahr 27 v. Chr. residierte hier ein römischer Statthalter – in Korinth, nicht in Athen. Die Römer entzogen dem Land nicht nur Steuern, sie importierten auch griechische Lebensart und Geistesbildung. Schon im zweiten vorchristlichen Jahrhundert reisten namhafte griechische Gelehrte nach Rom, als Diplomaten, als Geiseln, als Lehrmeister. Wenn die selbstbewußten Römer auch ihre bezahlten Lehrer mit abschätzigem Unterton »Graeculi« nannten – das Wissen kam aus dem Osten. Weitergetragen aber wurde es von den Gebildeten des neuen Imperiums.

Epikur, 341–270 v. Chr.

Selten war eine philosophische Schule späteren Mißdeutungen so ausgesetzt wie die epikureische. Ihr Gründer, *Epikur* aus Samos, lehrte seit 306 v. Chr. in einem athenischen Garten. Nicht allein christliche Denker stießen sich an dem Leitsatz seiner Ethik: »Darum ist die Lust, wie wir behaupten, Anfang und Ende des glückseligen Lebens. Denn sie ist ... unser erstes, angeborenes Gut, sie ist der Ausgangspunkt für alles Wählen und Meiden, und auf sie gehen wir zurück, indem diese Seelenregung uns zur Richtschnur dient für die Beurteilung jeglichen Gutes.«[1]

Die Mißdeutung dieses »Hedonismus« (Hedone = Lust) lag nahe; die Kraßheit seines Leitmotivs übertönt tatsächlich leicht die differenzierenden Begleitsätze. Epikur nämlich schränkt sofort ein: »Wenn wir also die Lust als das Endziel hinstellen, so meinen wir damit nicht die Lüste der Schlemmer und solche, die in nichts als dem Genuß selbst bestehen . . ., sondern das Freisein von körperlichem Schmerz und von Störungen der Seelenruhe.«[2]

Die »Seelenruhe«, die »Ataraxie«, ist für den Epikureer das wirkliche Ziel des Denkens und der Lebensführung. Um sie zu erreichen, bedarf das reine Lustbegehren eines Regulativs. »Grundlage alles seligen Lebens und darum höchstes Gut ist die Einsicht; daher steht die Einsicht an Wert auch noch über der Philosophie.«[3] So scheint es nun, als werde die Philosophie in den Dienst der Lust gestellt; doch geschieht das auf eine Weise, die der Philosophie wieder zu ihrem Recht verhilft und sie letztlich als Maßstab unentbehrlich werden läßt. Trotzdem ist der Wandel tiefreichend: Das Wissen ist nun ausdrücklich nicht mehr Selbstzweck, sondern nur Grundlage und Instrument der besseren Lebensführung. Die Ethik gründet zwar nach wie vor auf der Philosophie, aber sie rückt anstelle der Erkenntnis zum ersten Motiv des Philosophierens auf.

Geradezu greifbar wird diese Umkehrung bei einer Merkwürdigkeit der atomistischen Naturerklärung Epikurs. Zunächst führt er die Naturerscheinungen wie Leukipp und Demokrit auf die ewige Bewegung und Konstellationsveränderung von Atomen zurück. Aber während Demokrit Anprall und Rückprall der Atome als streng mechanisch determiniert annahm, läßt Epikur eine Ausnahme aus dem rein kausalen Bewegungsablauf nicht nur zu, sondern fordert sie sogar als denknotwendig. Weshalb?

Als Atomist steht er vor dem Problem, die Herkunft der Bewegung der Atome zu erklären, denn das Fehlen einer solchen Erklärung hatte Aristoteles an Demokrits Lehre gerügt. Epikur greift auf die Erfahrung der Schwere und des Falls zurück: Jeder Körper hat Gewicht, und dieses Gewicht verleiht ihm Bewegung im leeren Raum. Da die Atome kleine, unteilbare Körper sind, würden sie von sich aus alle gleichmäßig schnell nach unten fallen. Wäre dem tatsächlich so, könnte aber nichts entstehen, denn die Atome vermöchten einander gar nicht zu berühren in dieser alle gradlinig mitreißenden Fallbewegung. Damit sie einander anstoßen, sich also gruppieren können und andere Bewegungen entstehen lassen, nimmt Epikur an, daß einzelne etwas vom geraden Fall abweichen und infolgedessen mit anderen zusammenstoßen.

Diese »Abweichung« (Declinatio) hat die Nachfolger Epikurs immer wieder beschäftigt. Fast dreihundert Jahre später begründet *Lukrez* sie in seinem Lehrgedicht »Von der Natur der Dinge«:

> »Fände dies nicht statt, so fielen die Körper gerade wie die Tropfen des Regens herab, durch Tiefen des Leeren: Anstoß würde nicht sein, nichts würd' auch treffen zusammen; und so hätte Natur nichts bilden können noch schaffen.«[4]

Warum den Epikureern diese Abweichung so wichtig ist, darüber belehrt er uns ebenfalls.

> »Wenn nicht läge der Grund, der auf Abweichung hinzielt, schon in den ersten Keimen des Stoffes, zu zerreißen des Schicksals Bande, damit nicht ewig Folg' sich ankettet an Folge: Woher ließe sich dann der freie Wille gedenken?«[5]

Daß der Mensch einen freien Willen hat, wenn auch eingeschränkt durch äußere und innere Umstände, war den Epikureern gewiß. Diese Gewißheit gründeten sie ausdrücklich auf unsere Selbsterfahrung. Die Bewegung des Körpers »entspringe der Regung im Herzen, gehe anfänglich hervor aus dem eigenen Willen der Seele«.[6] Gerade das Überwinden einer äußeren, unseren Körper fast überwältigenden Kraft zeige, »daß dennoch in unserer Brust selbst etwas noch sei, das sich ihr entgegensetzen könne und streiten«.[7] Und weil aus Nichts nichts werde, müsse man vom Willen auf eine entsprechende Disposition in den Atomen rückschließen. Ein Schluß, der tatsächlich zwingend ist, wenn die Erfahrungsevidenz oberster Wahrheitsmaßstab ist und zugleich die Seele als Versammlung besonders feiner Atome gedeutet wird – beides lehrte Epikur, und beide Grundsätze mußte er widerspruchsfrei verbinden, die mechanistische Seelendeutung und die Selbstgewißheit freien Handelns.

Cicero kritisiert ihn wegen der Widersprüchlichkeit seiner Lösung und meint, »wenn uns nicht alle Physiker auslachen sollen«, müsse man einen Unterschied machen zwischen der Natur der Atome und der Natur der Seele; sie trage eben ihre Ursache in sich selbst, der Wille komme ihr so selbstverständlich zu wie den Atomen die Schwere. Er weist damit zwar einen später oft begangenen Ausweg zur Rettung der Willensfreiheit vor ihrem kausalen Kerker, aber Epikurs Problem verkennt er, denn zugleich verläßt er die Einheitlichkeit der atomistischen Welterklärung nur auf einem anderen Weg als Epikur.

Nun ist der logische Schnitzer einer ursachelosen »Abweichung« inmitten der mechanischen Welterklärung so offensichtlich, daß Epikur ihn nicht einfach übersehen haben kann. So trifft der Vorwurf, den Cicero und später auch Augustin ihm deshalb machen, zwar die Unlogik des Gedankens, verfehlt jedoch die neue Denkerfahrung Epikurs: Gab bisher allein das Denken das oberste Richtmaß für das Seiende ab, so stellt Epikur nun die unmittelbare Gewißheit einer Selbsterfahrung an seine Stelle; ihre Wahrheit achtet er für höher als die der Widerspruchslosigkeit – ein Vorklang der Existenzphilosophie. Nur ein Vorklang deshalb, weil das Bild des Seienden lediglich an einer Stelle gemäß einer menschlichen Grunderfahrung retuschiert, nicht aber im ganzen von dort her entworfen wird. Daher bleibt auch die Lösung des in der »Declinatio« zutage tretenden Konfliktes zwischen unterschiedlichen menschlichen Selbsterfahrungen – dem freien Willen und dem logischen Denken – unbefriedigend. Insofern sind die Einwände der Zeitgenossen und Späteren verständlich, aber sie sollten uns nicht die neue Wendung des Denkens übersehen und für eine bloße Nachlässigkeit Epikurs halten lassen.

Für die Epikureer blieb der Selbstwiderspruch unauflösbar, weil sie im Zwiespalt zwischen einer mechanisch rationalen Weltdeutung und der Wahrheit unmittelbaren Erlebens verharrten. Epikur nennt zwar sein methodisches Programm: »Bei jedem Wort muß der zugrunde liegende Gedanke gleichsam mit dem Auge geschaut werden und keines Beweises bedürfen ... Ferner gilt es, die sinnlichen Wahrnehmungen genau festzuhalten sowie die dabei sich einfindenden Anregungen des Denkvermögens oder sonst welcher Beurteilungsinstanz, in gleicher Weise aber auch die begleitenden Affekte.«[8] Doch folgt er seiner eigenen Weisung nicht strikt, leitet seine Erkenntnis keineswegs von dem ihm gewiß Erscheinenden systematisch ab, sondern übernimmt mit dem Atomismus eine Lehre, die zu seinem theoretischen Vorhaben nur schlecht paßt.

Seine wahren Absichten werden am deutlichsten in seinen Überlegungen über die Götter, das Schicksal und den Tod. Am Anfang einer seiner wenigen überlieferten Schriften, im Brief an Menoikeus, steht wie ein Schlüsselwort die »Furchtlosigkeit vor der Zukunft«. Sie gipfelt in dem Rat: »Gewöhne Dich an den Gedanken, daß es mit dem Tode für uns nichts auf sich hat. Denn alles Gute und Schlimme beruht auf Empfindung: der Tod aber ist die Aufhebung der Empfindung. Daher macht die rechte Erkenntnis von der Bedeutungslosigkeit des Todes für uns die Sterblichkeit erst zu einer Quelle der Lust ...«[9] – Von der Bedeutungslosigkeit des Todes konnte nur überzeugt sein, wer dem schieren Atomismus des Körpers und der Seele anhing, wer also alle Gestaltungen des Werdens, eingeschlossen sich selbst, als vorübergehendes Produkt bestimmter Atomkonstellationen ansah.

Nicht nur die Furcht vor dem Tode, auch die vor Strafe und Zorn der Götter ließ sich auf diese Weise bannen. An einen anderen Freund schreibt Epikur: »Die schwerste Beunruhigung erwächst dem Menschenherzen daraus, daß man diese Himmelswesen für glückselig und unvergänglich hält und ihnen trotzdem Wünsche, Handlungen und Wirkungsweisen beimißt, die mit diesen ihren Vorzügen nicht recht in Einklang stehen.«[10] Darum solle man den Göttern nichts andichten, das mit ihrem überirdischen Zustand unvereinbar sei. So sichern sowohl diese abstrakte, überpersönliche Gottesvorstellung wie der mechanische Ablauf des Weltgeschehens den Menschen vor dem Eingreifen himmlischer Mächte.

»Die Gemütsruhe stellt sich ein«, versichert Epikur, »wenn man sich von alledem frei gemacht hat und beständig an das Ganze und die obersten leitenden Gesichtspunkte denkt.«[11]

Besonders die Gebildeten erkoren diese Lehren einer aufgeklärten, gehobenen Lebenskunst zu ihrer Philosophie. Ihren Schöpfer besang Lukrez begeistert: »Zierde des griechischen Volkes, der du über tiefem Dunkel als erster ein strahlendes Licht aufgehen ließest und die Schönheit des Lebens uns zeigtest, dir folge ich Schritt für Schritt.«[12]

DIE SCHULE DER PFLICHT

Die Stoa, etwa 300 v. Chr.–180 n. Chr.

Am heftigsten befehdet wurde Epikur von einer Schule, deren Lehrstätte nicht weit von seinem athenischen Garten lag. Sie hieß nach der farbig ausgemalten Halle (Stoa poikíle), in der ihre Adepten sich versammelten, die *Stoa.* Der heiteren Lebenskunst der Epikureer stellten die Stoiker eine rigorose Pflichtethik entgegen.

Sie leiteten sie ab aus dem, was sie für den mächtigsten Trieb des Menschen erachteten, mächtiger noch als die Lust: aus dem Selbsterhaltungstrieb. Dieser Trieb wurde von ihnen allerdings nicht rein biologisch verstanden, sondern als Drang des Menschen zur Verwirklichung seiner eigentlichen Natur, also eher aristotelisch. Die Richtigkeit ihrer These gegenüber der epikureischen demonstrierten die Stoiker an einem eingängigen Beispiel: Wäre der Mensch letztlich von der Lust und nicht vom Drang nach Selbstverwirklichung getrieben, würden Kinder niemals laufen lernen, weil ihnen das zunächst nur Anstrengung und Schmerzen bereitet.

Worin bestand nun nach stoischer Meinung die wahre Natur des Menschen, an der sein Handeln sich zu orientieren hatte? Die Antwort entwickelt sich aus der Natur- und Seelenlehre.

Für die Stoiker ist die Seele bei Geburt eine »leere Tafel«, in die sich allmählich die Abbilder der wahrgenommenen Dinge »wie Siegel in das Wachs« eindrücken und dadurch entsprechende Vorstellungen erzeugen. Die Wirklichkeit der Weltdinge ist ihnen nicht zweifelhaft, denn dieser Eindruck auf die Seele zeuge schließlich von etwas real Vorhandenem. Aus der Verbindung der Erinnerungsbilder ergebe sich ein Allgemeinbegriff, ein »Phantasma« allerdings, denn nur der Einzelvorstellung entspreche tatsächlich etwas Wirkliches – eine Weiterführung der aristotetlischen Erkenntnislehre. Neben den Begriffen von den Dingen gebe es »natürliche Vorannahmen«, Grundbegriffe also, durch die vernünftiges Erfassen der Sinnenerfahrung erst möglich werde und die allen Menschen als Anlage gemeinsam seien – hier ist an Begriffe wie Ähnlichkeit, Einheit und dergleichen zu denken. In diesem Zugeständnis an ein Vorwissen ist deutlich der Reflex der platonischen Argumente in einer materialistischen Erkenntnislehre zu sehen. Beide Begriffsarten, die rein erfahrungsmäßigen (die »kataleptischen«) wie die vorauszusetzenden (die »proleptischen«), sollen bis zum sechsten Lebensjahr des Menschen voll ausgebildet sein. Damit habe sich das Individuum eingefügt in den Logos der Weltvernunft.

Sie wird als Urkraft verstanden, die den körperlichen Stoff, die »Hyle«, bewegt. Aber diese Urkraft oder Weltseele ist nicht jenseitig, nicht außer der Welt, nicht transzendent; und damit scheidet sich die Stoa radikal von Aristoteles, dessen Gedanken sie im übrigen in vielem aufnimmt. Die Weltseele wirkt als Teil der Welt in der Welt, wobei ihre Kraft entsprechend den Erscheinungsweisen des Lebens unterschiedlich bezeichnet wird als Atem (Pneuma), als Feuer und Wärme oder als Spannung (Tonos). In dieser Weltseele ist das Weltgesetz, also auch das Schicksal (Fatum) und die Weltvernunft (Logos), mitgegeben. Ihre Gedanken gestalten den Stoff und enthalten alles Kommende, sie sind »Logoi spermatikoi« – Samen-Gedanken. Obwohl es so scheinen könnte, versteht die Stoa sie nicht etwa als immaterielle Ideen, sondern als materielle Ursachen, als im Stoff selbst unmittelbar wirkende Kraft; auch das Bild des Spermas, des Samens, weist auf diese biologisch verstandene Wirkungsweise.

Sie ermöglicht, die kausale Bestimmtheit der Welt widerspruchsfrei zu verbinden mit der mechanisch zunächst nicht erklärbaren Tatsache ihrer inneren Ordnung – einer Ordnung, deren Prinzipien auch in uns wirken, an der wir also durch Sinne und Gedanken voll teilhaben. Diese Lösung ist deshalb besonders bemerkenswert, weil sie nicht einfach die Spannung zwischen chaotischer Mechanik und gestalteter Ordnung dadurch beseitigt, daß sie die sichtliche Ordnung des Weltgeschehens zu einer bloß subjektiven Betrachtungsweise des Menschen degradiert, wie es die frühen Sophisten Protagoras und Gorgias gelehrt hatten.

Das zeigt: Die stoische Philosophie ist eine eigenwillige Verarbeitung der gesamten bisherigen denkerischen Überlieferung. Sie hat nichts grundlegend Neues erdacht – und man mag das für ihre Schwäche halten –, aber sie hat eine ungewöhnliche Kraft in der Synthese des Vorliegenden bewiesen. Dieser fortentwickelnde Eklektizismus, der auf der Höhe seiner Zeit und ihrer Argumente war, sicherte der Stoa ihre breite Wirkung für die vielen Jahrhunderte, in denen das Denken mehr das Begriffene ordnete als Unbegriffenes eroberte.

Wie die Epikureer standen auch die Stoiker vor der Aufgabe, Willen und Schicksal ohne Widerspruch einander zuzuordnen. Und auch hier finden wir wieder eine charakteristische Weiterentwicklung vorangegangener Gedanken.

Der Mensch soll sich selbst verwirklichen, indem er sich dem allgemeinen Naturgesetz einpaßt. Das wird ihm durch die Vernunft, durch die er am Weltlogos teilnimmt, begreifbar. Dank dieser Einsicht wählt der stoische Weise in freier Selbstbestimmung das von Natur Notwendige, während der Vernunftlose von der unbegriffenen Notwendigkeit gezwungen wird und dadurch unter ihr leidet.

Die Natur und ihr Lauf stellen sich im Menschenleben als Schicksal dar. Die stoische Ethik verlangt nicht nur dessen einsichtige Hinnahme, sondern seine aktive Erfüllung; sie besteht also nicht nur auf Dulden und Haltung, sondern auf Charakter und Pflicht. Diese Tugenden sind am ehesten erreichbar im Zustand der völligen Selbstgenügsamkeit, der »Autarkie«. Je weniger der Mensch besitzt, desto unabhängiger ist er; je weniger von Leidenschaften fortgerissen, desto mehr er selbst.

Die Stärke dieser Ethik entsteht durch die Vereinigung zweier Komponenten: Das Individuum wird auf sich selbst verwiesen, fügt sich aber gerade damit in den als objektiv erkannten Lauf der Natur ein und – sehr wichtig! – verwirklicht ihn mit eigener Kraft. Daraus entspringt eine besondere Selbstgewißheit und Würde.

Die Vorstellung einer im einheitlichen Logos alle Individuen durchwaltenden Weltordnung wurde von *Zenon* aus Kition, dem Gründer der Schule (nicht zu verwechseln mit dem Parmenides-Schüler Zenon aus Elea), auch ins Politische projiziert: Er leitete die Gleichheit aller Menschen daraus ab – Sklaven eingeschlossen – und die Hoffnung auf einen einheitlichen Weltstaat, eine freie Gemeinschaft ohne Gerichtshöfe, ohne Tempel und Tauschmittel. Die Grundlage dafür sah er im alles durchwaltenden Naturrecht. »Das Naturgesetz ist ein göttliches Gesetz und besitzt als solches die Macht zu regeln, was Recht ist und was Unrecht.«[13]

Es ist erstaunlich, wie ungebrochen trotz aller vorhergehender gedanklicher Anfechtungen die Überzeugung von der zu einer einzigen Wahrheit führenden Kraft der Vernunft auch am Ende des philosophischen Zeitalters der Griechen war.

Zenon folgte seiner Einsicht, das Notwendige aus freiem Willen zu tun, bis zum Äußersten: Als er über siebzig Jahre alt war, schied er freiwillig aus dem Leben. Auch sein Nachfolger *Kleanthes* wählte den Hungertod. Und noch Jahrhunderte später zögerte *Seneca* nicht, als Nero es von ihm verlangte, sich selbst den Tod zu geben.

IV.
DER DIALOG MIT GOTT

Der gewaltigen weltlichen Macht des römischen Imperiums entsprach keine eigenständige kulturelle. Kunst und Philosophie richteten sich nach griechischen Vorbildern, Religion formte sich im Wechselspiel altrömischer Überlieferung und orientalischer Kulte. Die geistige Potenz der Römer verwirklichte sich im Staatlichen: im Recht, im Militär- und Verwaltungswesen. Sie bedachten die Wirklichkeit vor allem, um sie gemäß ihren Vorstellungen zu organisieren. Da sie Denken und Tatkraft allein hierauf wandten, schufen und erhielten sie ein riesiges Reich von großer Dauer. In welchem hohen Maß dieses Reich ein überpersönliches geistiges Gebilde und nicht ein politisches Zufallsprodukt war, beweist seine erstaunliche Stabilität, die von den fast pausenlosen Führungskrisen immer wieder erschüttert, aber während eines halben Jahrtausends nicht zerstört wurde. Die willige Aufnahme fremder Kultur und die darin erscheinende geistige Toleranz mag in einer Schwäche eigener Schöpferkraft begründet gewesen sein, tatsächlich begünstigte sie die Einverleibung eroberter Länder und damit die Festigkeit des Imperiums.

Das Gemenge der Einflüsse und das Fehlen eines verbindlichen kulturellen Ordnungssystems ließen religiöse und seelische Unruhe entstehen. Davon zeugen sowohl die zeitweise staatliche Begünstigung des ägyptischen Isis- und Serapiskultes und der syrischen Baalsreligion wie die wiederholten Erlasse römischer Kaiser zur Belebung der alten Staatsreligion und schließlich auch die Verfolgungen der Christen. Manche der Befehle dazu gingen von Kaisern aus, deren offizielle Gottgleichheit zu ihrem allzu menschlichen Gebaren im offenkundigen Widerspruch stand.

Die Religiosität verfiel oder verirrte sich, die Sehnsucht nach Gott aber blieb. Wo sie nicht verzweifelte oder bei exotischen Kulten Zuflucht fand, suchte sie Erfüllung in der Philosophie oder in der neuen Lehre des gekreuzigten Christus.

GOTTES ÜBERFLUSS

Plotin, 204–269

Platonische Philosophie und die Einheits- und Erlösungssehnsucht am Ende der Antike verbanden sich im Werk des *Plotin,* der das Zusammenwirken der geistigen Kräfte seines Zeitalters geradezu idealtypisch verkörperte: Geboren wurde er in Ägypten; mit einem römischen Kaiser – Gordianus III. – zog er gegen die Perser; in Rom gründete er eine Philosophenschule; er schrieb in Griechisch; er dachte platonisch.

Sein Platonismus war freilich mehr als die Pflege einer Schultradition. Er setzte den Gedanken dort fort, wo Platons Werk den obersten Abschluß erreicht hatte: bei dem sogar noch die Ideen und ihr Sein übertreffenden höchsten Wesen – Platon nannte es »das Gute«. Plotin nennt es vor allem: das Eine; und er gelangt zu ihm über die Stufenfolge: Natur, Seele, Geist. Jedes dieser drei birgt in sich zwei Aspekte, verweist jeweils auf ein Höheres und auf ein Tieferes.

Zunächst die Natur. Eine mechanische Erklärung für das Naturgeschehen lehnt Plotin ab, schließt vielmehr von der geordneten Vielfalt der Erscheinungen auf ein in der Natur tätig werdendes Bleibendes. »Auch muß alle Bewegung des Hebels ferngehalten werden von dem Wirken der Natur. Denn welcher Stoß oder welche Hebelkraft könnte eine solche Menge mannigfaltiger Farben und Formen hervorbringen?« fragt er, mit dem Bild des Hebels die mechanisch angreifenden Kräfte zusammenfassend.[1]

Was aber kann das Bleibende und zugleich Hervorbringende sein? Plotin sagt: der Gedanke – eine uns in ihrer Plötzlichkeit verblüffende Antwort; weniger überraschend allerdings, wenn man sie vor dem Hintergrund von Platons Ideenlehre und den »Samen-Gedanken« der Stoa sieht. Durch zwei Hinweise wird sie noch genauer und verständlicher.

Zunächst wehrt Plotin ausdrücklich die uns von Aristoteles bekannte Interpretation des Naturgeschehens als Zusammenwirken von Stoff und Form ab, weil er die Annahme zweier verschiedener Prinzipien widersprüchlich findet. Er leugnet nicht die Existenz der Materie, die Natur im ganzen jedoch sei Form. Folgerichtig sucht er nun als erzeugendes Prinzip etwas, das einerseits sich selbst immer gleichbleibt, das heißt sich nicht verbraucht, andererseits aber weiteres Gleichartiges ständig hervorbringt. Keine materielle Ursache erfüllt diese beiden Bedingungen, nur eines vereint sie in sich: eben der Gedanke. Und so erklärt Plotin, »daß in den Tieren wie in den Pflanzen die Gedanken das Hervorbringende sind und daß die Natur Gedanke ist, der einen anderen Gedanken hervorbringt als ein Erzeugnis, etwas dem Vorliegenden mitteilend und doch selber bleibend«.[2]

Die Tätigkeit der Natur geht hervor aus der sich entwickelnden Selbstanschauung des Gedankens, »gleichwie Geometer anschauend ihre Figuren hinzeichnen. Mir freilich«, so läßt Plotin die Natur spielerisch selbst sprechen, »entstehen, ohne daß ich hinzeichne, nur dadurch, daß ich schaue, die Linien des Körpers wie von selber, so daß sie ins Sein fallen.«[3] In Gestalt der mannigfaltigen Lebewesen schaut die Natur die Darstellung ihrer eigenen Gedanken an. In diesem Schaffen verausgabt sie sich aber keineswegs, sondern sie bleibt bei sich, ruht in ihrer Anschauung – »einer Anschauung, die lautlos, aber auch dunkel ist«.[4]

Worauf deutet diese merkwürdige Einschränkung? Weil die Natur ihre Gedanken zwar anschaut, aber nicht über sie reflektiert, sondern sie nur schaffend darstellt, meint Plotin: »Sie ist eben nur einer anderen Anschauung Bild«[5] – sie verweist auf ein Höheres: auf die Seele.

Denn in dieser sind die Gedanken reiner als in der Natur. Sie nimmt zwar noch teil an der ständig entstehenden und vergehenden Vielfalt des Lebens, aber zugleich auch an der unvergänglichen Einheit des Denkens. Obwohl also höher als die Natur, ist auch sie immer noch Zweiheit.

Aus der Erkenntnis dieses Ungenügens strebt nun ihre Betrachtung wiederum höher, von den Abbildern zu den Urbildern, von der Zweiheit zu der Einheit: zum Geist. »In diesem ist eines aus zwei geworden, nicht durch bloße Aneignung, wie das bei der besten Seele der Fall war, sondern dem Sein nach und weil Sein und Denken eins sind.«[6]

Wir sehen, wie der Bogen des Denkens sich hier schließt und der Weg Platons durch Plotin zu seinem parmenideischen Ursprung heimkehrt. Freilich ist dies keine Rückkehr zu dem Satz des Parmenides: »Denn es ist dasselbe: das Erkennen ist und das Sein ist« – dem anfänglichen Satz, der so einfach schien und der so viele Fragen gebar. Wenn Plotin diesen Satz wiederaufnimmt, so vielmehr, weil er glaubt, in seinem System habe Parmenides' Erkenntnis ihre volle Ausfaltung und Rechtfertigung erreicht, sein System versöhne den Satz mit allen aus ihm in siebenhundert Jahren entsprungenen Problemen und löse sie auf. Es ist wie die Heimkehr eines Weitgereisten, Vielerfahrenen und Reichen zu seinem einfachen Anfang, aus dem er doch alle Kraft bezog.

Das im Geist vollkommene Einssein von Denken und Sein stellt freilich auch Plotin wieder vor die Frage aller Parmenides-Nachfolger, wie denn das Viele des Denkens – und also auch Seins – entstanden sei.

Plotin argumentiert: Zwar sind Denken und Gedachtes im Geist eines, und das Gedachte »ist«, indem es gedacht wird; aber wenn beides auch Eines ist und als solches vom Geist erkannt wird, so schaut es der Geist doch nicht als Eines an, indem er denkt. Ohne diese Zweiheit sogar noch im Denken des Einen »gäbe es kein Vernehmen des Geistes«. Gemeint ist: Eine in sich völlig unterschiedlose Einheit könnte sich selbst niemals vernehmen; auch der Vorgang der denkenden Selbstwahrnehmung geht mit einer inneren Scheidung der Einheit einher.

Folglich ist auch der Geist noch nicht der wirkliche Ursprung, »sondern es muß etwas sein, was über ihn hinaus ist und um dessentwillen auch die ganze bisherige Erörterung angestellt wurde«.[7] Was ist das? Es kann aus den genannten Gründen weder Geist noch Gedachtes sein; es muß vor der Zweiheit sein, einfacher als der Geist; nicht Teil des Ganzen, sondern noch vor dem Ganzen.

»Was ist es denn dann?« fragt Plotin – und antwortet: »Die Kraft des Ganzen, ohne deren Dasein auch das Ganze nicht wäre und auch nicht der Geist, der das erste und das ganze Leben ist.«[8] Doch sein Name? Da es aller Vielheit zugrunde liegt und sogar noch dem Geist, nennt Plotin es einfach: »das Eine« – griechisch »Hen«.

Er nennt es auch das Gute – wie Platon – und das Einfachste, ist sich aber des Unzulänglichen solcher Bezeichnungen bewußt wie überhaupt der Verlegenheit menschlichen Sprechens und Denkens vor diesem Quellgrund alles Seienden. Denn anders als wir und der Geist bedarf das Eine nicht einmal mehr des Denkens.

So läßt es sich auch nicht mehr zureichend mit unseren Begriffen bestimmen. Man mag es »das Eine alles wahrhaft Seienden« nennen – oder aber gegenteilig sagen: »Es ist wirklich nichts; nämlich nichts von dem, dessen Ursprung es ist; ein solches, von dem sich selbst nicht aussagen läßt, nicht seiend, nicht sein, nicht Leben, weil es über all dem ist.«[9]

Diese ausdrückliche Unsagbarkeit des Höchsten hatten bereits die Nachfolger der alten pythagoreischen Schulen und Geheimbünde gelehrt, ebenso ein jüdischer Philosoph der Zeitwende, *Philon von Alexandria.* Er hatte auch die äußerste menschliche Möglichkeit, sich diesem unerkennbaren Gott doch noch zu nähern, gewiesen: die Ekstase – das Außer-sich-Geraten.

Plotin sucht ebenfalls auf diesem Weg die Nähe des Einen. Folgerichtig, denn welche Möglichkeit bleibt noch, sich mit Gott zu vereinen, wenn das Denken ihn nicht begreifen kann? »Da die Erkenntnis vor allem durch den Geist geschieht und man nur durch den Geist ein Geistiges zu denken vermag, wie soll dann das, was die Natur des Geistes übersteigt, überhaupt mit einem Schlage erfaßbar werden?« – »Durch das Gleiche in uns«, antwortet Plotin sich selbst.[10] Da nämlich das Eine in allem ist, muß es auch in uns sein, vernehmbar gleich einer Stimme, die den leeren Raum überall erfüllt, dem hingewendeten Ohr.

Doch womit vernehmbar, wenn nicht mit dem Geist? Am nächsten dem Einen – »dem Unbedürftigen, das überhaupt nicht mehr des Denkens bedarf«[11] – ist zwar der Geist; aber um das Eine zu erblicken, »muß er gleichsam einen Schritt zurücktreten und sich selbst gleichsam verlassen ..., und vielleicht muß er dort, wenn er es erblicken will, nicht mehr ganz Geist sein«.[12] – Plotin hat nicht nur theoretisiert; diese wortlose Vereinigung mit dem Einen in der Ekstase soll er selbst viermal erlebt haben. Sie ist die Vollendung der Heimkehr des Menschen zu Gott – jener Sehnsucht der Seele, die auf der untersten Seinsstufe, der Natur, die Gestaltungen noch mit den Sinnen sucht, dann die Gestalten in sich selbst findet, schließlich durch das Anschauen ihrer Gedanken zum Geist aufsteigt, um endlich durch ihn auf seinen Grund, auf Gott, zu schauen.

Wenn die Seele nun derart auf das Höchste blicke, so frage sie sich: »Wie aus dem Einen als einem so Beschaffenen, wie wir es ihm zuschreiben, irgend etwas wie Vielheit oder Zweiheit oder Zahl zur Existenz kommen konnte; wieso es nicht bei sich selbst verharrte, sondern diese ausgebildete Vielheit aus ihm geflossen ist, die wir in der Wirklichkeit antreffen, von der wir aber fordern, daß sie auf das Eine zurückgeführt werden muß.«[13] Plotin steht erneut vor der Frage des Verhältnisses von Einem und Vielen. Sie hatte sich bereits bei der Natur, der Seele und dem Geist ergeben. Jetzt kommt eine weitere Schwierigkeit hinzu: Einerseits ist das Eine vollkommen, andererseits schafft es aus sich Unvollkommenes. Es scheint also, als habe es sich selbst nicht genügt; das aber widerspräche seiner zeitlosen Vollkommenheit. Der zweite Widerspruch: Tritt etwas als Geschaffenes aus dem Einen hervor, so fehlt es diesem; es wäre wiederum nicht vollkommen. Dazu eine Variante: Das Geschaffene ist nichts Abgesondertes, sondern ein entwickelter Teil des Einen; dann aber enthielte das Eine Vergängliches und Unvollkommenes. Wie immer man es wendet: Die Vielheit und das Werden sind nicht erklärbar ohne den ewigen Urgrund des Einen – sein Begriff aber widerstreitet gerade dem, was es erklären soll.

Plotins Vorbild, Platon, hatte das Licht der Sonne als Bild des Vermittelnden zwischen dem Höchsten und dem Vielen im sechsten Buch des »Staates« gewählt – Plotin übernimmt es; denn dieses Licht zeugt und erleuchtet, doch es fehlt der Sonne nicht und bringt sie auch nicht in Berührung mit dem Irdischen. In der begrifflichen Darstellung der Ideenlehre war der »Teilhabe« eine ähnliche Funktion zugekommen. Warum aber Gott überhaupt etwas geschaffen hatte, war Platon kaum problematisch gewesen: Timaios' Schöpfungserzählung verweist einfach auf das Wollen und die Güte Gottes. Auch für Aristoteles hatte sich die Frage des Warums der Schöpfung nicht ergeben, weil er überhaupt keinen bestimmten Schöpfungsakt der ewig bestehenden Welt annahm. Und die begriffliche Spannung zwischen Gott und Welt löste er mit dem »Unbewegten Beweger« auf seine Weise: Gott wirkt als Telos, als Ziel, ohne etwas von sich preiszugeben.

Plotin dagegen entwickelt die volle dialektische Schärfe der Frage, warum Gott die Welt als Unvollkommenes und Vergängliches schuf, obwohl er doch vollkommen und ewig ist. Und seinen das Eine immer wieder umkreisenden Fragen entspringt eine neue Antwort.

Die Voraussetzung: Das Eine ist stets unbewegt, denn es gibt nichts, auf das hin es sich bewegen könnte. Was nach ihm entsteht, »muß notwendig entstanden sein, indem Jenes unverwandt auf sich selbst gerichtet war; ganz ausschließen müssen wir dabei die Entstehung in der Zeit, da wir es zu tun haben mit dem ewig Seienden, sondern wir legen dem nur dem Ausdruck nach Entstehung bei, um damit dem Verhältnis von Ursache und Wirkung in ihrer Rangordnung gerecht zu werden«.[14]

Ein bildhafter Begriff ermöglicht die Lösung: die »Emanation« – die Ausströmung oder Ausstrahlung. Plotin erweitert damit die Vorstellung der Vollkommenheit um eine entscheidende Bestimmung: die des Überfließens aus Reife und Fülle. »Alles, was so weit gelangt ist, daß es reif ist, zeugt; das nun, was ewig und vollendet ist, zeugt ewig und ein Ewiges.«[15] Dieser Gedanke beseitigt nicht nur den begrifflichen Widerstreit zwischen der ruhenden wunschlosen Vollkommenheit Gottes und seinem schaffenden Tätigwerden, sondern er fordert die Schöpfung geradezu als Zeichen von Gottes Vollkommenheit.

Weiteres nicht minder Wichtiges ergibt sich aus dieser Vorstellung des Überfließens aus Reife. Das Erzeugte ist stets seinem Erzeuger wesensgleich, trotzdem kommt es ihm an Größe nicht gleich. »Nichts kann aus ihm [dem Einen] hervorgehen als das Größte nach ihm; das Größte aber nach ihm ist der Geist und folgt ihm sogleich als Zweites.«[16]

Nach diesem Schema entfaltet sich nun die Ordnung alles Seienden. So wie das Überfließen des Einen sich als Geist darstellt, so das Überfließen des Geistes als Seele, das Überfließen der Seele als Natur. Die verschiedenen Emanationen sichern die Einheit alles Seienden aus dem Einen – Gott –, aber sie halten zugleich die Vielheit und Vergänglichkeit fern von ihm.

Daher sagt Plotin: »Das Eine ist Vermögen und Möglichkeit aller Dinge.«[17] Es schafft sie, indem es sich selbst anschaut; dieses Anschauen ist der Geist. »Denn es ist des Geistes als des

Allerreinsten würdig, aus keinem anderen Ursprung als aus dem ersten Urgrund zu erwachsen und, indem er in die Entstehung tritt, nunmehr alles Seiende mit sich selbst zugleich zu erzeugen, die Ideen in all ihrer Schönheit und alle die geistigen Götter.«[18]

In der aus dem Geist fließenden Emanation, der Seele, erscheinen die Gedanken als Nachbildung der im Geist wirklichen Ideen. Sie stellen dann in der Natur, der letzten Emanationsstufe, die gestalteten Lebewesen als Abbilder ihrer selbst dar.

Eine wichtige Frage bleibt noch: Wenn der Emanationsprozeß ewig geschieht, wie kommt es dann zu der Zeit? Die Zeit entsteht erst, antwortet Plotin, »indem die Seele ihre Tätigkeit als immer wieder andere nacheinander gewährt«.[19] Damit wird die Zeit nicht etwa abgetan als eine bloße Erlebensform des Menschen – ein heute naheliegendes Mißverständnis –, sondern gegründet wird ihr wirkliches Sein auch in der Welt. Denn: »So hat auch die Seele, indem sie in Nachahmung der geistigen die sinnenfällige Welt schuf, ... zuerst sich selbst verzeitlicht, anstelle der Ewigkeit die Zeit schaffend; dann aber gab sie der gewordenen Welt, der Zeit zu dienen, indem sie sie als ganz in der Zeit seiend schuf und alle ihre Umläufe in Zeit umfaßte.«[20]

Die Entstehung des Vielen erfolgt also auf zwei Stufen: Der Geist entfaltet die Vielheit der Ideen und begründet damit die Vielheit der erscheinenden Formen; die Seele setzt sie in lebendige Erscheinung um und entfaltet dabei Vielheit auch in zeitlicher Hinsicht.

So verläuft die Grenze zwischen Zeit und Ewigkeit durch unsere Seele: Denkend können wir durch den Geist am Höchsten teilhaben; handelnd in der Welt, erkennen und schaffen wir seine äußersten Ausstrahlungen.

Damit ist Plotins System vollendet – eine gewaltige Paraphrase auf Platons Philosophie, die sich mit beinahe hypnotischer Beharrlichkeit aus einem Punkt in vollkommener Geschlossenheit entfaltet. Schriftlich festgehalten hat Plotin seine Gedanken erst, als er schon fünfzig Jahre alt war, auf Drängen seiner Schüler. Ihr berühmtester war *Porphyrios,* der die Schriften, eingeteilt in sechs Neunergruppen (»Enneaden«), herausgab.

Der Lebensstil Plotins soll ganz seiner Lehre entsprochen haben: der wissenschaftlichen Betrachtung des Höchsten zugewandt, aber auch im Praktischen und Alltäglichen Gottes Schöpfung achtend. Plotin nahm bedürftige Kinder auf und führte ihre Vormundschaft. Dem Luxus Roms war er abhold; er lebte vegetarisch und blieb Junggeselle. Sein Ruf gewann ihm Aufmerksamkeit und Gunst des kaiserlichen Hauses. Durch Plotin angeregt, spielte Kaiser Galienus sogar mit dem Plan, in Campanien eine Philosophenstadt zu errichten. Sie sollte heißen: Platonopolis. Doch obwohl es nicht zu ihrem Bau kam – die Fortentwicklung platonischer Gedanken machte Schule: Der *Neuplatonismus* war eine mächtige geistige Bewegung bis weit ins Mittelalter.

DIE ERLEUCHTETE SEELE

Augustin, 354–430

Auch *Augustin* steht in der Nachfolge Platons. »Damals aber«, schreibt er über seine Zeit als Dreißigjähriger, »da ich jene Bücher der Platoniker gelesen und von ihnen mir hatte sagen lassen, daß ich nach einer Wahrheit suchen müsse, die nicht in den Körpern sei, sah ich dein [Gottes] Unsichtbares, erkennend durch die Dinge, die geschaffen sind.«[21] Bis zu dieser Erkenntnis, die ihm vor allem durch die Schriften Plotins nahegebracht wurde, hatte er bereits ein bewegtes Leben hinter sich, äußerlich und innerlich voller Wechsel und Unruhe. Seine »Confessiones« (Bekenntnisse) schildern voller Leidenschaft, wie die eigenen und die Spannungen seiner Zeit ihn fast zerrissen.

Diese Spannungen waren vielfältig. Die Mutter war eine fromme Christin, der Vater ein lebensfroher Heide. Geboren wurde er in Nordafrika, zum Christen getauft in der Nähe Mailands. Seine Ausbildung zum Lehrer der Rhetorik eröffnete ihm die Karriere eines Weltmannes, sein Erkenntnisdrang trieb ihn zur Philosophie. Seine Jugend verbrachte er in Genuß und Müßiggang, sein späteres Leben war erfüllt von der Sehnsucht nach Gott. Während seiner Zeit ergingen kaiserliche Befehle sowohl zur Erhaltung des Heidentums wie zur Einführung des Christentums, wurde das römische Imperium in Ost- und Westreich geteilt, begann die Völkerwanderung, plünderten die germanischen Westgoten Rom.

Aber es zerfiel nicht nur ein völkerübergreifendes Reich zu Lebzeiten Augustins, es entstand zugleich ein neues: das Reich des Christentums und der Kirche. Schon überwölbte es die kämpfenden Parteien, die Germanen und Römer; schon standen seine Feldzeichen mitten unter ihnen: die erste gotische Bibelübersetzung und die neue lateinische der Vulgata. Es übernahm im Abendland die Ordnungsfunktion des alten Imperiums, seine Macht allein auf den Geist gründend, sich freilich auch weltliche Bastionen schaffend. An Größe und Dauer übertraf es schließlich noch sein weltliches Vorbild.

Augustin war einer der Väter des neuen Reiches. In ihm waren antike Geistigkeit und römisches Ordnungsbewußtsein mit christlicher Innerlichkeit vereint. Er befreite die noch lebendigen gedanklichen Kräfte der Antike von den Trümmern des politischen und religiösen Zerfalls und gewann sie für den Aufbau der neuen Macht.

Einmal getauft, wandte er seine ganze Vitalität und Genialität dem neuen Glauben zu. Er gründete in seiner nordafrikanischen Heimat eine klösterliche Gemeinschaft, wurde bald darauf Priester und 395 n. Chr. – acht Jahre nach seiner Taufe und einundvierzig Jahre alt – Bischof von Hippo, einer Küstenstadt westlich von Karthago.

In seinem Werk verbinden sich christliche Gläubigkeit und philosophischer Geist. Denn Augustin war groß im Glauben, aber auch groß im Zweifel. Die Sicherheit und Begeisterung seines Glaubens hatte er seinem tiefgründigen Zweifel abgerungen.

Anders als seinen Vorgängern boten ihm Denken und Begrifflichkeit allein noch keine Gewähr für Wahrheit. Gerade das Übersubjektive der Ideen, an dem bisher die Sicherheit des Erkennens festgemacht worden war, schien seinem zweifelnden

Ich fern und ungewiß. Nur eines war ihm sicher und gewiß: die eigene fragende Existenz – alles sonst jedoch ließ sich mit guten Gründen anzweifeln. »Wer möchte jedoch zweifeln, daß er lebe, sich erinnere, einsehe, wolle, denke, wisse und urteile? Auch wenn man nämlich zweifelt, lebt man; wenn man zweifelt, erinnert man sich, woran man zweifelt; wenn man zweifelt, sieht man ein, daß man zweifelt; wenn man zweifelt, will man Sicherheit haben; wenn man zweifelt, denkt man; wenn man zweifelt, weiß man, daß man nicht weiß; wenn man zweifelt, urteilt man, daß man nicht voreilig seine Zustimmung geben dürfe. Wenn also jemand an allem andern zweifelt, an all dem darf er nicht zweifeln.«[22] Die Selbstgewißheit des denkenden Ich als Grundlage aller Gewißheit – hier beginnt eine Entwicklung des Denkens, die weiter entfaltet werden wird durch Descartes, den Idealismus und die moderne Existenzphilosophie.

Diese erste Gewißheit scheint zunächst nur für die Existenz des zweifelnden Ich zu bürgen; Augustin untersucht deshalb als nächstes das zweifelnde Denken selbst. Er fragt sich, was in diesem unbezweifelbaren Zweifel eigentlich vor sich geht. Im Zweifeln sucht das Denken etwas; wenn das Zweifeln sich auf sich selbst richtet, sucht das Denken die Wahrheit über sich selbst. Nun kann man nur das suchen, von dem man schon irgend etwas weiß; völlig Unbekanntes fordert uns nicht zum Suchen heraus, weil wir überhaupt nicht davon wissen. Wenn das Denken nach seiner eigenen Natur fragt, so muß es also bereits irgendein Vorwissen davon besitzen. Das ist sein sicherstes Wissen, denn hier ist der denkende Geist noch ganz bei sich selbst. Folglich ist er nicht nur sicher, daß er überhaupt existiert, sondern auch sicher, daß er sich selbst als Denken kennt.

Damit hat Augustin die Voraussetzung gewonnen, um gegen atomistische und stoische Seelentheorien zu argumentieren. Denn nichts, kein Körper und kein Urstoff, ist dem Denken so ursprünglich gewiß wie das Denken sich selbst. »Wenn sich daher der Geist kennt, dann kennt er seine Substanz, und wenn er von sich Sicherheit besitzt, dann besitzt er über seine Substanz Sicherheit... Nicht besitzt er völlige Sicherheit darüber, ob er Luft oder Feuer oder sonst etwas Körperhaftes ist. Er ist also nichts von all dem.«[23]

Anfängliche Wahrheitssuche besteht deshalb darin, daß der Geist »Sicherheit gewinne, daß er nur das sei, was allein zu sein er Sicherheit hat«.[24] Diese einzige grundlegende Gewißheit würde der Geist aufgeben, wenn »er das, was er selbst ist, sich so dächte, wie er das denkt, was er selbst nicht ist«.[25] Denn: »Nichts ist ihm gegenwärtiger als er sich selbst... Er kennt nämlich dies alles in sich, und er stellt sich nicht durch seine Einbildungskraft vor, daß er es gleichsam außer sich mit den Sinnen berührte, wie alles Körperhafte berührt wird.«[26]

Wenn dieser Gedankengang so einsichtig ist, wieso gibt es dann so viele von ihm abweichende Meinungen? Auch Augustin fragt sich das folgerichtig, denn jede Theorie der Erkenntnis muß zugleich eine Theorie des Irrtums enthalten, will sie überzeugend sein. Seine Erklärung: Der Geist im Menschen verharrt nicht bei sich allein, sondern er trägt in sich die Bilder der durch die Sinne wahrgenommenen Dinge. Diese Vorstellungen sind dem Gedächtnis eingeprägte Spuren, die dem Geist gegenwärtig sind, auch wenn der außerhalb des Geistes wahrgenommene Körper längst abwesend ist. Diese Bilder der körperlichen Welt sind so in den Geist eingegangen, daß er sich kaum mehr von ihnen zu scheiden vermag. »Sie hängen nämlich durch den Klebstoff der Liebe auf erstaunliche Weise mit ihm zusammen; und das ist seine Unreinheit, daß er, während er versucht, sich alleine zu denken, sich für das hält, ohne das er sich nicht denken kann.«[27] Körperliche Vorstellungen – oder richtiger: Vorstellungen von Körperhaftem – fließen also in das Selbstdenken des Geistes ein und trüben seine reine Selbstwahrnehmung. Daher kommt es, »daß diejenigen, die den Geist für eine körperliche Substanz halten, nicht deshalb irren, weil der Geist ihrer Kenntnis fehlen würde, sondern weil sie etwas hinzufügen, ohne das sie sich eine Natur nicht denken können. Wenn man sie nämlich etwas ohne körperliche Vorstellungsbilder denken heißt, dann glauben sie, daß dies ganz und gar nichts sei.«[28] Der Irrtum entsteht allein dadurch, daß der Geist sich »ganz und gar für das hält, dessen Bild er in sich trägt«.[29]

Den denkbaren Einwand, daß es sich bei diesen Bildern durchaus um Schöpfungen des Geistes selbst und nicht um Abbilder von Körperlichem handeln könne, weist Augustin ab; denn der Geist unterscheide von allem Anfang an sehr genau zwischen drinnen und draußen. »Die Urteilskraft in ihm ist ja kräftig genug, um den Körper, den er draußen zurückließ, von dem Bild zu unterscheiden, das er von ihm in sich trägt.«[30]

Anders verhalte es sich nur bei Rasenden oder Entrückten, die eine Vorstellung ihres Innern für ein tatsächliches Ding außen nähmen.

Mit dieser Begründung sind sowohl Existenz wie unkörperliche Beschaffenheit des fragenden Geistes gesichert. Wie kommt er nun zu weiteren Erkenntnissen?

Von den Dingen alleine nicht, denn schon in jede Wahrnehmung geht etwas von uns mit ein. »Von beiden nämlich wird die Kenntnis geboren: vom Erkennenden und vom Erkannten.«[31] Die Dinge selbst bieten uns keine Beurteilungsmaßstäbe für Wahrheit und Schönheit, und doch beurteilen wir sie vor allem unter diesen Gesichtspunkten. Damit wenden wir offensichtlich Regeln an, »die jenseits unseres Geistes unwandelbar bestehen«.[32]

Warum *jenseits* unseres Geistes, da wir die Regeln doch in ihm finden? Augustin antwortet in der Schrift »Über den wahren Glauben«: »Würde die vernünftige Seele nur ihrem Wesen gemäß urteilen, wäre kein Wesen besser als sie. Weil es aber klar ist, daß sie wandelbar ist, daß sie einmal kundig, ein andermal unkundig angetroffen wird, um so besser urteilt, je kundiger sie ist, um so kundiger, je mehr sie teilhat an der Kunst, der Lehre und der Weisheit: deshalb muß nach dem Wesen der Kunst selbst gefragt werden.«[33] Diese Darlegung und ihr Wahrheitsbegriff sind wieder ganz platonisch: Der Mensch stellt sein Denken immer schon unter einen Wahrheitsanspruch, der über ihn hinausweist. Wer überhaupt Wahrheit sucht, sucht sie notwendig im Dauernden, Überpersönlichen.

Doch was gibt uns die Gewähr, daß wir diese überpersönliche Wahrheit überhaupt erreichen können? Augustin fragt: »Wie weit die Vernunft vom Sichtbaren fortschreiten kann zum Unsichtbaren, wie hoch sie sich aufzuschwingen vermag vom Zeitlichen zum Ewigen?«[34] Und erneut platonisch argumentierend, verweist er auf nicht ableitbare unkörperliche Grundbegriffe wie Einheit, Gleichheit, Ähnlichkeit und die mathematischen Grundvorstellungen. »Ebenso umfaßt das Gedächtnis unzählige Verhältnisse von Zahlen und Maßen, die ihm kein Eindruck körperlicher Sinne je verschafft hat.«[35] Ebenso finden wir in uns das Wissen um das gute und selige Leben. »Doch keine Sinne unseres Lebens zeigen uns an anderen Menschen das glückselige Leben.«[36] So verweisen uns diese Leitbilder wiederum auf ein in uns erscheinendes Vorwissen und auf dessen Quelle.

Der Weg zur Wahrheit führt also über das Gedächtnis – ein augustinischer Schlüsselbegriff –; allerdings müssen Einsicht und Wille als die beiden anderen Seelenkräfte ihn verwirklichen.

Das Streben aller Seelen nach der Wahrheit und dem Guten – selbst wenn dieses Streben oft fehlgeht – wird für Augustin zum stärksten Hinweis auf Gott; denn in sich findet die Seele nicht nur das Bild der Wahrheit, sondern auch Gottes Bild. Und sie findet es nur dort. »Wo aber find' ich dich?« ruft Augustin zu Gott. »Denn suchte ich dich draußen und nicht im Erinnern, so dächte ich ja deiner nicht.« Der Weg zu Gott führt durch die eigene Seele. »Sieh, aufsteigen über meine Seele will ich, hin zu dir, der du hoch droben wohnst über mir! Auch über diese Kraft der Seele will ich schreiten, die wir Gedächtnis nennen, will nach dir greifen dort, wo man nach dir greifen kann. . .«[37]

Nun könnte selbst Gottes Bild immer noch eine von der Seele selbst erzeugte Vorstellung sein. Doch Augustin wendet ein: »Denn da ich deiner mich erinnerte, . . . fand ich dich dort nicht, wo nur Bilder körperlicher Dinge sind. Ich kam zu jenen Teilen, denen die Erinnerung an alle Regungen der Seele anvertraut ist; und ich fand dich nicht. Und ich kam dorthin, wo die Seele selbst in der Erinnerung lebt . . ., doch du warst nicht dort. Denn wie du nicht Bild eines körperlichen Dinges bist, noch eine Regung des Gemüts . . ., so bist du auch die Seele nicht, denn du bist Herr und Gott der Seele.«[38] Gott ist das Urbild des Vollkommenen und Unwandelbaren über unserer Seele; nicht über ein Zwischenreich der Ideen, sondern unmittelbar steigt Augustin zu ihm auf. Die Wahrheit ist Gott selbst. Wir Menschen urteilen über die Dinge nur *gemäß* der Wahrheit; die Wahrheit dagegen urteilt über uns. »Über die Wahrheit selbst jedoch urteilt nicht einmal der Vater, da sie nicht geringer ist als er; was daher der Vater beurteilt, das beurteilt er durch sie. Alle Dinge haben ein Streben nach Einheit, sie haben diese Regel, diese Form, dieses Vorbild, oder wie immer man die Wahrheit nennen mag, die ja allein die Ähnlichkeit mit dem in sich enthält, von dem sie das Sein empfangen hat, vorausgesetzt daß man hier überhaupt von einem ›Empfangen‹ reden kann anstelle jener Beziehung, mit der sie ›Sohn‹ genannt wird. . .«[39]

Ganz selbstverständlich verschmilzt Augustin immer wieder die Bilder der christlichen Verkündigung mit den Begriffen der Philosophie. Hier deutet er das Verhältnis von Gott und Wahrheit analog dem von Gottvater zu Gottsohn, dessen Gottgleichheit das Konzil von Nicaea ein Menschenalter zuvor als verbindliche Lehre festgesetzt hatte unter Verwerfung der Gottähnlichkeit. In seinen »Bekenntnissen« variiert Augustin dieses Thema bei der Auslegung der biblischen Schöpfungsgeschichte. »So also gibt es eine Weisheit, die geschaffen ist vor aller Kreatur, geschaffen ist als Geist, vernunftbegabt und übersinnlich«, schreibt er im dreizehnten Buch. Dieses »Licht in Lichtbetrachtung« ist zwar noch ein zeitloses Wesen, nur dem Sein nach von Gott geschaffen, aber nicht in der Zeit; und doch ist etwas Veränderliches an dieser Weisheit, »daß sie in Finsternis und Kälte käme, wenn sie in großer Liebe nicht so innig an dir [Gott] hinge und wie ein ewger Mittag aus dir leuchtete und glühte«.[40]

Diese Veranschaulichung begrifflich nur unvollkommen faßbarer Beziehungen durch mythische Bilder war bei Platon und Plotin vorgezeichnet; neu waren die hinzukommenden christlichen Bildinhalte: die Vater-Sohn-Beziehung, die Dreieinigkeit, der Schöpfungsablauf. Sie fügten sich leicht zu den traditionellen Verbildlichungen des Höchsten und seiner Wirkungen als Licht, Strahlung, Überfließen.

Nicht allein die Bilder, auch die Gedanken fügten sich glatt zueinander. Dieser erstaunliche Vorgang war nur möglich, weil antike Philosophie immer auch Theologie gewesen war. Sie hatte sich Gott denkend genähert, seine Existenz, seinen Ort und seine Funktion philosophisch begründet – philosophisch begründet aber auch seine letztliche Unbegreifbarkeit und überbegriffliche Jenseitigkeit. Die heidnischen Religionen entsprachen diesem Gottesbegriff viel weniger als die christliche mit ihrem Glauben an *einen* Gott, an seine unkörperliche Jenseitigkeit, seine Unerforschbarkeit und sein Wirken durch das Wort, den Logos. Die Philosophie stand also der neuen Religion mitnichten feindlich entgegen; vielmehr bot sie ihr geradezu Platz, auch wenn die Wege zur Gottesgewißheit verschieden waren – dort begriffliches Denken, hier geglaubte Offenbarung. Ein Übergang von dem einen zum anderen war auch philosophisch möglich; der immer tiefer reißende Bruch tat sich erst später auf. Und so konnte Augustin noch ohne jede Gewaltsamkeit schreiben: »Erkenne, damit Du glaubst – glaube, damit Du erkennst.«[41] Welterkenntnis und Gotteserkenntnis, Denken und Offenbarung können für ihn gar nicht widersprüchlich werden, weil sowohl Welt wie Seele wie Offenbarung Gott entspringen. Denn die Schöpfung ist gemäß Gottes Wort entstanden; in der biblischen Verkündung ist sein Wort Buchstabe geworden; und in unserer Seele vernehmen wir denkend das Echo seines Wortes. Alles verweist auf die Einheit der Wahrheit in Gott allein. So faßt Augustin am Ende seiner »Bekenntnisse« zusammen: »Wir haben auch betrachtet, was du uns im Bilde zeigen wolltest, da du dies und jenes und in dieser oder jener Ordnung geschehen und durch deinen Diener schreiben ließest. Wir sahen, ... daß du den Himmel und die Erde schufst... Du hast deines Bundes Ansehen aufgerichtet... Dann hast du gebildet die lebendige Seele deiner Gläubigen... Und wie dem Mann das Weib hast du der höheren Vernunft das Tun und Wirken des Verstandes unterstellt.«[42] In dem letzten Satz zeichnet sich zwar eine mögliche Spannung ab, aber kein anfänglicher Gegensatz.

Diese Spannung nämlich besteht nicht im Geist selbst, sondern allenfalls zwischen dem Geist und dem durch die Sinne fehlgeleiteten menschlichen Wollen. »Denn außer dieser bösen Lust des Fleisches, die in aller Sinnenlust und aller Gier nach Freude wohnt und die den zugrunde richtet, der ihr fern von deinem [Gottes] Angesichte dient, lebt in der Seele eine andere Begierde, die durch die gleichen Sinne ihres Leibes zwar nicht im Fleische sich ergötzen, wohl aber durch das Fleisch in eitlem Vorwitz Nichtiges erfahren will, was dann geschminkt wird mit dem Namen der Erkenntnis und der Wissenschaft.«[43] Aber selbst diese »krankhafte Neugierde« betrachtet Augustin noch als Hinweis auf die wahre Natur des Menschen. »Um ihretwillen geht man daran, all das Geheimnisvolle der Natur, das doch für unsere Sinne nicht geschaffen, auszuforschen, und sucht nach Dingen, die zu wissen uns nichts nützt; und doch ist's nur der eine Wunsch bei allen Menschen: zu erkennen.«[44]

Derartige Sätze zeigen, daß die Gewißheiten des christlichen Glaubens auf Denkmuster trafen, die schon Platon entworfen hatte. Die Geschichte des Denkens ist keineswegs immer an denselben Stellen von Brüchen durchzogen wie die Geschichte der Religion oder der Politik.

Wie selbstverständlich das von der Antike überlieferte Denken christliche Fragestellungen aufnahm und sich an dieser Herausforderung weiter entwickelte, zeigt beispielhaft Augustins berühmte Abhandlung über die Zeit im elften Buch der »Bekenntnisse«. Die Aufgabe wird von der Schöpfungsgeschichte im Buch Mose des Alten Testaments gestellt. Die Schöpfung wird dort als ein nacheinander ablaufender zeitlicher Vorgang geschildert. Das Problem entsteht aus dem begrifflichen Zusammenstoß von Gottes unveränderlicher Vollkommenheit und seinem Tätigwerden als Schöpfer in der Zeit – eine christliche Variante der zuvor von Plotin breit entworfenen Frage. Plotin hatte auch die Antwort vorgezeichnet: Zeit als das Nacheinander, das die Seele als die Emanation des Geistes in sich und damit auch für die aus ihr hervortretende Welt entfaltet. Doch dieser Weg war wegen der vorgezeichneten Abfolge des Schöpfungsgeschehens so für Augustin nicht gangbar.

Auch er setzt bei der Seele an mit seiner beschwörend wiederholten Frage: »Quod enim est tempus? – Denn was ist Zeit?«[45] Aber er fragt seine eigene Seele um die Antwort, nicht einen allgemeinen Begriff von Seele.

Zunächst entkleidet er Vergangenheit und Zukunft ihrer scheinbaren Selbständigkeit und zeigt, daß sie nur bestimmte Blickrichtungen eines Gegenwärtigen sind. »Es gibt drei Zeiten; eine Gegenwart in bezug auf die Vergangenheit, eine Gegenwart in bezug auf die Gegenwart und eine Gegenwart in bezug auf die Zukunft.«[46] Wo besteht nun dieses Gegenwärtige, das wir als einziges wirklich haben? Außer uns oder in uns? Nur in der Seele, meint Augustin. »Denn in unserer Seele sind die Zeiten in der Dreizahl vorhanden, anderswo aber finde ich sie nicht.«[47] Dann ordnet er diese Erstreckungen der Gegenwart bestimmtem Seelenverhalten zu. »Gegenwärtig in bezug auf die Vergangenheit ist das Gedächtnis, gegenwärtig in bezug auf die Gegenwart die Anschauung und gegenwärtig in bezug auf die Zukunft die Erwartung.«[48]

Daraus ergibt sich aber sogleich ein Problem: Wenn Zeit nur aus seelischen Erstreckungen der Gegenwart besteht, wie messen wir sie dann? Messen ist stets das Anlegen eines Vergleichsmaßstabes. Doch dieses Verfahren erweist sich bei der Zeit als undurchführbar; denn wollten wir eine Zeitdauer messen, die vergangen ist, sie stünde uns nicht mehr zur Verfügung; ebenso könnten wir keine zukünftige Zeit abschätzen, weil es sie noch gar nicht gibt. »Hieraus habe ich geschlossen«, schreibt Augustin, »daß die Zeit nur eine Ausdehnung sei; aber wovon, das weiß ich nicht. Es wäre wunderbar, wenn sie nicht eine Ausdehnung des Geistes selbst wäre.«[49] Der Geist dehnt sich aus der Gegenwart hinaus durch Erinnerung und Erwartung. Von der Vergangenheit bewahren wir einen Eindruck im Gedächtnis; er allein ist uns beim Erinnern wirklich gegenwärtig. »Dieses messe ich, wenn ich die Zeit messe.« Ebenso »ist nicht die Zukunft lang, die ja nicht ist, sondern eine lange Zukunft ist nur eine lange Erwartung der Zukunft«.[50]

Damit hat Augustin die Möglichkeit begründet, daß die Zeit nicht schlechthin besteht, sondern im Zusammenhang mit der Seele entstanden ist. Sie hat »erst mit der Schöpfung begonnen«.[51] Darum ist die zweiflerische Frage sinnlos, warum der ewige Gott nicht schon immer die Welt geschaffen habe, sondern erst in einem bestimmten Zeitpunkt; aufgehoben ist der scheinbare Widerspruch zwischen einem Tätigwerden Gottes in der Zeit und seiner immer gleichen ruhenden Vollkommenheit. Das Ewige läßt sich mit den Seins- und Erkenntnisweisen des Vergänglichen nicht begreifen.

Das Neue an dieser Einsicht ist nicht ihr Inhalt, sondern der Weg zu ihr: ein Zeitverständnis, gewonnen weniger aus einer Analyse von Denkbegriffen als durch eine Untersuchung seelischer Selbsterfahrung. Diese Deutung der Zeit aus innermenschlichen Gegebenheiten ist ein frühes Anzeichen späterer Entwicklungen des Denkens, in denen die Frage nach der Wahrheit immer weniger vom Sein her als von der Struktur der menschlichen Erkenntnis aus beantwortet wird. Bei Augustin freilich verweist das Denken noch eindeutig auf das eigenständige Sein: Der Weg zum Zeitverstehen beginnt zwar in der Seele, aber er endet nicht dort; Zeit ist nicht bloß eine Form menschlichen Erkennens, sondern die Erscheinungsweise alles von Gott Geschaffenen. Denn nicht gefangen ist der Mensch in seiner Seele, sie beschränkt ihn nicht auf ihre Erkenntnisformen; vielmehr verbinden ihre Bilder ihn mit dem reinen Sein und der reinen Wahrheit, mit Gott; von dort, vom »Licht der Wahrheit«, wird seine Seele erleuchtet und erhellt: »illuminiert«.

Dieses Licht erleuchtet nicht nur sein Denken, sondern auch

sein moralisches Handeln; und es leitet nicht nur das Handeln des einzelnen, sondern auch den Ablauf der Geschichte. Mensch und Staat sind Gebilde des von der Erbsünde bedrohten Willens; doch beide können sich ihr entringen durch die Gnade Gottes und die Sehnsucht nach seiner Ordnung. Diese Ordnung verwirklicht sich im einzelnen in der Liebe, im Großen in der »Civitas dei«, in der »Bürgerschaft Gottes« oder, wie meist übersetzt wird, im »Gottesstaat«. Er ist nicht etwa identisch mit der Kirche, sondern ein im Himmel bereits bestehendes soziales Ordnungsprinzip. Kirche und weltlicher Staat sollen sich gemeinsam an ihm orientieren, damit die Menschen sich nicht an die Welt und ihren bloßen Genuß verlieren, sondern schon auf Erden zur Gerechtigkeit, zum Frieden und zur Ruhe Gottes gelangen. Die Geschichte versteht Augustin als einen steten Kampf zwischen diesem Gottesstaat und dem vom Bösen beherrschten Erdenstaat (Civitas terrena); ein Kampf, dessen letzte Periode mit Christi Erscheinen begonnen hat und der enden wird mit der ewigen Seligkeit der Gottesbürger und der unwiderruflichen Verdammnis der Teufelshörigen.

Diese Gedanken hatten, als Augustin sie niederschrieb, eine sehr aktuelle politische Bedeutung. Westgotische Truppen unter Alarich hatten 410 Rom erobert, das gewaltige römische Imperium hatte sichtbar den Todesstoß erhalten. Wollte das junge Christentum nicht mit den sozialen Ordnungen dieses Reiches untergehen, mußte es eine Reichsidee aus eigener Kraft bilden. Und war der christliche Gott höchstes Seinsprinzip, so hatte auch weltliche Herrschaft seine Ordnung zu verwirklichen.

So hat Augustin die vielen Fragen seiner unruhigen Zeit – religiöse und philosophische, ethische und politische – aus *einem* Geist beantwortet. Mit zweiunddreißig Jahren hatte er in seinen »Selbstgesprächen« vermerkt: »Gott und die Seele versuche ich zu erkennen. Sonst nichts? Nein, sonst nichts.«[52] Und worüber er auch fortan schrieb – dies war der Leitsatz seines Lebens.

Er starb 430 mit sechsundsiebzig Jahren, immer noch an einem Manuskript arbeitend, als die Wandalen die Mauern seiner nordafrikanischen Bischofsstadt belagerten – äußerste Ausläufer der Völkerwanderung, die das alte Römische Reich rasch vollends unter sich begrub.

Thomas von Aquin, 1225–1274

Die Einheit von philosophischem Denken und christlichem Glauben zu wahren – das erkor das Mittelalter zu seiner geistigen Aufgabe. Warum eigentlich? verwundern wir Späteren uns, längst gewohnt, mit einer Vielzahl sich überschneidender Weltsichten zu leben.

Gewöhnlich wird das Einheitsstreben aus dem Herrschaftsanspruch der Kirche erklärt: Sie habe keine zweite Wahrheit neben sich dulden wollen, folglich das freie Denken unterjocht. Darum sei die »Philosophie eine Magd der Theologie« gewesen, die Einheit eine einseitig erzwungene. Dieses oft zitierte Schlagwort stammt von einem Kirchenfürsten des 11. Jahrhhunderts – dem Abt und späteren Kardinalbischof Petrus Damiani. Jedoch: Die Philosophie als Magd der Theologie – das war keine Zustandsbeschreibung einer Epoche, sondern eine Forderung. Damiani wandte sich mit diesem Kampfruf gegen die »Dialektiker«, philosophierende Debattierer, die ihre scharfe Zunge unbekümmert auch an den Glaubenslehren wetzten. Die Abwehr fiel so rücksichtslos aus wie der Angriff. Damiani, Kopf der »Antidialektiker«, bekämpfte alle Philosophie als ein Teufelswerk, unnütz zur Erlösung der Seelen, brauchbar allenfalls für Magddienste. Vor Gott gelte keine Logik.

Das zweite christliche Jahrtausend begann mit einer Formierung der Fronten von Glauben und Denken. Aber der große Krieg zwischen beiden blieb aus. Wir fragen noch einmal: Warum?

Mitspieler einer Gesellschaft, die sich pluralistisch nennt, verkennen leicht, daß Wahrheit, wird sie ernst genommen, den ganzen Menschen beansprucht. Mit vielen »Wahrheiten« im Herzen zu leben vermag nur, wer resigniert hat oder wer diesem Relativismus dann doch die eine unteilbare Krone der Wahrheit zuerkennt. Weder das eine noch das andere entsprach der Geisteshaltung des Mittelalters.

Das Christentum hätte sich nicht so weit ausbreiten können, wenn es nicht ein Bedürfnis der damaligen Menschen erfüllt hätte – mit Gewalt allein sind nicht Millionen Anhänger zu gewinnen. Das heißt: Die Worte der Erlösungslehre Christi bewegten nicht bloß die Lippen der Menschen, sie erfüllten ihre Herzen. Die Erlösung von jedermanns Seele und damit der Sinn von jedermanns Leben – sie ruhten allein auf der Wahrheit der biblischen Verkündigung. Wer sich selbst ernst nahm, mußte die Wahrheit der Offenbarung ernst nehmen. Zwei widerstreitende Wahrheiten hatten in seinem Herzen keinen Platz.

Anders formuliert: Der einheitliche Wahrheitsanspruch ging nicht nur von der Kirche aus, sondern auch von der Philosophie. Darum machten sich die besten Geister dieses Zeitalters die Rettung der gefährdeten Einheit von Denken und Glauben zur Aufgabe; darum gab es keine nennenswerte eigenständige »weltliche« Philosophie; darum mußten aber auch konfliktträchtige Erkenntnisweisen miteinander vermittelt oder in ihrer Geltung begrenzt werden.

Eine zweite Frage: Warum war die Einheit der Wahrheit überhaupt gefährdet? Warum bedurfte es solchen Aufwandes, sie zu bewahren? War doch auch das mittelalterliche Denken noch geleitet von den Weiterentwicklungen der platonischen und aristotelischen Philosophie, die beide in einem jenseitigen Gottesbegriff gipfelten. Warum wurde es immer schwerer, zusammenzudenken, was Augustinus noch leicht ineinander gefügt hatte?

Je mehr das Christentum sich ausbreitete, um so vielfältiger wurden seine Erscheinungsformen in Orden, Klöstern und Schulen. Das alle bindende Gesetz war die Heilige Schrift; aber sie war ein Gesetz, das der Auslegung großen Spielraum bot. So entstanden Auslegungen, die zuweilen unterschiedlich bis zum Widerspruch waren. Die daraus hervorgehenden Streitigkeiten hatten zwar Glaubensfragen zum Gegenstand, wurden aber mit rationalen Argumenten ausgefochten. Deshalb ist die Zeit der mittelalterlichen Schulen, die »*Scholastik*«, eine Zeit der Streitschriften und Streitgespräche, der Disputationen. Zwangsläufig bemächtigte sich in ihnen der räsonierende Verstand unklarer oder strittiger Glaubensinhalte; zwar nicht als letzte Instanz – die bildeten Kirchenführung und Konzilien –, aber als gefährlich scharfzüngiger Advokat. Denn hatte er einmal seine

Stimme erhoben, war er nicht leicht wieder zum Schweigen zu bringen.

Die äußerste Zuspitzung der wohlmeinenden Advokatur des Intellekts in Sachen des Glaubens waren die Gottesbeweise. Den grundlegenden entwickelte um 1100 *Anselm,* Erzbischof *von Canterbury.* Er schloß aus der Idee eines höchsten Wesens in der menschlichen Vernunft auf dessen tatsächliche Existenz. Nicht das bloße Vorhandensein der Idee des Vollkommensten diente ihm dabei als Argument; deshalb traf ihn auch der Einwand des Mönches Gaunilo nicht, der meinte, man könne leicht den Begriff einer vollkommenen Insel bilden, daraus folge deren Existenz aber noch keineswegs. Anselms Beweis setzte tiefer an: Im Gegensatz zur Idee der vollkommenen Insel oder jedem ähnlichen Begriff enthält die Idee des in allen Hinsichten Vollkommenen nämlich auch die Existenz dieses Vollkommenen. Denn wäre seine Vollkommenheit nur eine gedachte, würde ihm die Existenz mangeln; jeglicher Mangel an ihm aber widerspräche dem Ausgangsbegriff. Das tatsächliche Sein ist also unverzichtbarer Bestandteil im Begriff des in *jeder* Weise Vollkommenen. Dieser Gottesbeweis wird darum »ontologisch« genannt.

Für die Scholastik stützten derartige rationale Beweisführungen die Glaubenssätze, aber deren Gewißheit baute sich nicht etwa darauf auf. Die Vernunft ordnete und gliederte den Glauben, begründete und kritisierte ihn jedoch vorerst nicht. Noch galten Augustins Worte: »Glaube, damit Du erkennst«; Anselm machte sie zu seinen eigenen. Erst Jahrhunderte später wandelte sich die Vernunft von einem Helfer zu einem ungebetenen Richter, der dem Glauben den Prozeß machte.

Zu ersten scharfen Spannungen zwischen Glaubens- und Vernunftüberzeugungen kam es durch den »*Universalienstreit*«. Er wurde das ganze Mittelalter hindurch um die Frage geführt, ob die Allgemeinbegriffe – die Universalien – als etwas Reales vor den Einzeldingen bestehen oder ob sie nur vom Menschen erdachte Bezeichnungen oder Namen (»nomina«) sind, die der Verstand aus den Dingen abstrahiert hat. Real oder nominal – das war im Zusammenhang mit der Dreieinigkeit Gottes und der Erbsündenlehre eine auch theologisch erbittert umstrittene Frage. Gegenüber den *Nominalisten* beriefen sich die *Realisten* auf Platon und seine Ideenlehre. Unter Berufung auf Aristoteles versuchte eine Gruppe gemäßigter Realisten, zwischen den Extremen zu vermitteln: Sie hielt die Allgemeinbegriffe für wirklich in den Dingen, sah jedoch in dem Einzelding nichts Selbständiges, sondern eine bloß äußerliche Abwandlung dieses Allgemeinen, sozusagen eine bloße Eigenschaft der Gattungsallgemeinheit.

Im 11. Jahrhundert spitzte *Roscelin von Compiègne* den Nominalismus derart zu, daß er nur die Ganzheit eines jeden Einzelwesens für wirklich hielt; schon die begriffliche Unterscheidung seiner Teile sei nur an es herangetragen und entspreche nicht der Wirklichkeit. Seine These, echte Wirklichkeit sei nur dem Einzelwesen zuzusprechen, hatte eine gefährliche theologische Konsequenz: Danach nämlich kam nur den einzelnen Personen Gottes - Gottvater, Sohn und Heiligem Geist - Wirklichkeit zu; ein allen gemeinsames Gottsein aber war nur ein Wort, dem nichts entsprach. Auf der Synode von Soissons wurde Roscelin verurteilt, seinen »Tritheismus« zu widerrufen - und also war die Philosophie in ihre Grenzen verwiesen.

Zu den inneren Gründen einer Spannung zwischen Denken und Glauben kam ein Anlaß von außen. Die Eroberung Toledos 1085 hatte den christlichen Gelehrten die Schriften der arabischen und jüdischen Philosophie zugänglich gemacht. Die überraschendste Entdeckung für die Scholastiker war ein Aristoteles, den sie weder gekannt hatten noch billigen konnten. Als Logiker war er ihnen vertraut gewesen, so hatten ihn die wenigen bekannten Originaltexte und Zusammenfassungen gezeigt. Jetzt kamen aus Spanien Übersetzungen von bisher Unbekanntem, dazu eine ansehnliche Reihe von Kommentaren zu seinem Werk. Nicht alles erwies sich später als echt, was unter seinem Namen in den Bibliotheken gefunden wurde; selbst das Echte barg Zweifelhaftes, denn es war durch mehrfache Übersetzungen gegangen. So forderten die arabischen und spanischen Texte das Aufsuchen griechischer Urschriften und deren Übersetzung ins Lateinische heraus.

Das neue Aristotelesbild paßte nicht glatt in den christlichen Rahmen, weil arabische Philosophen, auf des Meisters Lehren aufbauend und sie mit neuplatonischen Gedanken kreuzend, Thesen entwickelt hatten, die christlichen Offenbarungsgehalten klar widersprachen. Das hätte die Kirche gelassen hinnehmen können, wäre nicht zuvor von ihr selbst Aristoteles zu einer beherrschenden Autorität erhoben worden. Nun wurde im Namen dieser Autorität Ketzerisches laut – nämlich die Ewigkeit der doch nach christlicher Lehre erst geschaffenen Welt, die Leugnung der Unsterblichkeit der Einzelseele und ihrer Verbindung zu Gott. Einzelne Lektüreverbote zeugen von dem Schock; das Ärgernis beseitigen konnten sie natürlich nicht. Das Haupt dieser von der Kirche bekämpften Aristoteles-Interpretation war Ibn Roschd aus Córdova, im Abendland bekannt unter dem Namen *Averroës.* Auch die islamische Welt hatte die Spannung auszuhalten zwischen Philosophie und Religion – ihr Denker Averroës hatte in diesem Konflikt zwar an der Einheit der Wahrheit festgehalten, aber immerhin zwei verschiedene Erkenntniswege zu ihr für möglich erachtet. Die Averroisten trieben diese Doppelung der Erkenntniswege weiter bis zu einer Scheidung von geglaubter und erkannter Wahrheit. Die lateinischen Übersetzungen dieser Schriften und der Aristoteles-Kommentare und Thesen von Averroës kursierten in vielen Exemplaren im christlichen Europa.

Das alles drohte der Einheit des denkenden und glaubenden Geistes gefährlich zu werden.

Thomas von Aquin faßte diese auseinanderstrebenden Kräfte noch einmal zusammen. Was die gotischen Baumeister im Stein und Glas der Kathedralen darstellten, gelang ihm im Geistigen: die Einheit konstruktiven Denkens und gläubiger Gottesverherrlichung.

Thomas, Sohn eines Grafen, geboren auf dem Bergschloß Roccasecca nahe dem neapolitanischen Aquino, war früh in den Dienst der Kirche gekommen. Schon mit fünf Jahren wurde er Schüler der Mönche in Monte Cassino. Nach einem Studium in Neapel trat er 1243 als Zwanzigjähriger gegen den Willen seiner Familie in den Bettelorden des heiligen Dominikus ein. Danach lernte er bei dem berühmten Albertus Magnus, dem er von Paris nach Köln folgte. Dann lehrte er selbst – in Paris, Orvieto, Rom und Viterbo, für Jahre wieder in Paris, schließlich in Neapel.

Der Titel seiner philosophisch-theologischen Hauptschrift umreißt ein kämpferisches Programm: »Summa de veritate fidei catholicae contra gentiles.« Die »gentiles«, die Heiden, das sind die arabischen Aristoteliker und einige der vorsokratischen Philosophen; »Summa« ist der in der Scholastik gebräuchliche

Titel für die systematische Zusammenfassung eines Themas, hier also »Der Wahrheit des christlichen Glaubens gegenüber der heidnischen Philosophie«. Indem Thomas diese Philosophie als falsche bekämpft, verteidigt er nicht nur den Glauben, er kämpft zugleich für die wahre Philosophie. Ihr Platz ist neben der Offenbarungslehre, denn die natürlichen Wahrheiten der Vernunft vertragen sich sehr wohl mit den geoffenbarten des Glaubens, sie sollen sogar zu jenen hinleiten und sie ergänzen.

Überzeugen konnte diese These erst durch eine *philosophische* Begründung, die zwar die theologische Position einbezog, aber nicht auf ihr als erster Voraussetzung ruhte. Thomas stand vor der schwierigen Aufgabe, zwei Wissensweisen in ihrer Eigengesetzlichkeit zu rechtfertigen, ohne die Einheit der Erkenntnis zu gefährden.

Er beginnt mit einer Untersuchung des Wahrheitsbegriffes. Danach unterscheiden wir drei Bedeutungen von Wahrheit: 1. was die Sache selbst ist – ihr Wesen, das sie dieses bestimmte Ding sein läßt; 2. die Übereinstimmung der Sache mit dem Erkennenden; 3. den im Erkennen wirksam werdenden Beurteilungsmaßstab. – Wie verhalten sich nun diese Bedeutungsunterschiede zum Sein der Sache und zu ihrem Erkanntwerden?

Durch das zweite Moment, durch die Übereinstimmung der Sache und der Erkenntnis, wird »das Wahre noch zum Seienden hinzugefügt«.[53] Sein und Wahrheit sind folglich nicht vollkommen identisch, denn »der Seinsbestand der Sache geht dem Bereiche der Wahrheit voraus, das Erkennen aber ist eine Auswirkung der Wahrheit«.[54]

Also wären Wahrheit und Sein verschieden? Erinnert man sich der seit Parmenides und Platon selbstverständlichen Gleichheit beider, so wird die kritische Entwicklung deutlich. Die formale Seite des Erkenntnisvorganges rückt allmählich dem Zentrum der Wahrheitsfrage näher. Allerdings verselbständigt sie sich noch längst nicht. Denn: »Das Wahre ist eine Disposition des Seienden, die nicht gleichsam noch eine Natur hinzufügt oder einen speziellen Modus des Seienden ausdrückt, sondern etwas, das sich ganz allgemein an jedem Seienden findet, das aber nicht durch den Namen des Seienden ausgedrückt ist.«[55] So wird die vorübergehend fraglich gewordene Einheit wieder festgestellt, aber die klassische Begründung dafür wird abgewehrt. Thomas von Aquin schreibt: »Und das ist nicht darum so, weil das Seiende und das Wahre ihrer Idee nach dasselbe sind, sondern, weil etwas entsprechend dem, was es vom Seinsbestand in sich hat, dazu geschaffen ist, mit dem erkennenden Geist übereinzustimmen; und so folgt der Idee nach das Wahre dem Seienden.«[56] Die Wahrheit ist also die Möglichkeit eines jeden Seienden, mit einem erkennenden Geist übereinzustimmen.

Wodurch ist diese Möglichkeit nun überhaupt gegeben? Das ist in zweifacher Hinsicht fraglich: 1. Wie kann es überhaupt Übereinstimmung zwischen Verschiedenem – nämlich Ding und Geist – geben? 2. Wodurch messen wir die Richtigkeit der Übereinstimmung? Gott ermöglicht beides, dadurch nämlich: ». . . daß die Dinge der Natur, von denen unser Verstand sein Wissen empfängt, unserem Verstand ihr Maß verleihen. Sie aber haben ihr Maß vom göttlichen Geist, in dem alles Geschaffene ist . . . So ist also der göttliche Geist maßgebend . . ., das Naturding aber maßgebend [für den Menschenverstand] und maßempfangend [von Gott]; unser Geist dagegen ist maßempfangend . . . Das Naturding ist also zwischen erkennende Geister hineingestellt und wird entsprechend der Übereinstimmung mit beiden wahr genannt.«[57]

Die erste dieser Wahrheiten, die Übereinstimmung mit Gott, besteht immer; die zweite aber, die Übereinstimmung der Dinge mit der Seele, wechselt mit dem Wechsel der Dinge und der Vielzahl der Seelen.

Doch auch in dem derart Wechselnden suchen wir noch immer die eine Wahrheit. Warum? Weil der Verstand nach überpersönlichen und zeitlosen Prinzipien urteilt; weil es nur einen Verstand geben kann, »mit dem alles gleichförmig sein muß, um wahr zu heißen«.[58] Das zeigt: »Die erste Wahrheit gehört in gewissem Sinne zur Gattung der Seele.«[59]

Die Wahrheit der Dinge finden wir also in den Dingen, die Gott gemäß seiner Wahrheit geschaffen hat; die Idee der Wahrheit aber und ihre Grundsätze finden wir in der Seele vor. ». . . so geht von der Wahrheit des göttlichen Verstandes urbildlich auf unsere Erkenntnis die Wahrheit der ersten Prinzipien über, der gemäß wir über alles urteilen.«[60]

Wenn das so ist, kann dann unser Erkennen irren? Diese Frage ist naturgemäß für Thomas sehr wichtig, denn er hat bisher erklärt, warum Sinne und Verstand durchaus Wahres erkennen; so muß er nun auch ihre Grenzen suchen, um sicherzustellen, daß sie sich nicht an die geoffenbarten Glaubenswahrheiten wagen. Zudem darf dieser Mangel nicht ein Mangel an der Wahrheit selbst sein, da er sonst bei Gott läge.

Da die Dinge von Gott geschaffen sind, kann ihnen von vornherein kein Mangel oder keine Falschheit anhaften. Wenn wir uns trotzdem über die wahre Natur eines Dinges täuschen, so hat das Ding diese Täuschung keineswegs erzwungen, es hat sie allenfalls ermöglicht durch eine äußerliche Ähnlichkeit mit dem Wahren – wie etwa falsches Gold durch Farbe und Glanz echtem ähnelt. Thomas folgert: »Wahrheit und Falschheit haben ihr Dasein vornehmlich im Urteil der Seele.«[61]

Zwei Quellen des Irrtums findet Thomas. Die erste in den Sinnen. »So ruft also die Sinnlichkeit, wenn sie dem Verstand gegenübergestellt wird, immer eine richtige Beurteilung bezüglich ihrer eigenen Verfassung im Verstand hervor, aber nicht bezüglich der Verfassung der Dinge.«[62] Der Irrtum liegt nicht im einzelnen Sinneseindruck als solchem, sondern entsteht beim Zusammenfassen oder Zergliedern. Ganz gleich beim Verstand: Bei der Erkenntnis der ersten Prinzipien gibt es keinen Irrtum, wohl aber beim Urteilen und Schließen – »jedoch niemals, wenn die Zurückführung auf die ersten Prinzipien in der richtigen Weise geschieht«.[63] Mangel an Wahrheit ist also niemals eine Schwäche des Seienden, sondern eine Schwäche des Erkennens.

Und doch sehen wir auch die Wahrheit der Dinge selbst durch ihren Wechsel in der Zeit als verschieden an. Was jetzt ist, ist morgen anders oder überhaupt nicht mehr. Wie verträgt sich das mit der ersten ewigen Wahrheit, auf Grund derer die Dinge bestehen? Thomas wählt eine sehr merkwürdige Erklärung für die viel bedachte Spannung von ewiger Wahrheit in Gott und zeitlich begrenzter in der Schöpfung. Er gewinnt sie wiederum durch eine weiterführende Ausdeutung unseres eigenen Wahrheitsverständnisses. Ein Aspekt der Wahrheit war die Übereinstimmung von Erkennendem und Erkanntem. »Bei dieser Übereinstimmung oder dem Gleichmaß der Erkenntnis und des Dinges ist es aber nicht erforderlich, daß die beiden entgegengesetzten Glieder aktuelles Sein haben. Denn unsere Erkenntnis kann jetzt in Übereinstimmung sein mit Dingen, die künftig sein werden, jetzt aber nicht sind [zum Beispiel bei richtigen Vorhersagen]; ... darum wird dies wahr genannt nach der Wahrheit, die nur im Verstand ist, auch wenn das Ding selbst nicht ist. Ähnlich kann auch der göttliche Geist von Ewigkeit her mit etwas übereinstimmen, was nicht von Ewigkeit her gewesen ist, sondern in der Zeit geworden ist; und so kann das, was in der Zeit ist, von Ewigkeit her nach der ewigen Wahrheit wahr benannt werden.«[64]

Damit hat Thomas die Einheit aller zeitlichen Wahrheiten in der ewigen göttlichen begründet, zugleich sie als höchstes Richtmaß gefunden, ohne doch die wechselnde Erscheinung und unmittelbare Erkenntnis der zeitlichen Dinge durch Sinne und Verstand zu schmälern. Hierdurch sind nicht nur Philosophie, sondern auch Erfahrungswissenschaften legitimiert; aber ihre Legitimation ist begrenzt auf die Erforschung des in der Schöpfung Erkennbaren – auch dies kann auf Gott verweisen, Gott selbst jedoch ist nur durch die Offenbarung zu erkennen.

Diese Legitimation und ihre Gültigkeitsbegrenzung waren nicht von der Theologie ausgefertigt! Sie waren Ergebnis einer philosophischen Untersuchung des Wahrheitsbegriffes. Sie setzten die teilweise Scheidung von Wahrheit und Sein voraus – eine Scheidung, die später tiefer werden und schließlich Mensch und Welt voneinander spalten wird.

Wenige Jahre nach der Schrift »Über die Wahrheit« erschien der erste Teil des theologischen Hauptwerkes von Thomas, der »Summa theologiae«. Hier dienen die zuvor entwickelten Grundsätze der genauen Abgrenzung von Theologie und Philosophie. Beide bedienen sich der Vernunft und des Beweises. Sie sind nicht nur methodisch kaum verschieden, auch ihre Forschungsgegenstände sind nicht völlig getrennt. »Somit kann wohl auch die *natürliche* Philosophie über göttliche Dinge forschen und über sie Behauptungen aufstellen; und trotzdem ist sie deshalb nicht die gleiche wie die *heilige*, selbst mit Rücksicht auf die für beide gemeinschaftlichen Behauptungen wie zum Beispiel die Existenz Gottes.«[65] Der wesentliche Unterschied beider Wissenschaften besteht in der Verschiedenheit ihrer Prinzipien. Bei der einen sind diese Prinzipien Erzeugnisse der »*natürlichen Vernunft*«,[66] bei der anderen vom Glauben geoffenbarte.

Ein Konflikt zwischen beiden ist auszuschließen, weil es über diese Prinzipien keinen Streit geben kann, denn keine von beiden Wissenschaften kann die ihren beweisen. Aristoteles' Überlegungen aufgreifend, schreibt Thomas, »daß keine Wissenschaft Beweise hat, um ihre Prinzipien, von denen sie nämlich ausgeht und auf die allein sie sich stützt, als wahre darzutun; jede vielmehr beweist in ihrem Bereiche aus ihren Prinzipien heraus andere Punkte. So will auch die Theologie keineswegs ihre Prinzipien, also die Glaubensartikel, durch Beweise als wahre dartun, sondern sie geht umgekehrt von ihnen aus, um etwas anderes zu beweisen.«[67] Insofern ist auch keine Diskussion mit jemandem möglich, der diese ersten Prinzipien nicht anerkennt. Allenfalls läßt sich umgekehrt die Nichtigkeit seiner Einwände gegen den Glauben darlegen.

Trotz ihrer verschiedenen Ausgangsbasis können sich Philosophie und Theologie selbstverständlich in der Erkenntnis einer Sache begegnen. Doch der Weg der Offenbarung ist der leichter begehbare, denn er leitet den Menschen schneller und verläßlicher zur Wahrheit als die Vernunft; der Glauben ermöglicht »das leichtere Verständnis der natürlichen Wahrheiten«.[68] Also nicht nur das Verständnis der theologischen! Die Philosophie verstehen nur wenige, meint Thomas, ihr Erkenntnisweg ist lang und voller Irrtümer. »Und doch hängt von der Kenntnis dieser Wahrheiten das Gesamtwohl des Menschen ab, das ja in Gott besteht.«[69] Überdies werden uns durch die Offenbarung Wahrheiten zuteil, »welche die Begriffskraft der menschlichen Vernunft überragen«.[70]

Wäre ein Konflikt zwischen den beiden Wissenschaften überhaupt denkbar, so müßte er nach der Seite der größeren Gewißheit entschieden werden. Alle anderen Wissenschaften außer der heiligen »leiten ihre Gewißheit ab vom natürlichen Licht der menschlichen Vernunft, die da irren kann; unsere Wissenschaft hier aber hat ihre Stütze im Lichte des göttlichen Wissens, wo ein Irrtum unmöglich ist«.[71] Damit erklärt Thomas: Ein solcher Konflikt wäre letztlich gar keiner zwischen Vernunft und Glauben, sondern nur zwischen der irrenden und der wahren Vernunft.

Derart vermittelnd hatte Thomas von Aquin das reiche Erbe der aristotelischen Philosophie in das christlich bestimmte Denken seiner Zeit eingefügt; ein zweites Mal seit Augustins Platon-Rezeption war antike Denküberlieferung mit christlichen Offenbarungswahrheiten verbunden worden.

Thomas' Werk ragt aus der Fülle der scholastischen Arbeiten durch Umfang, Klarheit und Geschlossenheit hervor, aber es wäre kaum denkbar ohne sie. Über Jahrhunderte waren in Klöstern, Schulen und Universitäten Schriften und Gedanken gesammelt, gesichtet und erörtert worden, waren eine höchst subtile Begrifflichkeit und eine ausgefeilte Untersuchungstechnik entstanden. Die scholastischen Werke spiegeln klar den Stil des Lehrbetriebes an den hohen Schulen des Mittelalters wider: Den Lektionen, den Vorlesungen, entsprechen die Kommentare; die Durchführung der großen systematischen Sachdarstellungen, der »Summen«, gleicht dagegen den regelmäßig abgehaltenen Disputationen – alle denkbaren Argumente werden aufgelistet und ihr Für und Wider schematisch gegenübergestellt. Dabei kam den Meinungen der anerkannten Autoritäten durchaus der Rang eines Sachargumentes zu. Thomas fand also eine gewaltige Fülle aufbereiteten Materials vor, aber es bedurfte auch einer außergewöhnlichen Gestaltungskraft, um die Menge des Wissens zu einer neuen Ordnung zu fügen.

Sie gelang ihm nicht ohne Anfeindungen. Einzelne seiner Thesen wurden dem von der Kirche verurteilten Averroismus gleichgesetzt und verworfen. Völlig lehnten ihn die augustinisch orientierten Franziskaner ab: Innerhalb ihres Ordens durfte Thomas' Werk nicht gelesen werden, ohne die Entgegnungsschrift von Wilhelm de la Mare zugleich zur Hand zu haben. Thomas konnte sich dagegen nicht mehr wehren: 1274 war er, unterwegs zum Konzil von Lyon, in einem italienischen Zisterzienserkloster gestorben, kaum fünfzig Jahre alt.

Doch allmählich überzeugte sein Werk auch die Zweifler. Die Heiligsprechung – neunundneunzig Jahre nach seiner Geburt – war die erste Stufe seines steigenden Ruhmes; die zweite waren die bewundernden Titulaturen »Doctor universalis« und »Doctor angelicus«; die dritte wurde die offizielle Erhebung zum »Ersten Lehrer der Katholischen Kirche« im Jahr 1879. Seitdem werden in Enzykliken und programmatischen Thesen die katholischen Gläubigen immer wieder auf den Thomismus verpflichtet. Erst 1950 bestätigte Pius XII. nochmals, daß die Philosophie des Thomas von Aquin »von der Kirche angenommen und anerkannt« ist.[72]

V.
VORBOTEN DER NEUZEIT

Das große Einigungswerk von Thomas von Aquin schien den spannungsvollen Dialog der Vernunft mit der Offenbarung endgültig abzuschließen. Aber Denken bleibt nie ohne Fragen – und es fragt, ohne zu wissen und wissen zu können, wohin es von seinen Fragen geführt werden wird. Der Glaube dagegen, gebannt durch die unbedingte Autorität der feststehenden Offenbarung, weiß die letzten Antworten auf alle Fragen voraus. Statisch der Glaube – voll drängender Unruhe die Vernunft: Zu ungleich waren die Elemente, um für immer fest verbunden zu bleiben.

Noch lösten sie sich nicht voneinander, noch machte die Vernunft aus der Erkenntnisnot eine Denktugend, noch rechtfertigte sie die Unbegreifbarkeit Gottes und seines Wirkens; doch sie tat es um den Preis des Selbstzweifels. Und in den allmählich sich weitenden Spalt, den dieser Zweifel zwischen Denk- und Seinswahrheit grub, schob sich die Erfahrung als neues Bindeglied.

Wie gefährlich dieser Vorgang für den Glauben werden mußte, blieb der Kirche nicht lange verborgen; daß er auch den einheitlichen Erkenntnisanspruch der Philosophie bedrohte, blieb vorerst noch unbemerkt.

DIE KEIME DES ZWEIFELS

Peter Abaelard, 1079–1142 / Roger Bacon, um 1210–1292 / Wilhelm von Ockham, um 1285–1349

Die These des Nominalismus – die Allgemeinbegriffe seien nur Bildungen des menschlichen Geistes – war einzelnen Glaubenssätzen bereits gefährlich geworden. Die kirchliche Verurteilung des Roscelin von Compiègne bewies es drastisch. Der Verurteilte hatte sich von den anstößigen Folgen seiner Lehre distanziert, aber sie war damit weder widerlegt noch tot.

Besonders lebendig hielt sie sein berühmt-berüchtigter Schüler *Peter Abaelard.* Berühmt wurde er wegen seines Briefwechsels mit Heloise; berüchtigt, weil die darin geschilderte Liebesgeschichte keine literarische Erfindung war, sondern Tatsache: Er hatte die Nichte des Kanonikus Fulbert entführt und geliebt und mußte mit seiner Entmannung dafür büßen.

Ein glänzender Redner und Schreiber, versuchte er im Universalienstreit zu vermitteln. Für ihn sind die Allgemeinbegriffe zwar mehr als bloße Worte, ihnen entspricht immerhin ein »Status« der Gleichartigkeit in den Dingen selbst; aber trotzdem geben die Begriffe keine Wesenserkenntnis der Dinge her. Denn wirklich sind nur die Einzeldinge; es liegt an uns, was wir aus ihrer Wahrnehmung verallgemeinern zum Begriff. Das wahre Wissen von ihnen besitzt allein Gott; wir nehmen nur das Äußere wahr und bilden uns daraus »verworrene Vorstellungen«, also nur in unserem Geist, nicht aber im Seienden bestehende Begriffsbilder: »Konzepte« – daher die Benennung »*Konzeptionalismus*« für diese Schule.

Damit wurde die begriffsanalytische Arbeit des bisherigen Denkens zunehmend entwertet. Aufgewertet aber wurden die Dinge: Sie waren wirklicher als ihre Begriffe.

Das mochte vielleicht noch aristotelisch sein – gewiß nicht mehr aristotelisch aber war der Zweifel an der Erkenntniskraft des Begriffs überhaupt mangels einer wirklichen Entsprechung im Seienden. Wenn die Wirklichkeit nicht mehr primär im Begriff, sondern im Ding bestand, so war dem Forschen ein neues Ziel gegeben: die Natur – und eine neue Methode: die beobachtende Erfahrung.

In dem eher akademisch anmutenden Universalienstreit bahnte sich damit unversehens eine epochemachende Wendung des Denkens an. Es dauerte Jahrhunderte, bis das Denken die neuen Möglichkeiten bewußt ins Auge faßte, bis die ersten großen Entdecker das unbekannte Terrain der Naturforschung auszumessen begannen. Noch sind wir mitten im Mittelalter – Abaelard liebte und lehrte in der ersten Hälfte des 12. Jahrhunderts! Aber das Denken bereitete sich bereits seine neuen Wege.

Noch vorsichtig und unsicher wurden sie bald beschritten, vor allem von Franziskanermönchen in Oxford. Hier entwarf *Roger Bacon*, Zeitgenosse des Thomas von Aquin, das Prinzip einer »Scientia experimentalis«, einer Wissenschaft aus geregelten Beobachtungen des Naturgeschehens und seiner Ursachen auf der Grundlage der Mathematik. Er beschäftigte sich mit der Strahlenbrechung des Lichts, Größenberechnungen von Mond und Sonne und mit chemischen Versuchen. Sogar den Triumphweg der Technik sah er schon vor sich: die Anwendung der entdeckten Naturgesetze zur Beherrschung und Nutzung der Naturkräfte. Sein Anfang war bescheiden – er fertigte Vergrößerungsgläser –, aber seine folgerichtige Phantasie entwarf

Zukunftsbilder von Schiffen, die sich ohne Segel und Ruder bewegen, von Wagen ohne Zugtiere, von Unterwasserfahrzeugen und Flugapparaten.

Allerdings nahm er neben der natürlichen Kausalität der Dinge eine übernatürliche Wirkungskraft des Schöpfers an, neben der äußeren Erfahrbarkeit der Welt eine innerliche der Offenbarung. Mit diesem widersprüchlichen Arrangement vermied er zwar den Konflikt zwischen der Erfahrungswissenschaft und dem Glauben, konnte aber das Mißtrauen der Kirche nicht beschwichtigen. Roger Bacon mußte die letzte Zeit seines Lebens in Klosterhaft zubringen. Das schreckte seine franziskanischen Ordensbrüder nicht davon ab, Oxford zu einer Stätte der neuen Forschung zu machen.

Die philosophische Basis dieser Versuche und Berechnungen baute *Wilhelm von Ockham* im 14. Jahrhundert aus – auch er Franziskaner in Oxford. Das Material dazu gewann er aus der weiteren nominalistischen Demontage der Begriffserkenntnis.

Erfahrung ist für Ockham die wirkliche Quelle unseres Erkennens, und zwar zweierlei Erfahrung: die von außen kommende der Dinge und die innere unserer seelischen Akte. Nur diese beiden Gegebenheiten – »ein aktives und ein passives Element, Gegenstand nämlich und Erkennen«[1] – sind nötig. Aus diesem »intuitiven« Anschauen schaffen wir durch Abstraktion allgemeine Begriffe. Diese Begriffe sind Orientierungszeichen für unsere Erkenntnis, im Hinblick auf den Wesensbestand der Sache aber eher fiktiv. Nur Gott blickt in die Dinge; wir haben bloß Worte, die nichts von ihrem Innern zeigen.

Hier ist der Bruch mit der Tradition unübersehbar. Im Gefolge von Platon und Aristoteles war die Teilnahme des Denkens am Wahren sehr verschieden gedeutet worden, aber ein Prinzip hatte immer zugrunde gelegen: Im Denken des Begriffs nimmt der menschliche Geist an den Konstruktionselementen des Seienden teil – mochten die Begriffe nun durch Gott, den Logos oder eine Überseele, durch eine vorgeburtliche Anschauung oder das vergleichende Herauslesen aus den Dingen in die menschliche Seele gekommen sein. Gerade der Grundsatz, im Begriff das Wesentliche der Dinge zu erfassen, sollte nun nicht mehr uneingeschränkt gelten.

Ockham ging noch weiter. Wenn schon die Begriffe der

Dinge Fiktionen sind, sind es dann nicht die Kategorien noch viel eher? Denn mit ihnen zielen wir nicht einmal auf die Dinge selbst, sondern spannen das Seinde nur in ein Schema von Ordnungsgesichtspunkten wie Qualität, Quantität, Relation und so fort ein. Doch gaben diese Gesichtspunkte überhaupt die tatsächliche Ordnung der Dinge wieder? Nur für die Kategorien der Substanz und der Qualität gestand Ockham das noch zu, nicht mehr aber für die übrigen. Insbesondere Quantität und Relation hielt er für den Dingen übergestülpte Ordnungsbeziehungen. Nun fallen unter diese Kategorien auch die räumlichen und zeitlichen Größen. Und so gerieten sogar Raum und Zeit in den Sog des Nominalismus: Sie verschwanden als eigene Seinsbeschaffenheiten der Dinge und blieben nur noch als Ordnungsgesichtspunkte des menschlichen Erkennens – 450 Jahre, bevor Kant aus diesem Ansatz ein Erkenntnissystem entwikkelte.

Mit dieser Wertminderung des rein begrifflichen Denkens war auch die rationale Argumentation als Instrument der theologischen Beweisführung fragwürdig geworden. Wenn Kategorien und Begriffe nicht mehr die Lichter sein sollten, mit denen Gott unser Erkennen erhellt, so war von ihnen her auch nicht mehr der Rückschluß auf Gott möglich. Deshalb erklärte Ockham die religiöse Überzeugung für übervernünftig: Sie bestehe gerade darin, das Unbeweisbare zu glauben. Diesem Glauben gebührt sogar der Vorrang vor der Vernunftwissenschaft, weil Gott nicht nach – nun als bloß menschlich erkannten – Begriffen tätig wird. Andererseits muß der Philosophie Denkfreiheit zugebilligt werden, da sie dem Offenbarungsglauben in seine Außervernünftigkeit ohnedies nicht hineinreden kann.

Ockham wurde 1324 vor das päpstliche Gericht in Avignon beordert. Seine Lehre wurde verurteilt. Er floh, suchte und fand Schutz bei Kaiser Ludwig von Bayern, der mit dem Papst verfeindet war; so tief verfeindet, daß er sich in Rom von einem aus der Kirche ausgestoßenen Bischof zum Kaiser salben ließ und gegen den abwesenden Papst Absetzung und Todesstrafe aussprach.

Nicht nur in der Philosophie deuteten die Zeichen auf das Ende des christlichen Mittelalters.

DAS WISSEN UM DAS NICHTWISSEN

Nikolaus von Kues, 1401–1464

»De docta ignorantia« – »Über die belehrte Unwissenheit«: Der Titel dieser Schrift von *Nikolaus Chrypffs von Kues* war eine gewollte Herausforderung. Ihr Verfasser, lateinisch *Cusanus* genannt, wurde 1401 in Kues an der Mosel geboren – genau eintausend Jahre nach dem Erscheinen der »Bekenntnisse« des Kirchenvaters Augustin. Und er variierte ein letztes Mal für dieses Zeitalter das Grundthema der christlichen Philosophie des Mittelalters, das Augustin erstmals angeschlagen hatte: die Harmonisierung biblischer Offenbarung und rationalen Denkens.

Als Cusanus seine »Docta ignorantia« niederschrieb, war er bereits ein angesehener Kirchendiplomat: Er hatte eine Hochschulberufung abgelehnt; seine Stimme war auf dem Konzil in Basel gehört worden; nun kam er gerade heim von einer Reise als Mitglied einer Gesandtschaft, die in Byzanz eine Näherung der Kirchen hatte betreiben sollen. Aufträge als päpstlicher Legat bei den deutschen Reichstagen standen ihm bevor, Kardinalstitel und Bischofsamt, schließlich die undankbare Aufgabe, die deutschen Klöster zu visitieren und zu reformieren.

Die Grundidee zu der »Belehrten Unwissenheit« war Nikolaus von Kues auf der langen Rückreise von der Mission zur griechischen Kirche gekommen; sie bestand in der Einbeziehung mathematischer Unendlichkeitskalküle und Näherungsverfahren in die Philosophie und führte zu Ergebnissen, die für seine Zeit höchst ungewöhnlich waren. Darum schrieb er in seiner Widmung an den Kardinal beim Heiligen Stuhl Julian Cesarini: »Das Ungewöhnliche lenkt unsere Aufmerksamkeit auf sich, auch wenn es sich in der Form von Abnormitäten zeigt. Deshalb magst auch Du ... hier etwas Deiner Aufmerksamkeit Würdiges vermuten. Laß es Dir gefallen, daß ein Deutscher Dir eine Denkmethode ... in theologischen Dingen vorführt, die unermüdliche Arbeit mir zu einer echten Herzenssache werden ließ.«[2]

Ungewöhnlich war die Denkweise in der Tat. Sie ging mit der bisherigen Selbstsicherheit der Vernunfterkenntnis hart ins Gericht, schuf ihr aber zugleich eine neue, wenn auch schmalere Grundlage.

Der bisherige Wahrheitsbegriff war mehrdeutig: Wahrheit konnte als das wirkliche Sein einer Sache verstanden werden oder, rein formal, als Übereinstimmung von Erkennendem und Erkanntem. Das Problem war so alt wie die Sätze des Parmenides und des Heraklit, also fast so alt wie die Philosophie überhaupt. Solange Denken und Sein als dasselbe gedacht wurden, blieb das Wahrheitsproblem begrenzt auf die Frage, wie das Sein sowohl in den Dingen als auch in dem Denken anwesend ist. Diese Grundfrage hatte sich der christlich-mittelalterlichen Philosophie nicht wesentlich anders gestellt als der heidnisch-griechischen. Aber erste Risse durchzogen nun diese Einheit. Im Nominalismus hatte sich das Denken bereits von der Seinswahrheit entfernt. Und sogar der inzwischen heiliggesprochene Thomas von Aquin hatte eine teilweise Scheidung von aktuellem Sein und Wahrheit in seine Argumentation einbezogen.

Bei Nikolaus von Kues treten nun die beiden Bedeutungen von Wahrheit deutlicher auseinander – die erkenntnishaft formale und die im Sein der Sache bestehende. Und es ergibt sich, daß beide immer weniger zur Deckungsgleichheit zu bringen sind – mehr noch: daß sie einander in bestimmter Hinsicht sogar ausschließen.

Cusanus meint die Seinswahrheit, wenn er schreibt: »Die Wahrheit ist nämlich kein Mehr und kein Weniger. Sie besteht in einem Unteilbaren.«[3] Und er meint die Erkenntniswahrheit, wenn er sagt: »Für die gesichertste Wahrheit aber dürfen wir ohne Zweifel diejenige halten, der kein Mensch zu widersprechen vermag, dessen Geist gesund ist.«[4] Das Erkennen käme zur Wahrheit des Seins, wenn der erkennende Geist mit dem Wesen der erkannten Sache eins würde. Darauf jedenfalls geht das Streben des Menschen; »er erkennt in liebendem Umfangen die erfaßte Wahrheit, um deretwillen ihn sein natürliches Lebensgesetz alles unermüdlich durchforschen läßt«.[5]

Aber in welchem Maß kann der Geist sich mit dem Wesen der Sache vereinigen? Cusanus sucht diese klassische Frage zu beantworten, indem er den Ablauf unseres Erkennens untersucht.

Wissenschaftliche Erkenntnis erfolgt nicht schlagartig, sondern sie geht vom Gesicherten aus und schreitet zum weniger Gesicherten fort. »Über eine noch nicht gesicherte Erkenntnis urteilt jede Forschung dadurch, daß sie diese hinsichtlich ihres proportionalen Verhältnisses zu einer vorausgesetzten Gewißheit in vergleichenden Bezug bringt ... Alle Forschung besteht also im Setzen von Beziehungen und Vergleichen ...«[6]

Nun ist Vergleichen nur dadurch möglich, daß die verglichenen Dinge in mindestens einem Punkt völlig übereinstimmen, während sie in anderen verschieden sind. Wären sie überall verschieden, gäbe es keinen Bezug zwischen ihnen; wären sie in allem gleich, blieben sie ununterscheidbar.

Daraus folgert Cusanus, daß der Angleichungsprozeß des Erkennens niemals ganz zum Ziel kommen kann. Selbst bei weitgehender Gleichheit zweier Dinge im Hinblick auf ihre Gattung und ihre Art, auf ihren Ort, ihre Wirkung und ihre zeitliche Ordnung bleibt stets ein Rest des Nichtgleichen. Immer ist eine noch weitergehende Gleichheit vorstellbar: Der Angleichungsprozeß verläuft ins Unendliche. »Deshalb wird Maß und Gemessenes trotz aller Angleichung immer verschieden bleiben. Mit Hilfe der Ähnlichkeitsbeziehung kann folglich ein endlicher Geist die Wahrheit der Dinge nicht genau erreichen.«[7] Oder: »Der Geist also, der nicht die Wahrheit ist, erfaßt die Wahrheit niemals so genau, daß sie nicht ins Unendliche immer genauer gefaßt werden könnte.«[8]

Bezeichnend für Cusanus' Denkweise ist, daß er diese Überlegung an einem geometrischen Beispiel veranschaulicht. Danach verhält der Geist sich zur Wahrheit wie das Vieleck zum Kreis: Ein Vieleck gleicht sich bei Vermehrung seiner Ecken zwar immer mehr einem Kreis an, aber es wird niemals völlig zum Kreis. »Es ist also deutlich, daß wir über das Wahre nichts anderes wissen, als daß wir es in seiner Genauigkeit, so wie es ist, als unbegreiflich wissen.«[9]

Sie gilt – wenn auch abgestuft – sowohl für das Begreifen Gottes wie der Welt. Gott als das Unendliche selbst ist unerkennbar, weil das Unendliche sich von vornherein aller Vergleichbarkeit entzieht. Die Dinge sind zwar vergleichbar, aber niemals bis zur letzten entscheidenden Identität. »Die Wesenheit der Gegenstände, welche die Wahrheit der seienden Dinge ist, ist also in ihrer Reinheit unerreichbar.«[10]

Damit hat Cusanus unser auf Wahrheit gerichtetes Denken und das wahrhaft Seiende nicht nur unterschieden – er hat beide endgültig geschieden. Für ihn ist die Aufgabe, die Parmenides mit der Identität von Denken und Sein gestellt hatte, nach zweitausend Jahren voller Lösungsversuche im letzten unlösbar. Er spricht es so grundsätzlich nicht aus, aber bewußt ist er sich des Bruchs mit der bisherigen Philosophie offenbar, denn er schreibt über die Wesenheit der Dinge: »Sie wurde von allen Philosophen gesucht, aber von keinem wirklich gefunden.«[11] Er erklärt diese Suche nun für sinnlos und gibt ihr ein bescheideneres Ziel. »Je gründlicher wir in dieser Unwissenheit belehrt sind, desto näher kommen wir an die Wahrheit selbst heran.«[12] Konsequent überschreibt er sein zweites Werk: »Mutmaßungen.«

Das neue Thema des Denkens erscheint hier umrißhaft: Wahrheitssuche als Erkenntniskritik anstelle von Seinsverstehen. Das wurde freilich erst allmählich deutlich, noch war es mehr ein Vorzeichen des Kommenden; aber im Rückblick erkennen wir: Die gedankliche Linie, mit der wir Mittelalter und Neuzeit trennen, war überschritten. Einige Handschriften enthalten das Datum der Vollendung der »Docta ignorantia«; der Vermerk lautet: »Complevi in Cusa 1440 XII Februarii.«

Aufgrund seiner Erkenntniskritik entwickelt Cusanus nun eine Denkmethode, die eine Sache als Schnittpunkt der an ihr auftretenden begrifflichen Widersprüche erfassen will, die also nicht auf eine Aufhebung der Widersprüche zielt. Er kommt zu dieser Methode durch seine Überlegungen über die größtmögliche Wahrheit.

Er argumentiert: Das absolut Größte ist die unendliche Wahrheit. Als vollkommene Wahrheit ist sie die größte Gleichheit – denn Wahrheit ist Gleichheit von Maß und Gemessenem, größte Wahrheit also größte Gleichheit. Diese vollkommene Gleichheit von allem übersteigt zwar unser Begreifen; aber wir können immerhin einsehen, daß das Größte stets alles ist, was es sein kann. Wäre es das nicht, müßte es Ungleichheit als Voraussetzung einer Veränderung in sich enthalten. Ist es aber stets alles, was es überhaupt sein kann, so wird es niemals größer oder kleiner sein, als es tatsächlich ist. Was niemals größer werden kann, nennen wir das Größte; was niemals kleiner werden kann, das Kleinste. Beides trifft auf die unendliche Wahrheit zu: »...so ist einsichtig, daß das Kleinste mit dem Größten zusammenfällt.«[13] Diese Entdeckung bezeichnet Cusanus als die »Coincidentia oppositorum«, das »Zusammenfallen der Gegensätze«.

Wo alle Gegensätze in eins fallen, ist kein Ja und kein Nein mehr anzubringen, wird jede Aussage sinnlos. »Negative Theologie« – so überschreibt Cusanus das entsprechende Kapitel – war nicht neu; schon im Altertum wurde Gottes Unbegreifbarkeit dadurch respektiert, daß man nur sagte, was er *nicht* ist. Cusanus aber hält sogar diese negative Bestimmungsweise für unmöglich, weil »das absolut Größte gleicherweise erhaben über alle bejahende und verneinende Aussage« ist.[14] »Doch dieser Sachverhalt übersteigt all unser Denken, das auf dem Wege des Verstandes das Widersprechende nicht in seinem [widerspruchsfreien] Ursprung zu verbinden vermag.«[15] Dieser Satz zeigt, wie innig die Thesen von der »Belehrten Unwissenheit« und dem »Zusammenfallen der Gegensätze« zusammenhängen. Die volle Wahrheit kennt keine Gegensätze, unser Denken aber kommt nicht ohne sie aus. Daraus folgt: Wir müssen die Wahrheit *zwischen* den Gegensätzen suchen. Cusanus demonstriert das – zunächst am Ganzen der Schöpfung, am Universum, dann an ihren Einzelwesen.

Da das Universum alles Geschaffene umfaßt, kann es keinen Ort außer ihm geben. Es ist also unbegrenzt. Doch als unendlich können wir es uns trotzdem nicht vorstellen. Dieser Widerspruch ist zunächst nur formal-mathematisch lösbar mit der Formel: Der Umfang des Universums fällt mit seinem Mittelpunkt zusammen. Dieser Zusammenfall der Gegensätze ist ausschließlich in Gott denkbar, nicht im konkreten Raum. Folglich hat der konkrete Raum des Universums keinen Mittelpunkt. Daran schließt Cusanus zwei für das Mittelalter sensationelle Folgerungen: Wenn das Weltall keinen Mittelpunkt – außer Gott – hat, kann auch unsere Erde dort nicht stehen. Mithin ist sie auch nicht bewegungslos, denn in einem bewegten System findet nur im Mittelpunkt keine Bewegung statt. Wegen des Fehlens eines zentralen Bezugspunktes sind die Bewegungen aller Sphären und Sterne nur als relativ gegeneinander anzusehen. »Zu dem eben Gesagten gelangten die Alten nicht, da sie es an der belehrten Unwissenheit fehlen ließen.«[16]

Nun zu den Einzelwesen der Schöpfung. Alles Geschaffene scheint uns »zwischen Gott und dem Nichts« zu stehen, und »dennoch kann die Schöpfung nicht aus Sein und Nichtsein zusammengesetzt sein«,[17] weil es zur Seinsfülle Gottes keinen Gegensatz gibt, also auch kein Nichtsein. Wieder ist unser in Gegensätzen denkender Geist überfordert. »Und folglich läßt sich die Schöpfung nicht als Eines bezeichnen, weil sie von der Einheit absteigt, und nicht als Vieles, weil ihr Sein vom Einen stammt, noch lassen sich beide Aussagen verbinden.«[18] Cusanus verbindet sie doch, indem er folgert: Die Einheit der Schöpfung stellt sich eben im Hervorbringen des Vielen dar. Ihr Sein besteht geradezu darin, Vieles zu sein.

Durch diese Auslegung kommt den Geschöpfen und den Dingen eine neue Seinsqualität zu: Sie sind gerade in ihrer individuellen Begrenztheit vollkommen – nicht mehr Abstiegsprodukte des Einen, nur Zwitterwesen aus Sein und Nichtsein, bloß schattenhaft existierend. »Es ist, als hätte Gott sein ›Es werde‹ ausgesprochen, und weil kein Gott entstehen konnte, der die Ewigkeit selbst ist, so entstand ein Gott möglichst Ähnliches. Daraus folgt, daß jedes Geschöpf als solches vollkommen ist, auch wenn es im Vergleich mit anderen weniger vollkommen erscheint.«[19]

Damit hatte Cusanus nicht nur dem Einzelmenschen den Rang der Einzigartigkeit zuerkannt, sondern auch der Erforschung der Naturdinge eine philosophische und theologische Legitimation gegeben. Der einzelne und das einzelne waren nicht mehr ein Zufälliges, ein bloßer Reflex des wahren Seins im Nichts; ihre Wahrheit war nun auch in ihnen selbst zu finden und nicht mehr nur in ihrem Begriff. Den historischen Aufbruch der Naturwissenschaft und das die Renaissance kennzeichnende Hervortreten der Persönlichkeit, das Jakob Burckhardt so meisterhaft geschildert hat, erleben wir hier philosophisch.

Cusanus' gedankliche Verschmelzung von Schöpfungseinheit und Schöpfungsvielheit hob auch die gegnerischen Positionen im Universalienstreit weitgehend auf: Wenn das einzelne endliche Darstellung seiner unendlichen Form ist, so ist seine »Idee« sowohl *vor* ihm wie *in* ihm – und sie ist überdies *nach* ihm, wenn auch nur als Benennung, die wir den Dingen zuerteilen. Doch diese Benennung ist nicht willkürlich, denn die Gegenstände ermöglichen die dazu nötige Unterscheidung durch ihre verschiedenen Verhältnisanteile entgegengesetzter Bestandteile.

Verhältnisse stellen sich in Zahlen dar. »Und da alles in bester Weise ist, in der es sein kann, so vermag ohne Zahl eine Vielheit des Seienden nicht zu bestehen. Hebt man nämlich die Zahl auf, so verschwindet die Unterscheidung, die Ordnung, die Proportion, die Harmonie der Dinge und damit die Vielheit des Seienden selbst.«[20] Wenn Zahlen die Bedingung der geordneten Vielheit sind, die sich als Natur darstellt, so erfaßt der Menschengeist die Dinge durchaus angemessen durch Zahlenverhältnisse. Angemessen freilich nur innerhalb der Grenzen, die grundsätzlich durch die »Docta ignorantia« abgesteckt sind.

Daß Cusanus das nicht nur als philosophische Grundsatzerkenntnis, sondern auch als praktischen Forschungsauftrag verstanden wissen wollte, zeigt seine kleine Abhandlung über »Versuche mit der Waage«, in der er Zeit- und Gewichtsmessungen anregt zum Nutzen der Medizin, Astronomie und Naturkunde – sogar eine Tabelle der spezifischen Gewichte aller Körper fordert er. Und wie ein Programm der kommenden Forschung klingt der den Dialog einleitende Satz: »Obschon nichts in dieser Welt die Genauigkeit erreichen kann, so machen wir dennoch die Erfahrung, daß das Ergebnis der Waage der Wahrheit näher kommt.«[21]

Verzicht auf letzte Wesenserkenntnis des Seienden statt dessen messende, zahlenmäßige Erfassung der Dinge – diese zwei Grundsätze der neuzeitlichen Naturforschung hat Cusanus begründet. Für ihn waren sie untrennbar mit der Gotteserkenntnis verbunden; sie waren überhaupt erst aus dem Nachdenken über das Größte, über Gott, hervorgetreten, und sie verwiesen beharrlich wieder auf ihn.

Auf den letzten Seiten seiner »Docta ignorantia« schrieb Nikolaus von Kues: »Keines unter den geschaffenen Wesen hat die Macht, sich selbst dem Anklopfenden zu eröffnen und sich zu zeigen, was es ist, da sie alle nichts sind ohne ihn, der in allem ist.«[22]

Der Körper dieses frommen Denkers wurde in seiner römischen Titelkirche S. Pietro in vincoli beigesetzt – sein Herz jedoch wurde in der Stadt seiner Geburt, deren Namen er getragen und berühmt gemacht hatte, beerdigt.

VI. ZWISCHEN METAPHYSIK UND PHYSIK

Als das Denken einst aufgebrochen war, hatte es die selbstverständliche Einheit von Mensch und Welt hinter sich gelassen. Seitdem suchte es die Ureinheit, die beiden zugrunde liegen muß. Nur wenn es sie gibt, ist das Fragen des Menschen sinnvoll; nur wenn in der Welt Entsprechungen zum Denken bestehen, kann überhaupt etwas denkend erkannt werden.

Die Entsprechung war gesichert, solange beide fraglos als Gottes Schöpfungen angesehen wurden: Mensch und Welt als Gottes Kinder, geschaffen nach einem *Schöpfungsplan, entsprachen einander notwendig wie zwei Geschwister. Gott gewährleistete die Möglichkeit menschlichen Erkennens. Er war der gemeinsame Seinsgrund, über den Mensch und Welt miteinander verbunden waren.*

Die antike Philosophie war sich dessen so gewiß wie die christliche. Der christlichen aber war eine zusätzliche Aufgabe erwachsen aus dem viel weitergehenden Anspruch eines ausgebreiteten Systems von dogmatischen Offenbarungswahrheiten. Das Denken war differenzierter geworden – und der Glauben. Beide konnten ihre jeweilige innere Widerspruchsfreiheit nur noch um den Preis einer abgestuften oder doppelten Wahrheit erhalten.

Dem reinen Glauben war Gott gewiß – und damit die Welt; dem Denken aber konnte die Welt nicht mehr gewiß bleiben, wenn es seine eigenen Begriffe nicht mehr selbstverständlich als den Abglanz von Gottes Gedanken entgegennahm. Was blieb überhaupt noch von der begrifflichen Erkenntnis, wenn sie weder Gott begreifen konnte noch der Natur wirklich entsprach? War sie nur ein schönes, aber wirklichkeitsfernes Ordnungsspiel zwischen dem Glauben und den Erfahrungswissenschaften?

Eine Krise tiefsten Selbstzweifels war unausbleiblich. Zu überwinden war sie nur, wenn es gelang, die Grundsätze der Erfahrungswissenschaften mit dem kritischen Selbstverständnis des Denkens in Einklang zu bringen. Die Aufgabe in dieser geschicht-

lichen Situation: die tatsächliche Verschränkung von Denken und Sinneserfahrung rational zu erklären – und ihre Parallelität zu begründen durch eine Einheit, die sowohl das Naturgeschehen wie das Denken bestimmt.

DIE VIER GRUNDLAGEN DES NEUEN WISSENS

René Descartes, 1596–1650

Schon einmal war die Selbstgewißheit des Denkenden zum einzigen verläßlichen Ausgangspunkt geworden, um die radikalen Zweifel zu beseitigen, die den Übergang zwischen Epochen markieren. Dem skeptischen Geist der sterbenden Antike hatte Augustin die neue Wahrheit des jungen Christenglaubens begreifbar gemacht aus der Selbstgewißheit seines denkenden Ich und des in ihm beschlossenen Gottesbegriffs. Nun gründete *René Descartes* – lateinisch Cartesius – die Metaphysik neu auf dem Boden des modernen Zweifels, dem Nominalismus und Erfahrungswissenschaft entsprossen waren; und auch er ging vom Selbstbewußtsein aus.

Der Zweifel seiner Zeit war auch sein eigener; in seiner Lebensbeschreibung schildert er die zwiespältige Verfassung seines Gemüts am Ende der Schulzeit. Er hatte, wie er schreibt, »eine der berühmtesten Schulen Europas« besucht, das erst kurz vor seinem Eintritt von den Jesuiten in La Flèche gegründete Collège Royal. Er war dort ein angesehener Schüler gewesen, teils wegen seines Lerneifers, Scharfsinns und Gehorsams, teils wegen seiner Abstammung von einem alten Adelsgeschlecht der Touraine – deretwegen er sich später den Titel Marquis du Perron zulegte. Als er mit sechzehn Jahren das Kolleg verließ, war er der gelehrten Bildung überdrüssig: »Denn ich fand mich verstrickt in so viel Zweifel und Irrtümer, daß es mir schien, als hätte ich aus dem Bemühen, mich zu unterrichten, keinen anderen Nutzen gezogen, als mehr und mehr meine Unwissenheit zu entdecken.«[1] Eine Wissenschaft schien ihm diesen Zweifel besonders nahezulegen: »Von der Philosophie will ich nur so viel sagen: Ich sah, daß sie von den ausgezeichnetsten Köpfen einer Reihe von Jahrhunderten gepflegt worden ist und daß es gleichwohl noch nichts in ihr gibt, worüber nicht gestritten würde und was folglich nicht zweifelhaft wäre. . . Was ferner die übrigen Wissenschaften betrifft, so schloß ich, da sie ja ihre Anfangsgründe der Philosophie entlehnen, daß man auf so unsicheren Fundamenten nichts Dauerhaftes habe bauen können.«[2]

Ein Fach nahm er allerdings aus von seiner Kritik: »Ganz besonders gefielen mir die mathematischen Disziplinen wegen der Sicherheit und Evidenz ihrer Beweisgründe, aber noch sah ich ihren wahren Nutzen nicht.«[3]

Es vergingen noch sieben Jahre, bis er ihn sah. Der junge René hatte inzwischen in Paris Jura studiert und war mit einundzwanzig Jahren Lizentiat der Rechte geworden. Dann war er umhergereist, »um Höfe und Heere kennenzulernen« und in der Welt das Wissen zu suchen, das er in den Büchern nicht gefunden hatte. »Ich wußte mich, Gott sei Dank, in einer Situation, die mich nicht zwang, aus der Wissenschaft ein Gewerbe zu machen, um meine Vermögenslage zu verbessern.«[4]

Die ersten Truppenbewegungen des Dreißigjährigen Krieges führten ihn im Herbst 1619 in ein Dorf nahe Ulm. In bayrischen Diensten verbrachte er dort den Winter, »ohne von Sorgen oder Leidenschaften geplagt zu sein, den ganzen Tag in einer warmen Stube eingeschlossen«. In diesem gemütlichen Kriegsidyll am Ufer der winterlichen Donau entwickelte er die Gedanken, die fortan sein Leben und das Denken der Neuzeit bestimmen sollten. Er stellte sie der Öffentlichkeit erst nach langer Prüfung vor in den »Ausführungen über die Methode, seine Vernunft recht zu leiten und die Wahrheit in den Wissenschaften zu suchen«, so der vollständige Titel der berühmten »Discours de la méthode«.

Seinem Zweifel hatte er nun die Sicherheit abgerungen, nach der es ihn verlangte. Vier Grundregeln hatte er dazu aufgestellt und zugleich den Entschluß gefaßt, sie auch nicht ein einziges Mal außer acht zu lassen. 1. Allein das für wahr zu halten, was vollkommen evident ist; also jegliches Vorurteil zu meiden und über nichts zu urteilen, »was sich meinem Denken nicht so klar und deutlich darstellte, daß ich keinerlei Anlaß hätte, daran zu zweifeln«.[5] 2. Jedes Problem möglichst in Teilfragen zu gliedern. 3. Stufenweise vom Einfachsten zum Schwierigsten fortzuschreiten und diese Ordnung herzustellen, wo die Sache sie nicht von sich aus bietet. 4. Durch Übersichten sich der lückenlosen Vollständigkeit des Untersuchungsganges zu versichern.

Bei der Aufstellung dieser Regeln stand ihm die unmittelbare

Einsichtigkeit und zwingende Folgerichtigkeit der Geometrie vor Augen. »Jene langen Ketten ganz einfacher und leichter Begründungen, die die Geometer zu gebrauchen pflegen, um ihre schwierigsten Beweise durchzuführen, erweckten in mir die Vorstellung, daß alle Dinge, die menschlicher Erkenntnis zugänglich sind, einander auf dieselbe Weise folgen.«[6] Die Mathematik schien inmitten einer Welt von Zweifelhaftem als einziges nicht bezweifelbar. Sie hing nicht von anderem ab, ihre Richtigkeit war in ihr selbst begründet. Man konnte Fehler in ihr machen, aber sie selbst konnte als ein in sich geschlossenes Bezugssystem nicht falsch sein. Wenn es gelang, ihre Methode des Schritt um Schritt sichernden Vorgehens auf die anderen Wissenschaften zu übertragen, so konnte die Vernunft nicht mehr fehlgehen. Vielleicht war mit derart vorsichtigem Fortschreiten nicht alles zu erreichen, das Erreichte aber war jedenfalls sicher. »Ich entschloß mich aber, wie ein Mensch, der sich allein und in der Dunkelheit bewegt, so langsam zu gehen und in allem so umsichtig zu sein, daß ich, sollte ich auch nicht weit kommen, mich doch wenigstens davor hütete, zu fallen.«[7]

Dieses dem Selbstzweifel entsprungene Wissenschaftsideal wird bestimmend für das neuzeitliche Denken: Der Vorrang der methodischen Sicherung wird zum Hauptkennzeichen der Wissenschaft; der mathematisierte Beweis zum Beleg der Wahrheit. Freilich bedurfte es zur Verwirklichung dieses Ideals noch einer Voraussetzung. Die sichere Weiterleitung des Gedankens allein konnte keine Wahrheit aus dem Nichts schaffen – ein absolut sicherer Ausgangspunkt war notwendig. Nur etwas, woran jeder Zweifel abglitt, taugte dazu: eine allererste, unmittelbar einsichtige und schlechthin unbezweifelbare Erkenntnis.

Wo sie finden?

»Alles nämlich, was ich bisher am ehesten für wahr angenommen, habe ich von den Sinnen oder durch Vermittlung der Sinne empfangen. Nun aber bin ich dahintergekommen, daß diese uns bisweilen täuschen, und es ist ein Gebot der Klugheit, niemals denen ganz zu trauen, die auch nur einmal uns getäuscht haben«, schreibt Descartes in den »Meditationen über die erste Philosophie«[8] – als »Erste Philosophie« hatte Aristoteles seine Metaphysik bezeichnet, die Wissenschaft, die alles im Hinblick auf das Sein untersuchte.

Nun nimmt das Ich jedoch nicht nur die Dinge vermittels der

Sinne, sondern auch sich selbst *unmittelbar* wahr, »so zum Beispiel, daß ich jetzt hier bin, mit einem Winterrock angetan, am Kamin sitze, ... vollends daß eben dies meine Hände, daß dieser gesamte Körper der meine ist; wie könnte man mir dies abstreiten?«[9] Die Erfahrung des Traumes kann es, denn auch dort sind wir uns in einer bestimmten Situation selbst gewiß und haben uns doch getäuscht, wie wir erwachend feststellen. Während des Träumens haben wir nichts, woran wir den Traum vom Wachen unterscheiden können. Der Zweifel, ob unser Leben nicht überhaupt nur ein Traum sei, ist also auch durch die Selbstwahrnehmung nicht widerlegt.

Zu den Täuschungsmöglichkeiten durch Sinne und Selbstempfinden gesellt Descartes eine dritte: »Wir werden noch an anderen Dingen zweifeln, die wir vorher für ganz sicher gehalten, sogar an den mathematischen Beweisführungen, selbst an den Grundsätzen, die uns bis jetzt unmittelbar gewiß schienen... Wir wissen ja nicht, ob Gott uns nicht etwa so habe schaffen wollen, daß wir in fortwährender Täuschung befangen bleiben, selbst in solchen Dingen, die uns als die bekanntesten erscheinen.«[10]

Nachdem alle scheinbaren Gewißheiten im Sog des Zweifels untergegangen sind – Gott, Himmel, Dinge, Mathematik und unser eigener Körper –, bleibt Descartes nur eine Kraft, die uns den Weg zum Wissen weist: unsere Freiheit, zu zweifeln. Sie ist freilich zunächst nur ein Versuch, den Irrtum abzuwehren, aber noch keine materiale Begründung einer tatsächlichen Gewißheit. Der Zweifel prüft das Vorgestellte auf seine Echtheit, aber er allein kann nicht Wahres erzeugen.

Nur eine Gewißheit hat der Zweifel wirklich: daß er zweifelt. »... es läßt sich darum nicht annehmen, daß wir, die wir solches denken, nichts sind. Denn es widerspricht sich, daß ein denkendes Wesen im Augenblick, da es denkt, nicht existieren solle. Demnach ist diese Erkenntnis: ›Ich denke, also bin ich‹, von allen die erste und sicherste, die jedem begegnet, der methodisch philosophiert.«[11]

Diesen Grund-Satz seines Philosophierens hat Descartes mehrfach wiederholt. Die hier ausgewählte Fassung steht in dem späten Werk »Prinzipien der Philosophie«; erstmals hatte er ihn in seinen »Discours« veröffentlicht – übrigens nicht in der lateinischen Fassung, die fast sprichwörtlich geworden ist:

»Cogito ergo sum«, sondern auf französisch: »Je pense, donc je suis.«

Lateinisch hatte Descartes seine »Meditationen« geschrieben; dort heißt es mit Bezug auf Gott: »Er täusche mich, soviel er kann, niemals wird er es doch fertigbringen, daß ich nichts bin, solange ich denke, daß ich etwas sei. Und so komme ich, nachdem ich alles mehr als zur Genüge hin und her erwogen habe, schließlich zu dem Beschluß, daß dieser Satz: ›Ich bin, ich existiere‹, so oft ich ihn ausspreche oder in Gedanken fasse, notwendig wahr ist.«[12] Und wenige Seiten weiter bestärkt er nochmals gegenüber den möglicherweise trügerischen Körperempfindungen: »Das Denken ist's, es allein kann von mir nicht getrennt werden: Ich bin, ich existiere, das ist gewiß.«[13]

Das zeigt: Die Existenzgewißheit kommt für Descartes nicht eigentlich durch einen logischen Schluß zustande, sondern sie ist im Denken des Ich für das Denken mitgesetzt. Der Wechsel des Ausdrucks entsteht gerade durch die Schwierigkeit, das Ursprüngliche und Offensichtliche in der Logik der Sprache darzustellen.

Die intuitive, von keinem Zweifel mehr erreichbare Gewißheit dieser Grunderkenntnis dient ihm geradezu als Muster eines vollkommenen Wahrheitserweises. »Ich meinte daher, ich könne als allgemeine Regel annehmen, daß die Dinge, die wir ganz klar und deutlich begreifen, alle wahr sind, daß aber nur darin eine gewisse Schwierigkeit liege, richtig zu merken, welche es sind, die wir deutlich begreifen.«[14]

Nun – die Existenzgewißheit des denkenden Ich hatte Descartes erreicht, aber damit noch nicht bewiesen, daß außer ihm etwas Erkennbares existiert. Der nächste Gedankenschritt wird manchen verwundern bei einem Denker, der als Vater des modernen wissenschaftlichen Zweifels gilt: Descartes folgert zunächst aus seinem Zweifel, daß er selbst nicht vollkommen sein kann, denn andernfalls würde er die Wahrheit, ohne erst den Zweifel durchlaufen zu müssen, sogleich ganz erkennen. Das seiner selbst und nun auch seiner Unvollkommenheit gewisse Ich findet in sich aber immerhin Allgemeinbegriffe, zum Beispiel die Ideen der Zahlen und der Rechengrundsätze.

Doch auch sie könnten trotz aller Evidenz täuschen; denn noch immer weiß das Denken ja nicht, ob es zur Wahrheitsfindung taugt, ob es nicht vielmehr von Natur aus so beschaffen ist, daß gerade seine klarsten Gedanken falsch sind!

Nun entdeckt Descartes unter den Ideen in seinem Innern jedoch eine, die von den anderen gänzlich verschieden ist: »die Idee eines allwissenden, allmächtigen, vollkommensten Wesens«.[15] Während er sich die reale Existenz aller anderen Ideen zwar als möglich, aber nicht als unbedingt notwendig denkt, ist in der Idee des Vollkommensten, also Gottes, die Notwendigkeit und Ewigkeit seiner Existenz zwangsläufig mitgedacht. Descartes' Argumentation folgt dem ontologischen Gottesbeweis Anselms von Canterbury. »Jene höchsten Vollkommenheiten nun, deren Idee wir haben, finden wir auf keine Weise in uns. Also schließen wir mit Recht, daß sie in einem anderen von uns verschiedenen Wesen, nämlich in Gott, sind oder wenigstens einmal gewesen sind, woraus ganz einleuchtend folgt [wegen der Ewigkeit des Vollkommensten], daß sie es noch sind.«[16] Das beweist nicht nur die Existenz Gottes, sondern zugleich, daß wir Gottes Geschöpfe sind. »Denn es ist aus natürlichen Gründen ganz klar, daß ein Wesen, welches etwas Vollkommeneres als sich selbst erkennt, nicht von sich selbst sein könne. Es würde sich sonst alle die Vollkommenheiten gegeben haben, deren Idee es in sich hat.«[17]

Daraus ergibt sich zweierlei: 1. Vieles in Gott und seiner Schöpfung geht über unsere Fassungskraft hinaus, deshalb sollen wir seine offenbarten Mysterien glauben, obwohl wir sie nicht klar erkennen. 2. Zur Vollkommenheit Gottes gehört, daß er absolut wahrhaft ist. Es wäre darum seiner nicht würdig, uns mit einem trügerischen Erkenntnisvermögen auszustatten. Deshalb können wir sicher sein, daß Gott uns nicht täuscht. Und die entscheidende Folgerung: »So ist jener gewaltige Zweifel gehoben, der daher kam, daß wir nicht wußten, ob wir nicht von Natur so geschaffen waren, daß wir uns auch in den scheinbar klarsten Dingen täuschen.«[18] Geraten wir trotzdem in Irrtümer, so nur, weil unser Wille uns über die Reichweite unserer klaren Einsicht hinausdrängt; die Vernunft und Gott tragen keine Schuld daran.

Da Descartes sich nun endlich nicht nur seines Daseins, sondern auch seiner Erkenntnisfähigkeit gewiß ist, kann er beginnen, ihre Inhalte zu untersuchen. »Was auch nur unter unsere Vorstellung fällt, betrachten wir entweder als Dinge oder

Beschaffenheiten der Dinge oder als ewige Wahrheiten, die keine Existenz außerhalb unseres Denkens haben.«[19] Unser gesamter Gedankeninhalt ordnet sich also in zwei oberste Gattungen: »die eine der intellektuellen Dinge oder Gedankenwesen, das heißt alles, was zum Geist oder zur denkenden Substanz gehört; die andere der materiellen Dinge oder alles, was zur ausgedehnten Substanz, das heißt zum Körper, gehört.«[20]

Die rigorose Teilung alles Seienden in eine denkende und eine ausgedehnte Substanz (»res cogitans« und »res extensa«) vertiefte den Unterschied zwischen der Seele und dem Körper, zwischen Gedanken und Dingen zur kaum überbrückbaren Kluft. Dieser Dualismus, diese völlige Scheidung von Geistigem und Dinglichem, war zwar sehr einleuchtend, verschärfte aber letztlich das Erkenntnisproblem. Denn was konnten nun Seele und Ding noch gemeinsam haben?

Descartes zieht aus seiner Scheidung die Konsequenz, die wir vom Nominalismus kennen: Dauer, Ordnung und Zahl sind nichts Eigenes, Selbständiges, »nichts von den geordneten und gezählten Dingen Verschiedenes, sondern bloß Modi, unter denen wir jene Dinge betrachten«.[21] Und die »Universalien kommen nur daher, daß wir ein und dieselbe Idee brauchen, um alle untereinander ähnlichen Einzeldinge vorzustellen«.[22]

Wenn die Ausdehnung der einzig wesentliche Betrachtungsmodus der körperlichen Dinge ist, so wird das Messen zum wichtigsten Instrument ihrer wissenschaftlichen Erfassung; und zwar das Messen ihrer selbst wie ihrer Ortsveränderung. »Doch gibt es bei jeder Substanz eine hauptsächliche Eigenschaft, die deren Natur und Wesen ausmacht und auf die sich alle übrigen zurückführen lassen. So macht die Ausdehnung in Länge, Breite und Tiefe das Wesen der körperlichen Substanz aus und das Denken das der denkenden.«[23] Damit sind sämtliche uns nicht körperhaft scheinenden Eigenschaften der Dinge zu sekundären Qualitäten gestempelt, und die Aufgabe ist gestellt, auch sie auf die Bewegung von Körpern zu reduzieren. Das Programm der modernen Wissenschaft ist in diesen wenigen Sätzen enthalten.

Descartes verdeutlicht es am Beispiel der Farbe: »Mithin erhellt: wenn wir sagen, wir nehmen in den Objekten Farbe wahr, so ist es in der Sache ganz dasselbe, als wenn wir sagten, wir nehmen in den Objekten Etwas wahr, von dem wir gar nicht wissen, was es ist, von dem aber in uns selbst eine gewisse sehr offenbare und deutliche Empfindung herrührt, die wir Farbempfindung nennen.«[24] Im Gegensatz dazu ist es möglich, »daß vieles andere in den Körpern, wie Größe, Figur, Zahl, ganz so, wie es in den Objekten ist oder sein kann, von uns empfunden oder erkannt wird«.[25] Würden wir das nun auch von der Farbe glauben, »geraten wir in den Irrtum, zu urteilen, es sei, was wir in den Objekten Farbe nennen, etwas der Farbe, die wir empfinden, ganz Ähnliches, und auf diese Weise zu meinen, wir erkennen klar, was wir gar nicht erkennen«.[26] Unsere Sinne geben uns also lediglich subjektive Empfindungen von objektiv ganz anders beschaffenen Gegebenheiten.

Um trotzdem die nicht unmittelbar erkennbaren Ursachen der Erscheinungen erfassen zu können, verweist Descartes auf die von ihm selbst in der Meteorologie und Dioptrik praktizierte Methode der vorläufigen Hypothesenstellung. Sie ist tatsächlich zur bevorzugten Arbeitsweise unserer Naturwissenschaftler geworden. Eine Annahme über Ursachenzusammenhänge wird aufgestellt, die – träfe sie zu – bestimmte Ergebnisse eines Experimentes sicher erwarten läßt und andere ausschließt. Wie Descartes schreibt: »Es sind die Ursachen, die durch die Wirkungen bestätigt werden.«[27]

Daß dabei die Zahl und die geometrische Methode einzigartige Instrumente zur wissenschaftlichen Erfassung der Körperdinge und ihrer Bewegungen sind, begründet Descartes nicht nur philosophisch, er demonstriert es auch mathematisch. Die von ihm entwickelte analytische Geometrie erlaubt, Raumpunkte und aus ihnen gebildete Figuren anhand eines Koordinatensystems allein in Zahlen auszudrücken. Damit hatte die bereits von Kopernikus, Kepler und Galilei mit revolutionären Ergebnissen auf die Gestirne angewendete Mathematik eine allgemeine theoretische Grundlage bekommen: Sie galt nicht nur im Himmelsraum, sondern auch auf der Erde. Bewies doch die analytische Geometrie die Parallelität zwischen dem »ausgedehnten Ding« und seiner Anschauung auf der einen Seite und dem »denkenden Ding« und seinem Rechnen auf der anderen. Die Zahl ist die Brücke zwischen beiden: Sie ist sowohl ein Modus der Körperwelt wie ein Inhalt der Gedankenwelt.

Sie nimmt damit nun allein die Stelle der alten Universalien ein, der Allgemeinbegriffe, die sowohl in den Dingen wie im Denken wirken sollten. Schon die Platonische Philosophie hatte der Zahl eine Sonderstellung unter allen Ideen zuerkannt; jetzt bleibt sie als einzige verläßliche Verbindung zwischen den Welten der Körper und des Geistes.

Das seiner selbst gewisse Ich, die Gewißheit Gottes, die Scheidung der Dinge in denkende und ausgedehnte, die Zahl als ihre Erkenntnisverbindung – diese vier Grundlagen verband Descartes zu einem sicheren Fundament für eine künftige Wissenschaft. Eines Grundes glaubte die neue Wissenschaft bald entraten zu können: Gott. Warum – das wird später zu zeigen sein.

René Descartes, der radikale Zweifler und konstruktive Mathematiker, richtete den Dank für seine Befreiung vom Zweifel und die Entdeckung einer neuen Gewißheit an – Gott. Der Heiligen Jungfrau hatte er eine Wallfahrt nach Loreto versprochen, wenn ihm endlich gegeben würde, das Wahre vom Falschen zu scheiden. Als er aus Kriegsdiensten nach Paris zurückgekehrt war, erfüllte er das Gelöbnis.

DER ERDACHTE GOTT

Baruch Spinoza, 1632–1677

An Descartes' Werk schieden sich schnell die Geister. Die einen sahen darin das aufgehende Licht einer neuen Wissenschaft, die anderen ein Blendwerk des Teufels.

Descartes erlebte noch das Verbot seiner Philosophie an einzelnen Hochschulen Hollands, das ihm zur zweiten Heimat geworden war, nicht mehr jedoch dessen Ausdehnung auf die niederländischen Staaten und die Aufnahme seiner Schriften in den römischen Index. Um den Anfeindungen in Holland auszuweichen, hatte er eine Einladung der schwedischen Königin Christine nach Stockholm angenommen, war dort in dem ungewohnten Winterklima erkrankt und 1650 an Lungenentzündung gestorben.

Hinterlassen hatte er mit seinem philosophischen System auch eine ungelöste Aufgabe: die Dualität von körperhaftem und denkendem Sein. So überzeugend sie sich aus der Anwendung seiner kritischen Methode ergab, so herausfordernd blieb sie für das auf Einheit bedachte Denken. Da die Zweiheit schlechterdings nicht zu leugnen war, blieb fragwürdig allein die Vermittlung der beiden Substanzen.

Aus dem Versuch, mit der Antwort nicht das System Descartes' zu sprengen, entstand der *Occasionalismus*. Wir erkennen weder, argumentierten seine Verfechter, wie ein Körper eine Wirkung auf den anderen überträgt, noch gar wie wir mit unserer Seele auf unseren eigenen Körper einwirken. Wenn wir aber nicht einmal selbst wissen, wie wir unseren Körper bewegen, dann kann unsere Seele auch nicht die Ursache der körperlichen Bewegungen sein. Da andererseits gleichartige Abläufe zwischen Geist und Körper unbestreitbar sind – die Hand hebt sich in dem Augenblick, da ich es will –, kann die Ursache dafür nur in einer beide verbindenden Substanz liegen. Die einzig erkennbare ist ihr Schöpfer: Gott. Er veranlaßt die Bewegung des Geistes ebenso wie die aller körperlichen Dinge; beide

Geschehnisse laufen parallel wie zwei Uhren, die Gott bei der Schöpfung in Gang gesetzt hat. Die Hand hebt sich also nicht *durch* meinen Willensakt, sondern »bei Gelegenheit« – »occasione« – meines Willensaktes.

Weniger künstlich und viel grundsätzlicher ging ein junger Kaufmannssohn in Amsterdam das Problem an: *Baruch Spinoza*. Sein Vater hatte ihn zum Rabbiner erziehen lassen wollen, aber der begabte und eigenwillige Sohn durchkreuzte den Plan. Zwar studierte er Talmud, Altes Testament, Kabbala und jüdische Philosophie, dann freilich auch Scholastiker und Neuplatoniker, naturwissenschaftliche Werke und Descartes; aber die Gedanken, die er darauf entwickelte, paßten nicht zu den Überzeugungen der jüdischen Gemeindeoberen. Sie bezichtigten ihn »schrecklicher Irrlehren« und schlossen ihn aus der Gemeinde aus. Der junge Abtrünnige war damals dreiundzwanzig Jahre alt. Den Vornamen Baruch änderte er nun um in Benedikt.

Seine Haltung bewies, daß ihm Erkenntnis mehr war als eine intellektuelle Aufgabe; ihm zeigte sie sich als der einzige Weg zur Vollkommenheit des Lebens, als eine »beständige und vollkommene Freude auf immerdar«. Darum lehnte er eine Professur in Heidelberg ab, denn er fürchtete, trotz gegenteiliger Versicherungen seine Gedanken nicht mehr in voller Unabhängigkeit aussprechen zu können. Darum gab er seinem Hauptwerk den Titel »Ethik«, obwohl die eigentliche Morallehre den kleineren Teil darin ausmacht. Darum lebte er zurückgezogen und verdiente sich Geld mit dem Schleifen von Linsen.

Das Ziel seines Denkens bestimmt er mit einem kurzen Satz als »die Erkenntnis der Einheit ..., die den Geist mit der gesamten Natur verbindet«.[28] Ohne den Nachweis dieser Einheit fehlte Spinoza die letzte Begründung der neuen Methodenlehre. Descartes' Argument: Dank seiner Vollkommenheit kann Gott uns nicht täuschen wollen, sicherte dem Denken zwar seine Wahrheit, nicht aber eine über Zahlenbeziehungen hinausgehende Entsprechung zur anderen Substanz, zu den Körperdingen und ihren Abläufen. Deshalb hatte auch Descartes nur höchst allgemein verweisen können »auf gewisse Gesetze, die Gott der Natur gegeben und von denen er unserer Seele Begriffe eingedrückt hat«.[29]

Diese traditionelle Formel genügte Spinoza nicht. Darum

stellt er nochmals eine eigene Methodenuntersuchung an. Auch er geht von der unmittelbaren Evidenz aus, die Descartes als erste Bedingung der Wahrheit in seinen Regeln genannt hatte, und fragt, wie sie eigentlich zustande kommt. Er erklärt: »Die wahre Idee – denn wir haben eine wahre Idee – ist verschieden von ihrem Gegenstande. Denn eines ist der Kreis, ein anderes die Idee des Kreises... Da die Idee also etwas von ihrem Gegenstande Verschiedenes ist, so wird sie auch etwas an sich Erkennbares sein.«[30] Sie wird erkennbar durch den Zusammenhang mit einer anderen Idee, aus der sie mit Notwendigkeit hervorgeht; jene wiederum wird durch eine weitere erkannt und so fort. Die wahre Methode besteht also darin, die Ideen »in gehöriger Ordnung aufzusuchen«.

Diese »gehörige Ordnung« ist jedoch etwas anderes als ein bloßes Folgerungsverfahren. »Die Methode ist nicht das Folgern selbst, um die Ursachen der Dinge zu erkennen, geschweige denn das Erkennen der Ursachen der Dinge. Sie ist vielmehr nur das Erkennen dessen, was die wahre Idee ist, indem sie diese von den übrigen Vorstellungen unterscheidet und ihre Natur erforscht.«[31] Auch Descartes hatte die »gewisse Schwierigkeit« gesehen, das deutliche Begreifen eines Dinges von dem nur vermeintlich deutlichen zu unterscheiden. Bewußter als er zeigt Spinoza, daß die Suche nach der wahren Methode zwangsläufig zu ihrem Ausgangspunkt zurückkehrt – daß wir nämlich, wenn wir die Methode der Wahrheitssicherung ermitteln wollen, dabei bereits nach einem bestimmten Wahrheitsverständnis verfahren müssen. Indem wir die Methode suchen, praktizieren wir sie bereits. Oder umgekehrt: Wir können als wahre Methode nur das Verfahren finden, was wir anwenden, um es zu finden. Das Denken muß also sein eigenes Verfahren reflektieren, widerspiegeln. »Denn um die beste Methode zur Erforschung der Wahrheit zu finden, ist keine andere Methode nötig [als die], um die Methode zur Erforschung der Wahrheit selbst zu erforschen.«[32] Die Methode ist also nichts anderes als die ins Bewußtsein erhobene Erkenntnis selbst oder, wie Spinoza auch sagt: »die Idee von der Idee«.[33]

»Daher wird das die richtige Methode sein, welche zeigt, wie der Geist nach der Norm der gegebenen wahren Idee zu leiten ist.«[34] Und die Methode wird um so vollkommener sein, je vollkommener ihre Leitidee ist. Die Idee nun, in der sich Wahrheit am reinsten in unserem Denken darstellt, ist die Idee Gottes, des vollkommensten Wesens.

So ergibt sich, »daß unser Geist, um völlig ein Abbild der Natur zu sein, alle Ideen aus der Idee herleiten muß, die den Ursprung und die Quelle der gesamten Natur darstellt, so daß diese auch die Quelle der übrigen Ideen ist«.[35] Gelingt uns das, »dann wird unser Geist, wie gesagt, die Natur so vollkommen als möglich wiedergeben. Denn dann wird er sowohl ihr Wesen als ihre Ordnung als auch ihre Einheit objektiv enthalten.«[36]

Nachdem Spinoza in dem »Traktat über die Verbesserung des Verstandes« die Strategie seines Vorgehens derart entwikkelt hat, führt er sie in der »Ethik« im Großen aus. Der Zusatz im Titel: »nach geometrischer Methode dargestellt«, ist das stolze Feldzeichen des neuen Methodenideals, unter dem die Kolonnen von Definitionen, Grundsätzen, Forderungen, Lehrsätzen, Beweisen, Folgesätzen, Anmerkungen und Erläuterungen aufmarschieren.

Das Ergebnis des Traktats über den Verstand lautete: Ordnung klarer Ideen unter der normativen Idee des Vollkommensten. Und so setzt die »Ethik« unvermittelt mit einer Reihe von Definitionen ein, die zum Begriff Gottes führen. Die Definition der Substanz ist der Schlüssel zum Ganzen. »Unter Substanz verstehe ich das, was in sich ist und durch sich begriffen wird, das heißt das, dessen Begriff, um gebildet werden zu können, des Begriffs eines anderen Dinges nicht bedarf.«[37] Was unser Verstand an dieser Substanz als ihr Wesen ausmachend wahrnimmt, wird als »Attribut« bezeichnet; und als ihr »Modus« wird definiert, was bloße »Affektion der Substanz« ist.

Nur ein einziges Wesen erfüllt die Bedingungen dieser Substanzdefinition: Nur Gott ist in sich, und nur Gottes Begriff bedarf nicht des Begriffs eines anderen Dinges; nur er ist die »Ursache seiner selbst«; nur sein Wesensbegriff schließt die Existenz notwendig ein. Daraus folgt: Es kann überhaupt nur eine Substanz geben – Gott.

Da außer ihm nichts »in sich« ist oder »durch sich selbst« begriffen werden kann, ist er alles, was überhaupt ist. Damit fällt der Unterschied zwischen Gott und Natur! Beide sind identisch: »Jenes ewige und unendliche Wesen, das wir Gott oder die Natur heißen.«[38]

Unter zwei Aspekten können wir es betrachten: als »natura naturans«, als die »hervorbringende Natur« von Gottes unendlichem Wesen; und als »natura naturata«, als die »hervorgebrachte Natur« alles dessen, was aus Gottes Wesen folgt – nach christlichem Sprachgebrauch: alles Geschaffenen.

Da nichts außer Gott sein eigenes Sein hat, fällt auch der Cartesische Substanzcharakter von Denken und Ausdehnung. Beide sind nur Attribute Gottes, zwei seiner unendlich vielen Wesenseigenschaften, in denen er sich darstellt. Spinoza sagt geradezu, Descartes' Ausdrucksweise aufnehmend: »Gott ist ein denkendes Ding« und »Gott ist ein ausgedehntes Ding«.

Alle Einzeldinge, alles Vergängliche und Begrenzte im Raum und im Denken, sind nun »Modi, durch die Gottes Attribute in bestimmter Weise ausgedrückt werden«. Gott ist also nicht nur die Natur ganz allgemein – jedes Ding, was ist, ist er. Daß Gott das Vergängliche nicht nur schafft, sondern es in gewisser Weise selbst ist, verschärft allerdings den Konflikt zwischen seiner ewigen Wesenheit und dem Zeitlichen.

Spinoza vermeidet diesen Konflikt, indem ewig nur Gottes Attribute sind, zeitlich dagegen die jeweiligen Zustände (Modi) dieser Attribute. Eben darum sind für Spinoza alle Einzeldinge in Raum und Zeit bloß vorübergehende Zustände einer im Kern unveränderlichen Wesenseigenschaft Gottes. Sie gehören zwar noch Gott an, sind »Affektionen« seiner Wesenseigenschaften – aber eben nur Affektionen und machen daher nicht sein Wesen aus. Als endliche Dinge wirken diese Affektionen auch direkt aufeinander durch Ursache und Wirkung und erzeugen sich gegenseitig. »Jedes Einzelne oder jedes Ding, das endlich ist, ... kann nur existieren oder zum Wirken bestimmt werden, wenn eine andere Ursache es zum Existieren oder Wirken bestimmt, die gleichfalls endlich ist und eine bestimmte Dauer hat.«[39] Andererseits: »Alles, was ist, ist in Gott und hängt von Gott derart ab, daß es ohne ihn weder sein noch begriffen werden kann.«[40] Ewige Notwendigkeit und zeitliche Kausalität sind also vollkommen verschränkt, und zwar im Geschehen selbst. Gott ist nicht mehr bloß der ferne Verursacher, der den Lauf der Welt einmal in Gang gesetzt hat – durch die gegenseitige kausale Beeinflussung seiner unzähligen Modifikationen bestimmt er ihn in jedem Augenblick selbst. Gottes Allmacht wird durch den mechanischen Ablauf der Natur nicht eingeschränkt, sondern sie stellt sich im Bereich des Vergänglichen gerade als Mechanik dar. Daher läßt sich das Naturgeschehen sowohl begrifflich, nämlich vom Gottesbegriff her, als auch mechanisch, also von den Dingen aus, begreifen und erforschen. Damit ist die Naturwissenschaft metaphysisch gerechtfertigt, aber zugleich sind ihre Grenzen abgesteckt. Philosophie und Naturwissenschaft sind zwei Weisen, Einheit und Vielheit der Natur Gottes zu erkennen.

Mit der Selbigkeit von Gott und Schöpfung löst sich auch das alte Problem der Übereinstimmung von Denken und Welt, von Gedanke und Gegenstand plötzlich auf. Denn: »Hieraus folgt, daß die menschliche Seele ein Teil des unendlichen Verstandes Gottes ist.«[41] Gott ist aber gleichermaßen die erkennende Seele wie die erkannte Sache, weil »die denkende Substanz und die ausgedehnte Substanz dieselbe Substanz sind, die bald unter diesem, bald unter jenem Attribut gefaßt wird«.[42] Die Ideen in der Seele sind also Gottes Ideen; und Gottes Ideen stellen sich nicht allein gedanklich, sondern auch körperhaft dar. Das gilt genauso umgekehrt: Körperhaftes stellt sich auch als Idee dar. Und damit ist die Übereinstimmung von Denken und Körperwelt ein für allemal gesichert. »Was dem menschlichen Körper und einigen äußeren Körpern, von denen der menschliche Körper affiziert zu werden pflegt, gemeinsam und eigentümlich ist, ... davon wird auch in der Seele eine adäquate Idee sein.«[43] Das sind zunächst die Allgemeinbegriffe, die daraus sich ergebenden logischen Gesetze und die Begriffe der Dinge, unter die wir das Einzelne einordnen.

Deshalb können wir eine klare Erkenntnis nur von dem haben, was sich auch als Idee darstellt; also nicht von jedem einzeln für sich betrachteten Ding, dem keine Idee entspricht, weil es nur ein zeitlicher Modus eines Attributes von Gott ist. Erkennbar wird es nur im Zusammenhang, als besonderer Fall eines Allgemeinen. Die Wahrnehmungen unserer Sinne sind so lange verworren, solange sie sich nicht unter Ideen ordnen. Denn: »Die Ordnung und Verknüpfung der Ideen ist dieselbe wie die Ordnung und Verknüpfung der Dinge«[44] – sind doch beide nur verschiedene Aspekte desselben Einen.

Die Gedanken Spinozas heben nicht nur die Zweiheit von Körper und Geist auf, von Gott und Natur, von göttlicher Allmacht und mechanischer Kausalität – in der von ihm erdachten Identität ist auch kein Platz mehr für einen freien Willen Gottes und des Menschen, für ein Weiterleben der Einzelseele nach dem Tod des Körpers. Da Gott vollkommen seinem Wesen entspricht, kann er nicht anders sein, als er ist; und da er zugleich die Natur ist, kann auch sie nicht anders sein, als sie ist. Ihre tatsächliche Ordnung folgt notwendig aus der Vollkommenheit Gottes. Denn damit die Natur anders sein kann, müßte Gott anders sein können; diese Andersheit Gottes müßte dann aber auch existieren, da zu seiner Wesenheit immer die Existenz gehört. Also: »Die Dinge konnten auf keine andere Weise und in keiner anderen Ordnung von Gott hervorgebracht werden, als sie hervorgebracht sind.«[45]

Damit ist auch das Denken notwendig so, wie es ist. Die Seele hat also nicht die Freiheit, Ideen zu bejahen oder zu verneinen. Die Notwendigkeit des Wahren bestimmt sie. »Wille und Verstand sind ein und dasselbe.«[46]

Hierdurch ist auch die moralische Maxime des Lebens gegeben: Erkenntnis, die in die Anschauung Gottes mündet und den Menschen im Denken der Ideen über die Dauer seiner Individualität hinaus am Ewigen teilhaben läßt.

Einmal blitzt in Spinozas Werk die Kehrseite dieser einheitlichen Prägung von Seinsordnung, Denkordnung und Notwendigkeit auf: der Verlust des schöpferischen Spielraums unter der absoluten Herrschaft der Gesetze des Denkens und der Regeln der Methode. Denn auch im Denken ist Sicherung nur möglich um den Preis der Einengung. Wäre die Sicherung lückenlos, dann würde die Methode tatsächlich bedeuten, was Spinoza zu ihrer Kennzeichnung sagt, nämlich »daß die Seele nach bestimmten Gesetzen handele und sozusagen ein geistiger Automat sei«[47] – ein Wort, geschrieben als ein Lob, zu lesen aber auch als Warnung vor der Diktatur des Rationalismus.

Sein Ziel hatte Spinoza erreicht: die ursprüngliche Einheit von Geist und Natur. Um ihretwillen erdachte er einen Gott, anders als den seiner jüdischen Väter, anders als den seiner christlichen Zeitgenossen; einen Gott, der wie eine zentrale Recheneinheit aus den kombinatorischen Formeln philosophischer Definitionen und Axiome zu entstehen scheint: ein Kalkül nach den Erfordernissen der Erkenntniskritik. Dieser Gott von der Vernunft Gnaden brüskierte das Denken nicht mehr durch Dogmen – er war ein moderner Gott: ein Gott, in dem die klassische Metaphysik sich mit dem natürlichen Glaubensbedürfnis und der mechanistischen Naturwissenschaft versöhnte.

Diese rationale Rettung Gottes konnte man entweder als eine fromme Tat schätzen oder als eine ketzerische verdammen. Geschätzt wurde sie von den Freunden Spinozas, und sicher war ihr die Verdammung aller Kirchen, der jüdischen, der katholischen und der protestantischen. Darum mied Spinoza öffentliche Aufmerksamkeit und suchte den Austausch mit dem geistigen Leben seiner Zeit nur in kleinen Gesprächszirkeln und in Briefen.

Vor seinem Tode erschien außer einer Darstellung der Philosophie Descartes' nur der »Theologisch-politische Traktat«; dem Druck fehlte der Verfassername, Druckort und Verleger waren fingiert. Als Spinoza gestorben war – 1677 mit vierundvierzig Jahren –, veröffentlichten Freunde die »Ethik« zusammen mit anderen hinterlassenen Schriften. Im Vorwort verteidigten sie den Verfasser gegen den Vorwurf der Gottlosigkeit. Doch auch sie wagten nicht, ihre Namen zu nennen.

Gottfried Wilhelm Leibniz, 1646–1716

Einige Monate vor seinem Tode meldete sich bei Spinoza ein Durchreisender zu einem Besuch an. Der Philosoph war mißtrauisch; er fürchtete, ausgehorcht zu werden. Schließlich empfing er den Angemeldeten doch.

Ihm trat ein Mann von Welt entgegen, der in Deutschland zu Hause war – in dem Deutschland, das immer noch von den wirtschaftlichen und politischen Folgen des Dreißigjährigen Krieges gezeichnet war. Das Gespräch zeigte rasch, daß der Besucher auch ein Mann von Geist war, beschlagen in Mathematik wie in Philosophie, in Politik wie in Wirtschaft. Er war etwa dreißig Jahre alt und hieß *Gottfried Wilhelm Leibniz*. Er kam aus der französischen Hauptstadt, wohin ihn vor Jahren ein diplomatischer Auftrag des Kurfürsten von Mainz geführt hatte, und er war auf dem Weg nach Hannover, um dort sein Amt als Hofrat und Bibliothekar anzutreten.

So verschieden die Lebenskreise der beiden waren, so gleich waren die Motive ihres Philosophierens. Beide standen unter dem Eindruck der Erfolge, die aus der Verbindung von Mathematik und Naturbeobachtung hervorgegangen waren. Beide lehnten trotzdem die auf der naturwissenschaftlichen Welterklärung fußenden Erkenntnistheorien der englischen Philosophen ab. Beide wußten sich mit Descartes einig im Ziel, auch das philosophische Denken dem mathematischen Methodenideal zu nähern, uneinig aber mit dem Ergebnis dieses methodischen Mühens: der Dualität von Denken und Körpersein. Doch Leibniz suchte noch, was Spinoza bereits gefunden hatte: die Verknüpfung der beiden Seinsweisen im Weltgeschehen selbst, nicht erst in dem jenseitigen Schöpfergott, der Descartes noch als Garant ihrer Einheit genügt hatte.

Leibniz hatte Philosophie von Kindesbeinen an studiert. Sein Vater, Notar und Professor der Moral in Leipzig, und seine Mutter, eine Juristentochter, hatten ihm nicht nur Klugheit mitgegeben, sondern sie hatten dem Kind diese Gabe auch zur Aufgabe gemacht, indem sie ihm die Werke von Aristoteles, Platon und Plotin zu lesen gaben. So konnte sich Leibniz bereits mit fünfzehn Jahren an der Universität seiner Vaterstadt einschreiben. Zwei Jahre später verteidigte er seine Bakkalaureatsarbeit vor den Prüfern. Mit zwanzig Jahren reichte er seine juristische Doktorarbeit in Altdorf bei Nürnberg ein – den Leipzigern war er zu jung dafür gewesen, die Altdorfer dagegen boten dem Promovierten gleich eine Professur an. Doch er lehnte ab, denn ihn reizten mehr die Politik und die große Welt, die er im Dienst des Mainzer Kurfürsten kennenlernte. Aber die Wissenschaft ließ ihn nicht los, sonderlich die Mathematik nicht.

In ihr suchte er die Wurzeln einer allgemeinen Logik, einer Kunst der Analyse und Kombinatorik, eines »Alphabets der menschlichen Gedanken«. Sein Plan einer »Universal-Mathematik«, die aus Kategorienanalysen und rechnerisch-logischen Verfahren mit Hilfe eines Zeichensystems zu einer Generalwissenschaft werden sollte, stellte mit den neuartigen Mitteln seiner Zeit den Traum von der perfekten Methode dar. Die Erfindung der Infinitesimalrechnung, die ihm zugleich mit Newton gelang, bestärkte ihn: Zeigte sie doch die Möglichkeit, sogar mit dem Unendlichen zu rechnen, wenn dafür ein zeichenhaftes Kalkül gesetzt wurde.

Der Grundsatz seiner Jugend, einst pythagoreisch wurde nun zum Grundsatz eines Zeitalters: »Die Wesenheiten der Dinge lassen sich als Zahlen begreifen«; dieser Grundsatz wurde ihm allerdings bald zweifelhaft. In einem Brief schildert er seine geistige Entwicklung seit dem Studienbeginn in Leipzig: »Als ich mich von der trivialen Schulphilosophie befreit hatte, verfiel ich auf die Modernen, und ich erinnere mich noch, daß ich im Alter von fünfzehn Jahren allein in einem Wäldchen nahe bei Leipzig, dem sogenannten Rosental, spazierenging und bei mir erwog, ob ich die substantiellen Formen beibehalten sollte. Schließlich trug der Mechanismus den Sieg davon und veranlaßte mich, mich der Mathematik zu widmen, in deren Tiefen ich allerdings erst durch meinen Verkehr mit H. Huyghens in Paris eindrang. Als ich aber den letzten Gründen des Mechanismus und der Gesetze der Bewegung selbst nachforschte, war ich ganz überrascht zu sehen, daß es unmöglich war, sie in der Mathematik zu finden, und daß ich zu diesem Zwecke zur Methaphysik zurückkehren mußte.«[48]

Leibniz wurde durch drei Überlegungen zu dieser Rückkehr veranlaßt. 1. Ein Körper ist nicht nur Ausdehnung, sondern ebenso Undurchdringlichkeit. 2. Aus den Körpern allein läßt sich noch kein Geschehen herleiten; erst wenn ihnen Kraft zugeordnet wird, sind die Gesetze der Mechanik sinnvoll. Damit aber wird der Vorteil der atomistischen Welterklärung aufgehoben, alles aus einem einzigen Prinzip ableiten zu können. 3. Materielle Atome, die bloß von ihren gegenseitigen Stößen bewegt werden, ergeben niemals etwas anderes als eine unendliche Anhäufung oder Ansammlung von Teilen. Es bleibt unerklärbar, wie aus diesem ordnungslosen Gewimmel je größere Einheiten, wie sie zum Beispiel die Lebewesen darstellen, hervorgehen können. So wenig wie ausdehnungslose mathematische Punkte durch bloße Aneinanderreihung das Kontinuum, etwa einer Linie, erzeugen können, so wenig kann aus der bloßen Häufung von einerlei Atomen Vielheit der Erscheinungen entstehen. Es bedarf dazu steuernder Einheiten im Geschehen selbst.

»Um also diese reellen Einheiten zu finden, mußte ich zu einem reellen und sozusagen beseelten Punkte zurückgehen, d. h. zu einem substantiellen Atome, das etwas Formales oder Aktives einschließen muß, um ein vollständiges Wesen zu bilden. Ich sah mich also gezwungen, die heute so verschrienen substantiellen Formen wieder zurückzurufen und gewissermaßen wieder zu Ehren zu bringen.«[49]

Leibniz war sich darüber im klaren, daß diese Ehrenrettung nur gelingen konnte, wenn sie mit der mechanischen Weltbeschreibung der neuen Naturwissenschaft in Einklang zu bringen war. Darum betont er, »daß man diese Formen nicht gebrauchen dürfe, um die besonderen Probleme der Natur zu erklären, wenngleich sie zur Feststellung der wahren allgemeinen Prinzipien notwendig sind«.[50] Er unterscheidet also auch in seinem System die mechanische Naturerklärung von der metaphysischen; er versucht aber, die mechanische unmittelbar auf die metaphysische zurückzuführen, indem er zum Körperbegriff die Kraft hinzunimmt und ihren Ursprung bedenkt. Er weist darauf hin, daß er damit die Entelechien des Aristoteles wiederaufnimmt, zieht für sie aber den Namen »forces primitives« – »ursprüngliche Kräfte« – vor.

Ihr Wirken demonstriert Leibniz an einer Einheit, die beispielhaft und uns vertraut ist, weil wir uns ihrer in allen äußeren und inneren Wechselzuständen stets als derselben gewiß sind: an unserem Ich. Gleich der Seele streben die »forces primitives« nach etwas real noch nicht Vorhandenem, aber durch sie selbst bereits Vorgestelltem. Da sie also der Seele wesensmäßig gleichen, können sie weder etwas ausgedehnt Körperliches noch eine mechanische Kraft sein. »Man könnte sie *metaphysische Punkte* nennen; sie tragen etwas wie *Leben* und eine Art von *Perzeption* [Vorstellung] in sich, und die *mathematischen Punkte* sind ihre *Gesichtspunkte,* denen gemäß sie das Universum ausdrücken.«[51]

Die »Gesichtspunkte« bedeuten, daß die seelenartigen Einheitskräfte durchaus einen Bezug auf Körperhaftes und Ausgedehntes haben, obwohl sie selbst materie- und ausdehnungslos sind. Das Körperliche an den Dingen ist freilich im Verhältnis zu ihnen nur etwas Beiläufiges, ein bloß anhaftendes Sein. Denn: »Seine Einheit stammt nur aus unserer Auffassung.«[52] Die körperliche Seite dieser Einheit ist nur »ein Gebilde unserer sinnlichen Anschauung: ein Phänomen«[53], eine bloß sinnliche Erscheinung also die von den einheitsbildenden »metaphysischen Punkten« hervorgerufen wird. Eben wegen dieser Seinsbegründung der physischen, der körperlichen Welt nennt Leibniz die ursprünglichen Kräfte metaphysische; und er bezeichnet sie als Punkte, weil sie als Ureinheiten unteilbar sein müssen und eine genau bestimmte Stellung im Weltganzen haben. Sie sind »einfache Substanzen«.

Als solchen kommt ihnen vollkommene Selbständigkeit zu, denn würden sie durch anderes verursacht oder beeinflußt oder gar verändert, so wären nicht sie, sondern das andere die ursprüngliche bildende Kraft. »Es gibt ... im strengen, metaphysischen Sinn keinen reellen Einfluß einer geschaffenen Substanz auf eine andere.«[54] Sie sind also unmittelbar von Gott geschaffen, könnten nur durch ihn wieder vernichtet werden, wirken nur kraft ihrer selbst und sind von außen völlig unbeeinflußbar. Leibniz gibt ihnen einen griechischen Namen, der sowohl die Einheit bezeichnet wie ihre Einzigartigkeit: »Monade.«

Um den unterschiedlichen Erscheinungsweisen der Dinge – leblose Körper, Pflanzen, Tiere, Menschen – gerecht zu werden, nimmt Leibniz Monaden verschiedenen Ranges an. Die untersten haben in sich nur dunkle, nicht bewußte Vorstellungen: Sie sind bloße »in die Materie versenkte Formen«. Die höheren verbinden ihre Vorstellungen bereits mit Bewußtsein, das ermöglicht Empfindung und Gedächtnis: Sie bilden die Seelen der Pflanzen und Tiere. Allein die dritten besitzen das Selbstbewußtsein ihrer Vorstellungen: Sie sind menschliche Seelen. Nur die Geister der Menschen sind nach dem Bilde der Gottheit geschaffen, darum selbst »wie kleine Götter«. »Deshalb regiert Gott die Geister wie ein Fürst seine Untertanen, ja, sorgt für sie, wie ein Vater für seine Kinder Sorge trägt, während er über die anderen Substanzen wie ein Ingenieur über seine Maschinen verfügt.«[55]

Mit der Annahme einer Vielzahl individueller Monaden hat Leibniz das alte Problem der Teilhabe des Einzelnen am Allgemeinen – oder umgekehrt der Anwesenheit der Gattung im Individuum – gelöst: Jedes Wesen ist nun die Darstellung seiner nur ihm selbst eigenen Substanz. Die Lösung ist aber mit einer neuen Schwierigkeit, kaum geringer als die alte, erkauft. Da die Substanz unveränderbar in sich selbst verschlossen ist, ist auch das Wesen, dem sie Form gibt, isoliert von allen Außeneinflüssen. Leibniz veranschaulicht diese undurchdringliche Verschlossenheit in seiner »Monadologie«: »Die Monaden haben keine Fenster, durch die etwas hinein- oder heraustreten könnte.«[56] Damit aber löst sich das Ursachen- und Wirkungsgeflecht allen Geschehens in nichts auf. Übrig bleibt ein Universum zahlloser Monaden, die blind gegen alles außer den in ihnen selbst eingeschlossenen Vorstellungen in absoluter Vereinzelung für sich existieren.

Am meisten betroffen ist das Ich. Wie hängt die Monade meiner Seele noch zusammen mit der Monade, die meinem Körper Einheit und Leben verleiht, wenn beide seit Beginn der Schöpfung auf ewig getrennte Substanzen sind?

Leibniz findet eine Lösung, die – wie er schreibt – »mich selbst überraschte, die mir aber unvermeidlich schien und die in der Tat sehr große Vorzüge und bedeutsame Schönheiten aufweist«.[57] Jede Monade wird zwar gemäß ihrem eigenen Gesetz tätig, dieses Gesetz aber hat Gott ihr gegeben; ihre Selbsttätigkeit ist darum nur ein individueller Aspekt des allgemeinen Schöpfungsgesetzes. Sie repräsentiert mithin das Ganze dieses Gesetzes und damit auch die Gesamtheit des aus diesem Gesetz folgenden Naturgeschehens. »Es besteht daher unter allen Substanzen eine vollkommene Übereinstimmung, da jede von ihnen das ganze Universum nach ihrer Art und aus einem bestimmten Gesichtspunkt exakt ausdrückt.«[58]

Was uns im Ich als Wechselwirkung zwischen Körper und Seele erscheint, ist in Wahrheit das Ergebnis der minuziösen Übereinstimmung in der Tätigkeit zweier von der Schöpfung her aufeinander angelegten, aber doch gänzlich selbständigen Substanzen. Diese Selbständigkeit sichert der Seelenmonade Unabhängigkeit von jeder Einwirkung, sogar von der ihres eigenen Körpers. Körperlicher Zerfall, Krankheit oder Tod lassen sie unberührt, sie besteht nach dem Tod ewig weiter als Individuum, wie sie geschaffen wurde. Ebenso unberührt von anderem bleibt sie bei ihren Willensentscheidungen; sie denkt und handelt frei, allein aus sich selbst, kausale Bestimmungen können sie gar nicht erreichen. Darum stellt Leibniz mit spürbarem Vergnügen an der paradoxen Umkehrung fest, »daß man, statt zu sagen, daß wir nur scheinbar und in einer Weise, die der Praxis genügt, frei sind – wie mehrere geistvolle Männer angenommen haben –, vielmehr sagen muß, daß wir nur scheinbar unfrei sind«.[59]

Aber nicht nur das scheinbare Wechselspiel von Körper und Seele wird in Wahrheit von ewig in sich verschlossenen, wenn auch aufeinander abgestimmten Partnern betrieben, sondern das gesamte Weltgeschehen vollzieht sich nach diesem Muster. »So ist es diese gegenseitige, im voraus in jeder Substanz des Universums geregelte Beziehung, die das hervorbringt, was wir ihre wechselseitige Einwirkung nennen. . .[60]

Leibniz sieht darin geradezu einen neuen Beweis für die Existenz Gottes, »denn die vollkommene Übereinstimmung so vieler Substanzen, die nicht in Verbindung untereinander stehen, kann nur aus der gemeinsamen Ursache stammen«.[61] Der Gedanke, in den Leibniz' System mündet, ist phantastisch und von strenger Logik zugleich: Aus dem isolierten Einzelspiel einer jeden Monade entsteht ein vollkommener Zusammenklang aller. Unwillkürlich formt sich in der Vorstellung das Bild eines Orchesters, in dem jeder Spieler nur den für ihn geschriebenen Noten folgt, blind und taub gegen die anderen, und alle zusammen doch eine wunderbare Harmonie erzeugen dank der vollkommenen Partitur des Komponisten. Der Komponist ist kein anderer als Gott: Weil er jeder Monade ihren Part bei der Schöpfung mitgegeben und damit den aus der Summe aller Einzelstimmen sich ergebenden Zusammenklang des Weltgeschehens für alle Zeit festgesetzt hat, darum herrscht im Universum eine »praestabilierte Harmonie«.

Diese Harmonie hat Gott gewählt unter den unendlich vielen Möglichkeiten, eine Welt zu gestalten, weil sie die vollkommenste ist. Wenn sie unserer begrenzten Einsicht auch nicht immer als das erscheint, so ist sie doch immer noch »die beste der möglichen Welten«. Denn Gott hat sie gemäß seiner Vernunft aus freier Entscheidung verwirklicht; und hätte er nicht das Beste gewollt, so hätte es keinen Grund gegeben, überhaupt etwas zu schaffen.

Diese optimistische Vorstellung reizte die Spottlust Voltaires derart, daß er ihr einen ironischen Roman widmete: »Candide oder der Glaube an die beste der Welten« – die freilich in seiner Schilderung zur scheußlichsten aller Welten wird. Unbeirrt von allen Greueln belehrt am Schluß der Philosoph Pangloß den gebeutelten Helden Candide: »Alle Ereignisse sind in dieser besten aller möglichen Welten ineinander verkettet. Denn wären Sie nicht mit derben Fußtritten in den Hintern aus dem schönen Schloß fortgejagt worden um Ihrer Liebe zu Fräulein Kunigunde willen, wären Sie nicht der Inquisition in die Hände gefallen, hätten Sie nicht Amerika zu Fuß durchwandert, hätten Sie dem Baron nicht einen tüchtigen Degenstich versetzt und hätten Sie nicht alle Ihre Hammel aus dem schönen Land Eldorado verloren, so säßen Sie jetzt nicht hier und äßen nicht eingemachten Zedrat und Pistazien.«[62]

Voltaire konnte spotten, weil er sich blind stellte vor dem eigentlichen Argument. Schließlich war Leibniz nicht einfältig genug, Bosheit und Leid dieser Welt zu leugnen; aber er unterstellte, daß es in einem notwendigen Zusammenhang mit dem Guten stünde, daß das eine ohne das andere nicht zu verwirklichen sei. Seine »Theodizee« begründet diese Verkettung. Da Gott, die oberste Monade, nicht wieder Götter schaffen konnte, müssen alle seine Geschöpfe mit Unvollkommenheiten behaftet sein – das ist das unaufhebbare »metaphysische Übel« der Welt. Daraus ergibt sich als zweites das »physische Übel«, das Leid; es ist als Strafe, Ansporn oder Abschreckung gerechtfertigt. Schließlich das »moralische Übel«, die Sünde; sie ist der Preis dafür, daß Gott nicht irgendeinen, sondern den besten Menschen schaffen wollte, nicht einen Automaten, sondern einen frei und sittlich entscheidenden. Dieser beste der Menschen ist nur zu verwirklichen, wenn ihm auch das Böse offensteht.

Die »Theodizee« – diese Rechtfertigung Gottes und seiner Güte – war von Leibniz auf Wunsch der hannoverschen Prinzessin Sophie Charlotte herausgegeben worden; neben einigen Aufsätzen blieb sie das einzige größere Werk, das zu seinen Lebzeiten erschien. Die Heirat der Prinzessin nach Berlin gab Leibniz die Gelegenheit, einen lange gehegten Plan auszuführen: den Aufbau einer Akademie der Wissenschaften. Friedrich I. von Brandenburg-Preußen stiftete sie im Jahr 1700, und Leibniz wurde ihr erster Präsident. Sogar der Wiener Hof ehrte ihn: Er wurde zum Freiherrn erhoben und zum Reichshofrat ernannt.

Doch bald wurden alle Ehrungen schal: Nach dem Tod der Gönnerin Sophie Charlotte wurde es einsam um den immer noch planenden und in alle Welt schreibenden Leibniz. Als er 1716 in Hannover starb, war sein großes Werk kaum bruchstückhaft veröffentlicht. Neben vollendeten und unvollendeten

Manuskripten lagen Tausende von Briefblättern – Spuren seiner Verbindungen zu allen Wissenschaften und Wissenschaftsrichtungen seiner Zeit, Spuren seines unermüdlichen Strebens, aufzunehmen, zu lernen, anzuregen, zu sondern und das für Wert Befundene durch die Kraft seines Gedankens in einer neuen Einheit zu verbinden.

DIE HERAUSFORDERUNG DER NATURWISSENSCHAFTEN

Francis Bacon, 1561–1626 / Thomas Hobbes, 1588–1679 / George Berkeley, 1685–1753 John Locke, 1632–1704 / David Hume, 1711–1776

Die Erfahrungswissenschaften hatten sich inzwischen auf ihren eigenen Weg zur Wahrheit gemacht; er führte durch die Linsen von Mikroskopen und Fernrohren, und die Zeiger von Waagen und Uhren gaben die Richtung an. Die Wissenschaft von der Natur hatte sich freigekämpft aus dem Gestrüpp der Magie, der Alchimie und der Astrologie, die bis dahin großen Einfluß ausübten.

Den Astronomen des 16. Jahrhunderts – und auch dem Papst, dem er seine Arbeit schickte – hatte der Frauensburger Domherr *Nikolaus Kopernikus* vorgerechnet, um wieviel einfacher die Erscheinungen am Himmel zu erklären seien, wenn die Sonne als Mittelpunkt aller Bewegungen angenommen würde und nicht die Erde. Neu war nicht dieser Gedanke – Kopernikus selbst verweist auf seine antiken Vorgänger –, neu war die Geschlossenheit seiner mathematischen Begründung. Vollends schlüssig machte ihn freilich erst die Annahme elliptischer Planetenbahnen durch *Johannes Kepler.* Das Aufgeben des Kreises, den noch Kopernikus für unantastbar als vollkommenste Figur einer Bewegung gehalten hatte, war ein Verzicht, dessen Bedeutung wir uns in der heutigen Zeit erst mühsam bewußt machen müssen.

Als ihn Kepler 1609 in seiner »Astronomia nova« vortrug, lernte Descartes noch seine Lektionen bei den Jesuitenpatres in La Flèche. Zur selben Zeit beobachtete der Paduaner Mathematikprofessor *Galileo Galilei* am Himmel die einzelnen Sterne der Milchstraße und maß auf der Erde die Bewegungsabläufe von geworfenen und fallenden Körpern. Seine Untersuchungen führten zur ersten großen Abstraktionsleistung der Physik: zur Vorstellung des »freien«, also durch Luftreibung unbeeinflußten Falles. Der tatsächliche Geschehensablauf wurde damit durch einen bloß fiktiven, aber mathematisch klar faßbaren erklärt; die Wirklichkeit eines Vorganges in einzelne Ursachenstränge zerlegt. Die erste Eroberungsphase der neuen Wissenschaft schloß *Isaac Newton* ab. Er sah in den Himmelsbewegungen und den irdischen Fallgesetzen das Wirken einer einzigen, allen Körpern eigenen Anziehungskraft, der Gravitation, und faßte ihre Ausbreitungsstärke in mathematische Formeln.

Der Verzicht auf philosophische Wesenserkenntnis zugunsten einer zahlenmäßigen Ordnung des durch die Sinne Erfahrbaren schien tatsächlich das menschliche Wissen sprunghaft zu erweitern. Statt der Begriffe vermittelte nun die Mathematik zwischen dem Denken und den Erscheinungen. Sie war von alters her sicherster Teil des Denkens, doch jetzt erst erwies sie sich nachmeßbar auch als Teil der Natur. Sie wurde zur Grundlage der neuen Ordnung, zu der sich Menschengeist und Natur zusammenfanden. Das Glaubensbekenntnis dieser erstmals nicht nur vermuteten oder geforderten, sondern praktizierten Einheit schrieb Galilei: »Nimmt man ... das Verstehen intensive, insofern dieser Ausdruck die Intensität, d. h. die Vollkommenheit in der Erkenntnis irgendeiner einzelnen Wahrheit bedeutet, so behaupte ich, daß der menschliche Intellekt einige Wahrheiten so vollkommen begreift und ihrer so unbedingt gewiß ist, wie es nur die Natur selbst sein kann. Dahin gehören die mathematischen Erkenntnisse, nämlich die Geometrie und die Arithmetik.«[63] – Den damit verbundenen Verzicht erhebt Newton ausdrücklich zur Maxime: »Ich habe bisher die Erscheinungen der Himmelskörper und die Bewegungen des Meeres durch die Kraft der Schwere erklärt, aber ich habe nirgends die Ursache der letzteren angegeben... Ich habe noch nicht bis dahin gelangen können, aus den Erscheinungen den Grund dieser Schwere abzuleiten, und Hypothesen erdenke ich nicht.«[64]

Diese neue Gesinnung war gedanklich lange vorbereitet worden: Die Philosophie hatte selbst die Abspaltung der Naturwissenschaften betrieben. Bereits in der Scholastik hatten die nominalistischen Zweifel an der selbständigen Existenz der Begriffe die Erfahrung aufgewertet. Diese Aufwertung war folgerichtig. Denn wenn die Begriffe nicht mehr als Gestaltungskräfte in den Dingen, sondern nur noch als Ordnungsgesichtspunkte unseres Erkennens betrachtet wurden, so blieben die Sinne die einzigen Verbindungsstege zur Weltwirklichkeit. Zwar konnten auch sie die Dinge nicht unverfälscht abbilden; aber ihre Meldungen waren durch Messungen objektivierbar und durch Zahlenverhältnisse zueinander in Beziehung zu setzen. Dadurch, daß die Vertreibung der Begriffe aus den Dingen nicht mehr erlaubte, nach dem Was ihres Wesens zu fragen, ergab sich die Möglichkeit, dieses Was nur noch als mechanisches Wie ihres Zustandekommens zu begreifen. Die Physik war das logische Ergebnis des nominalistischen Vertrauensschwundes gegenüber der Metaphysik. Die Philosophie hatte ihren Rang als Königin der Wissenschaften selbst aufgegeben.

Zwar gelang es Descartes, Spinoza und Leibniz, die Metaphysik derart fortzuentwickeln, daß sie nicht an den Einwänden des Nominalismus zugrunde ging; aber der Preis dieser Entwicklung war die Anerkennung der Ebenbürtigkeit der Erfahrungswissenschaften. Darin gerade bestand die schöpferische Kraft ihrer Gedanken: kein bloßes Arrangement mit dem Neuen herzustellen, sondern dem Konkurrenten, der mit so sichtbarem Erfolg für wissenschaftlich wahr nur das nahm, was er messen und in mathematische Formeln fassen konnte, eine metaphysische Legitimation zu geben. Freilich war das ein eher nachträglicher Akt, dessen der selbstbewußte Abkömmling gar nicht bedurfte. Er schickte sich bereits an, aus eigener Macht ein zweites Reich der Wahrheit neben der Philosophie zu errichten. Die philosophische Versöhnung diente letztlich mehr dem Überleben der Metaphysik als dem Bedürfnis der Naturwissenschaft. Ihr genügten Erfahrung und Zahl als Brücken zwischen Geist und Naturgeschehen. Für die Metaphysik dagegen blieb es nach wie vor eine Frage, worin – außer in Gott – diese nicht nur in der Zahl, sondern auch in Begriffen zutage tretende Übereinstimmung bestand. Darum hatten Spinoza und Leibniz eine Einheit gesucht, die die von Descartes zementierte Kluft zwischen Denken und Körpersein überspannte: ein metaphysisches Prinzip, das in der Welt selbst die Doppelheit von Denken und Körper bewirkte, die Parallelität von Physik und Metaphysik zuließ. Für Spinoza war es Gott als Natur, für Leibniz Gottes Schöpfungsplan in Gestalt der Monaden.

Doch auch die Philosophen im Gefolge des Nominalismus konnten die Frage nach der Übereinstimmung von Dingen und Denken nicht umgehen – auch Erfahrungswissenschaft setzte noch Übereinstimmung voraus –, aber sie stellte sich ihnen ganz anders. Da sie einen auf Begriffen ruhenden Brückenschlag zwischen Natur und Geist nicht für möglich hielten, bestand für sie die einzige Verbindung in der Sinneserfahrung: in der Empirie.

Erfahrung als den besseren Teil der Wahrheit zu preisen entsprach dem Zug der Zeit. Die kräftigsten Stimmen zu ihrem Lob erschollen in England.

Francis Bacon verkündete 1620 in seinem »Neuen Organon der Wissenschaften« – ein anspruchsvoller Titel, der das Werk an die Seite des Aristotelischen Organons stellen sollte: »Der Mensch als Diener und Ausleger der Natur wirkt und versteht nur so viel, als er von der Ordnung der Natur entweder durch angestellte Versuche oder durch Beobachtung bemerkt hat, und über das weiß und vermag er nichts.«[65] Das gleiche hatte schon sein Namensvetter Roger Bacon dreihundert Jahre zuvor ausgesprochen – doch nun gaben die Worte der Stimmung eines Zeitalters Ausdruck und nicht nur eines einzelnen und wurden darum gehört. Gehört wurde die Verdammung der »Idole«, der Götzen der Vorurteile, die den Weg der »Induktion«, das Aufsteigen von der Einzelerfahrung zum Allgemeinen, bisher verstellt hätten. Gehört wurde Bacons Anklage: »An den Begriffen ist nichts Gesundes, weder an den logischen noch an den physischen: die Begriffe von Substanz, von Beschaffenheit, von Tun, von Leiden und selbst von Sein taugen nichts und noch weit weniger diese anderen vom Schweren und Leichten, vom Dichten und Dünnen, . . . von Element, Materie und Form und dergleichen mehr; sie sind alle phantastisch und unrichtig bestimmt.«[66]

Das gleiche demonstrierte *Thomas Hobbes* 1655 in seinen »Grundzügen der Philosophie« mit dem Gedankenexperiment einer allgemeinen Weltvernichtung, von der lediglich ein Mensch ausgenommen sei. Dieser Mensch werde immer noch seine Vorstellungen von Dingen und Eigenschaften haben, sie gedanklich verbinden und für wirklich halten. Im Studierzimmer sei es gleichgültig, ob der Himmel, über den man gerade nachdenkt, tatsächlich existiert oder nicht. Hobbes' Folgerung: »Wenn wir genau betrachten, was wir tun, wenn wir denken und schließen, werden wir finden, daß auch dann, wenn alle Dinge in der Welt bestehen, wir doch immer nur unsere eigenen Phantasmen ins Auge fassen und vergleichen.«[67] Zu diesen Phantasmen gehören auch Raum und Zeit. Raum ist nichts weiter als die allgemeinste Vorstellung einer Existenz von irgend etwas außerhalb unser. Zeit besteht ebenfalls nicht in den Dingen, sondern nur im Denken des Geistes selbst. Hobbes bezweifelte darum nicht etwa die Realität der Außenwelt; er schloß umgekehrt auf die Unwirklichkeit unserer kategorialen Vorstellungen – eine nominalistische Folgerung, die dreihundert Jahre zuvor Wilhelm von Ockham ins päpstliche Gefängnis von Avignon gebracht hatte. Erwies die Wahrheit sich derart als ein Phantom, so wurde Philosophie zu einem sinnlosen Geschäft. Hobbes' Absage an die zweckfreie Erkenntnis wurde zur Parole, unter der schließlich das Denken zum Instrument der Technik verkümmerte: »Wissenschaft dient nur der Macht! ... Und alle Spekulation geht am Ende auf eine Handlung oder Leistung aus.«[68]

Wie leicht sich aus dem Umstand, daß wir bei der Weltbetrachtung nur Sinnesempfindungen nach der Ordnung unseres Denkens zusammenfassen, das genaue Gegenteil folgern läßt, bewies *George Berkeley* 1710 in seiner »Abhandlung über die Prinzipien der menschlichen Erkenntnis«. Da wir von dem Sein der Dinge nichts wissen, außer wenn wir sie wahrnehmen, besteht für ihn das Sein der Welt überhaupt nur im Wahrgenommenwerden. Seine Formel dafür: esse = percipi (sein ist: wahrgenommen werden). Das eigentlich Existierende ist darum nur das, was wahrnimmt: unser Geist. Die Vorstellungen, die für ihn unabweisbar sind und die er deshalb für wirkliche Dinge hält, werden in Wahrheit vom Urheber der Natur *direkt* den Sinnen eingeprägt. Mit Genugtuung stellte Berkeley fest, daß damit die Materie aus der Natur ausgetrieben sei, Atheismus und Materialismus keine Grundlage mehr hätten. Wenige Jahre nach Erscheinen seiner Schrift wurde Berkeley Bischof in Irland. Seine merkwürdige Verbindung von Erfahrungs- und Geistesphilosophie blieb eine späte Ausnahme.

Trotz aller Ablehnung der Tradition, trotz aller Zurückweisung der Begriffserkenntnis und trotz aller Lobpreisung der Erfahrung – die Verdammung des Alten war leichter als die Rechtfertigung des Neuen. Je weniger das Denken als mit der Weltwirklichkeit übereinstimmend angesehen wurde, um so fragwürdiger mußten seine Ursprünge werden.

Eine wirkliche Begründung des Empirismus schuf der in demselben Jahr wie Spinoza - 1632 - geborene *John Locke*. Er erst stellte die Frage, woraus unser Denkvermögen und seine Inhalte sich denn speisten, wenn die metaphysischen Quellen der angeborenen Ideen oder der in allem Seienden wirkenden Formen nicht mehr fließen sollten. Mit ihm wurde der Empirismus philosophisch - erklärte nicht mehr bloß die Erfahrung zum tauglicheren Forschungsinstrument, sondern leitete aus ihr unsere Begriffe und Denkprinzipien her. Und nur darin besteht der Gegensatz des Empirismus zum Rationalismus - nicht im Mehr oder Weniger des wissenschaftlichen Einsatzes von Erfahrung.

Locke argumentiert in seiner »Abhandlung über den menschlichen Verstand«: Gäbe es angeborene Ideen oder Denkgrundsätze, so müßten auch unerfahrene Kinder sie beherrschen und überdies die Menschen in aller Welt darüber einig sein. Weder das eine noch das andere trifft zu. »Wir wollen also annehmen, der Geist sei, wie man sagt, ein unbeschriebenes Blatt.«[69] Woher kommt nun die Fülle der Ideen, das Material des Denkens? »Ich antworte darauf mit einem einzigen Wort: aus der *Erfahrung*. Sie liegt unserem gesamten Wissen zugrunde; aus ihr leitet es sich letztlich her. Unsere Beobachtung, die entweder auf äußere sinnliche Objekte gerichtet ist oder auf innere Bewußtseinsvorgänge, die wir wahrnehmen und über die wir reflektieren, liefert unserem Verstand das gesamte *Material* des Denkens. Dies sind die beiden Quellen der Erfahrung, aus denen alle Ideen entspringen, die wir haben oder naturgemäß haben können.«[70]

Weil die Bildung der Vorstellung äußerer Dinge durch die Sinne veranlaßt wird, nennt Locke diese Art der Wahrnehmung »sensation« im Gegensatz zur »reflection«, der »Wahrnehmung der Tätigkeiten des eigenen Geistes in uns, der sich mit den ihm zugeführten Ideen beschäftigt«.[71] Aus der Reflexion entnimmt der Geist »eine zweite Reihe von Ideen«, denen in der Außenwelt nichts entspricht, wie zum Beispiel Denken, Glauben, Wollen und ähnliches.

Locke ist sich darüber im klaren, daß er damit die Herkunft der Vorstellungen und Begriffe aufgezeigt, nicht aber den Vorgang ihrer Bildung erklärt hat und schon gar nicht das Vermögen, sie aufeinander zu beziehen. Auch wenn das Bewußtseinsmaterial aus der inneren und äußeren Beobachtung stammt, wie wird es zu Einheiten zusammengefaßt und unterschieden? Lockes Antwort erklärt wenig: »In der Erkenntnis sehe ich deshalb nichts anderes als *die Wahrnehmung des Zusammenhangs und der Übereinstimmung oder Nichtübereinstimmung sowie des Gegensatzes zwischen beliebigen Ideen, die wir haben.*«[72] So bleiben auch für Locke ursprüngliche Elemente des Denkens vor aller Erfahrung bestehen, nicht Denkinhalte, sondern die Fähigkeit der Wahrnehmung von Übereinstimmung oder Nichtübereinstimmung. »Dieser Akt ist ein so unbedingt notwendiger, daß ohne ihn kein Erkennen, kein Folgern, kein Vorstellen, ja überhaupt kein bestimmtes Denken möglich wäre.«[73] Wie überraschend, Platons Ideenspur noch im Empirismus zu finden! Offenbar gibt es Grundgedanken, die nicht zu denken unmöglich ist.

Doch die Spur wird immer dünner. Im Werk von *David Hume* geht sie fast verloren. Hier droht die Philosophie sich selbst aufzuheben; das Denken scheint sich im Ungewissen der Skepsis zu verlieren. Hume führte nicht allein die Inhalte des Denkens auf die Erfahrung zurück, sondern sogar dessen für die Tatsachenerkenntnis entscheidende Funktion. Der Geist besteht für ihn überhaupt nur noch in der Fähigkeit zur Verknüpfung von Vorstellungen und Gedanken. Drei Gesichtspunkte gibt es für dieses Vermögen der »Assoziation«: Ähnlichkeit, Berührung in Zeit und Raum, Ursache und Wirkung.

Bleibt die Vernunft ganz bei sich – wie in der Mathematik –, so ist sie der Wahrheit des Gedachten gewiß, denn diese Gedanken sind unabhängig von der Existenz oder Nichtexistenz des Gedachten außerhalb des Denkens. Bezieht der Geist sich aber auf etwas außerhalb seiner, auf Tatsachen, so besitzt er von sich aus keine Gesichtspunkte mehr für deren Verknüpfung. Darum kann er sich ihrer nicht in demselben Maße sicher sein wie der rein gedanklichen Vorstellungen.

Trotzdem hält der Mensch bestimmte Tatsachenbehauptungen für wahr, andere für unwahr. Worin ist der Unterschied begründet? Im Geist selbst offensichtlich nicht, denn ein Satz wie »Die Sonne wird morgen *nicht* aufgehen« ist weder unverständlich noch widersprüchlich. Der Geist kann ihn sich klar vorstellen und keine logische Falschheit an ihm entdecken – und doch hält er ihn für falsch.

»Es dürfte also des Interesses wert sein, die Natur jener Evidenz zu erforschen, die uns jede wirkliche Existenz und Tatsache sicherstellt, welche über das gegenwärtige Zeugnis der Sinne oder die Angaben unseres Gedächtnisses hinausgeht. Es fällt auf, daß dieser Teil der Philosophie bei den Alten wie bei den Neueren wenig gepflegt worden ist.«[74]

Die sichernde Verbindung zwischen gegenwärtigen – und darum gewissen – und zeitlich oder räumlich entfernteren Tatsachen sieht Hume in der Beziehung von Ursache und Wirkung. Indem wir der vermeintlich unzerreißbaren Kausalkette in Gedanken folgen, halten wir unsere Folgerungen für ebenso zwingend wie das Geschehen selbst. Die Haltbarkeit der Kausalkette ist daher entscheidend für die Verläßlichkeit unserer Erkenntnis.

»Wollen wir also eine befriedigende Aufklärung über die Natur jener Evidenz erhalten, die uns der Tatsachen versichert, so müssen wir untersuchen, wie wir zur Kenntnis von Ursache und Wirkung gelangen.«[75] Und nun folgt die umwälzende These: »Ich wage es als einen allgemeinen und ausnahmslosen Satz hinzustellen, daß die Kenntnis dieser Beziehung in keinem Fall durch Denkakte a priori [vor aller Erfahrung] gewonnen wird; sondern daß sie ganz und gar aus der Erfahrung stammt, indem wir finden, daß gewisse Gegenstände beständig im Zusammenhang stehen.«[76]

Die apriorische Kenntnis der Kausalbeziehung hält Hume deshalb für unmöglich, weil Ursache und Wirkung zwei gänzlich verschiedene Erscheinungen sind, die außer ihrer beobachteten Berührung in Zeit und Raum nichts miteinander gemein haben. »Denn die Wirkung ist von der Ursache ganz und gar verschieden und kann folglich niemals in dieser entdeckt werden.«[77] Am Beispiel der Billardkugeln zeigt er, daß allein die Erfahrung uns über den Bewegungsablauf nach dem Aufprall einer Kugel auf eine andere belehrt. Die Vernunft könnte vielerlei Wirkungen als möglich annehmen – etwa: beide Kugeln bleiben liegen, oder aber die anstoßende prallt von der ruhenden zurück –, solange sie nicht durch Erfahrung zur Bevorzugung einer Möglichkeit bestimmt wird. Und selbst dann erscheint der Zusammenhang mehr willkürlich als denknotwendig.

Aber Hume bleibt hier nicht stehen. Die Ableitung des Denkens aus der Erfahrung ist für ihn nur der erste Schritt; der zweite ist die Frage, wie Erfahrung zu einer über den Augenblick ihrer Empfindung hinausreichenden Gewißheit führen kann.

Zunächst ist sie nur etwas Gegenwärtiges und bezeugt nur Gegenwärtiges. Die Erinnerung befähigt uns außerdem, eine vergangene Erfahrungsgewißheit in der Vorstellung wieder gegenwärtig zu machen. Zukunft jedoch begegnet der Erfahrung nie. Wenn Denken allein auf Erfahrung beruhen soll, Erfahrbares aber nur Gegenwärtiges oder Vergangenes ist, was veranlaßt uns dann, Erfahrenes auf die Zukunft zu übertragen? Warum sind wir überzeugt, daß der erfahrene Zusammenhang zwischen einer bestimmten Ursache und einer bestimmten Wirkung stets besteht – auch in der Zukunft? »Immer kehrt die Frage wieder: auf welchem Begründungsverlauf beruht diese Ableitung?«[78] Die Stetigkeit der bisher erfahrenen Zusammenhänge erlaubt noch keinen Vernunftschluß auf die Zukunft, denn der Naturverlauf könnte ja künftig ein anderer sein. Der Einwand, eine solche Änderung widerspräche der Erfahrung, würde voraussetzen, was er begründen soll, nämlich eine Übertragung von Erfahrung auf die Zukunft: Da aber Erfahrung überhaupt keine Zukunft kennt, würde ihr eine künftige Änderung des Naturverlaufs keineswegs widersprechen.

Warum glauben wir trotzdem, das erfahrene Nebeneinander von Ursache und Wirkung werde auch in der Zukunft eintreten?

Nur ein Prinzip macht unser Verhalten begreiflich: »Gewohnheit oder Übung.« Die Gewohnheit der Erfahrung wird zu einer Gewohnheit des Denkens, und diese stellt sich schließlich als ein Denkgesetz dar. »Diese Hypothese scheint die einzige zu sein, welche das schwierige Problem erklärt, warum wir aus tausend Fällen etwas ableiten, das wir aus einem Falle, der in keiner Hinsicht von jenen abweicht, abzuleiten nicht in der Lage waren.«[79] Das Denken als bloße Fähigkeit des Assoziierens ruft nach genügender Wiederholung stets aufeinanderfolgender Eindrücke zwangsläufig die Vorstellung ihres Zusammenhanges hervor. Aus dem nur beobachteten Nacheinander wird schließlich der Denkzwang ihrer Folge: Die Erfahrungsgewohnheit erzeugt die Kausalität als Denknotwendigkeit.

Aus der Selbstwahrnehmung dieses Verknüpfungsvorganges im Denken entsteht eine weitere Vorstellung: die Kraft. Wie die

Kausalität projizieren wir sie von unserem Denken in die Dinge. »Diese Verknüpfung also, die wir im Geist empfinden, dieser gewohnheitsmäßige Übergang der Einbildung von einem Gegenstand zu seinem üblichen Begleiter ist das Gefühl oder der Eindruck, nach dem wir die Vorstellung von Kraft oder notwendiger Verknüpfung bilden. Weiter steckt nichts dahinter.«[80]

Die Folgen dieser Einsicht reichen weit. Wenn Kausalität weder ein Vernunftgesetz ist noch als Naturgesetz nachweisbar, so gibt es keine wirkliche Sicherheit mehr in den Naturwissenschaften. Übrig bleibt Wahrscheinlichkeit – ein »Glaube an Tatsachen oder wirkliches Sein«, ausgehend von Sinneserfahrungen und ihren gewohnheitsmäßigen Zusammenhängen. »Die vollkommenste Naturwissenschaft schiebt nur unsere Unwissenheit ein wenig weiter zurück.«[81] Und selbst die Mathematik kann die Erfahrung nur unterstützen, aber ihr nicht zum Sprung in das Innere des uns ewig verschlossenen Geschehens verhelfen.

Eine letzte Übereinstimmung allerdings zwischen Menschengeist und Natur besteht. Hume begründet sie durch das Prinzip, das anstelle vorgegebener Ideen und Kategorien Erfahrungserkenntnis überhaupt erst ermöglicht: die Gewohnheit. Sie ist mehr als eine Eigenschaft der Seele; sie ist zugleich Bürge einer uns ähnlichen Ordnung in den Dingen. Denn Gewohnheit könnte sich nicht bilden ohne immer wieder gleichartige Abläufe der Natur. Wenn die Gewohnheit uns auch nur äußerliche Häufungen und Wahrscheinlichkeiten, aber niemals die inneren Gesetze der Natur übermitteln kann, so zeugt sie doch von Regeln – mag deren Grund auch anders sein, als er sich uns darstellt. Gewohnheit hat Natur und menschliches Erkennen aufeinander abgestimmt. Ohne diese Übereinstimmung wäre der Mensch ratlos in der Welt und längst untergegangen. Und so mündet der radikale Empirismus von Hume in die Erkenntnis: »Wir finden hier also eine Art prästabilierter Harmonie zwischen dem Lauf der Natur und der Abfolge unserer Vorstellungen; und obgleich die Macht und die Kräfte, welche den ersteren regieren, uns völlig unbekannt sind, so haben doch unsere Gedanken und Vorstellungsbilder, wie wir sehen, dieselbe Bahn verfolgt wie die anderen Naturwerke.«[82]

1748 legte Hume diese Erkenntnisse in den »Philosophischen Essays über den menschlichen Verstand« der Öffentlichkeit vor; nach einer späteren Änderung lautete der englische Titel »An Enquiry Concerning Human Understanding«. Schon als Dreiundzwanzigjähriger, nach einem abgebrochenen Jurastudium, hatte er seine Gedanken in einer »Abhandlung über die menschliche Natur« veröffentlicht, aber niemand kaufte das Erstlingswerk, nichts empfahl den Namen des jungen schottischen Gutsbesitzersohnes. Erst nachdem er sich durch andere Veröffentlichungen Aufmerksamkeit erworben und das Buch aufgeteilt und umgearbeitet hatte, wurde es ein Erfolg, bald sogar ein europäischer. Eine Professur wurde Hume trotzdem versagt; er nahm eine Bibliothekarsstelle der Universität Edinburgh an, wurde dann Gesandtschaftssekretär in Paris und schließlich Unterstaatssekretär im Londoner Auswärtigen Amt.

Während er gesellschaftliche Stellung und literarischen Ruhm genoß, schlug sich im preußischen Königsberg ein gar nicht mehr sehr junger Privatdozent recht und schlecht durch das karge akademische Leben: Immanuel Kant. Humes Worte trafen ihn im Innersten.

DAS ERLÖSENDE WORT

Immanuel Kant, 1724–1804

»Ich gestehe frei, die Erinnerung des David Hume war eben dasjenige, was mir vor vielen Jahren zuerst den dogmatischen Schlummer unterbrach, und meinen Untersuchungen im Felde der spekulativen Philosophie eine ganz andre Richtung gab.«[83] Dieses Bekenntnis schrieb *Immanuel Kant,* bald nachdem 1781 seine »Kritik der reinen Vernunft« erschienen war. Am Ende des Jahrzehnts, nach der Vollendung des kritischen Dreigestirns durch die »Kritik der praktischen Vernunft« und die »Kritik der Urteilskraft«, war er bereits eine Berühmtheit. Und – sehr merkwürdig angesichts der Sprödigkeit der Themen und der Darstellung – Kants Name war in *aller* Munde, nicht nur in dem der Fachkollegen. Es war, als hätte jemand das ein Zeitalter erlösende Wort gesprochen.

Der Ruhm, nun eilfertig und willig, war spät gekommen. Kant hatte in Jahrzehnten harter Arbeit und materieller Mühsal sein Werk dem widerständigen Schicksal abgerungen. Schon im Studium hatte er sich durchbeißen müssen. Dem Sohn eines Sattlers wurde nichts geschenkt, schon gar nicht in dem pietistisch gesinnten preußischen Königsberg. 1724 war er geboren, sein Schulpensum lernte er in dem strengen Collegium Fridericianum, mit sechzehn Jahren ging er bereits auf die Universität. Er hatte sich für die Fächer Philosophie, Mathematik und Theologie entschieden. Nur langsam kam er voran, denn er mußte sich neben dem Studium Geld verdienen. Er ging als Hauslehrer zu verschiedenen Familien. Erst nach fünfzehn Jahren promovierte er – zugleich aber habilitierte er sich und erhielt damit das Recht, als Privatdozent Vorlesungen an der Universität zu halten. Sichere Einkünfte waren auch damit nicht verbunden. So ging es über zehn Jahre weiter; dann wurde Kant Unterbibliothekar an der Königlichen Schloßbibliothek.

Er hoffte auf eine Professorenstelle. Doch die Königsberger schienen den Spruch des Evangelisten Matthäus, daß der Prophet nirgends weniger als in seinem Vaterland gilt, an ihm wahrmachen zu wollen. Berufungen kamen – aber nicht von der Universität seiner Vaterstadt, sondern aus Jena und Erlangen. Kant lehnte ab; und endlich berief ihn auch die Universität, an der er seit fast dreißig Jahren gearbeitet hatte: 1770 wurde er ordentlicher Professor für Logik und Metaphysik in Königsberg. Er war nun fünfundvierzig Jahre alt und rieb sich gerade erst die Augen nach dem Erwachen aus seinem »dogmatischen Schlummer«.

Er fand das Denken in einem fatalen Zustand. Der Empirismus war überzeugend genug, das Fundament aller metaphysischen Systeme zu zerstören, aber nicht schöpferisch genug, selbst ein schlüssiges System hervorzubringen. Was vor zweitausend Jahren so vielversprechend begonnen und sich so triumphal fortgesetzt hatte, schien gescheitert. Das philosophische Denken war nicht mehr der selbstbewußte Eroberer des Ungedachten, sondern ein auf den öden Ufern des Skeptizismus Gestrandeter, der in dem Sturm des Selbstzweiflers alle früheren Gewißheiten verloren hatte. Bisher war es jedem Selbstzweifel gestärkt entstiegen, nun schien es ihm erlegen. Der Zweifel war nicht mehr der Anfang seiner Unternehmungen, sondern das Ende. Wenn Hume recht hatte, so war die Philosophie ein gewaltiges Traumreich aus Begriffen ohne Wirklichkeit, und ihr einziger Wert bestand darin, daß sie den Naturwissenschaften die Werkzeuge der Logik geliefert und geschärft hatte. Die Metaphysik konnte sich der Einwände des Empirismus aus eigener Kraft nicht erwehren, denn Hume hatte ihr ihre einzige Waffe, das Begriffsdenken, aus der Hand geschlagen.

Kants Einschätzung der historischen Situation war nicht übertrieben: »Seit *Lockes* und *Leibnizens* Versuch, oder vielmehr seit dem Entstehen der Metaphysik, hat sich keine Begebenheit zugetragen, die in Ansehung des Schicksals dieser Wissenschaft hätte entscheidender werden können, als der Angriff, den *David Hume* auf dieselbe machte.«[84] Die rasche Aufnahme von Kants Werk, seine ungeheuere Wirkung und seine Schätzung bis auf den heutigen Tag werden dadurch verständlich, daß es ihm tatsächlich gelang, diese einmalige Krisensituation des Denkens zu lösen.

Diese Lösung bereitete er durch einen verblüffenden Wechsel des Standpunktes vor. Er selbst vergleicht ihn mit der Wendung des Kopernikus, der zur Erklärung der Himmelsbewegungen »versuchte, ob es nicht besser gelingen möchte, wenn er den Zuschauer sich drehen und dagegen die Sterne in Ruhe ließ«.[85] Kant läßt die Dinge in Ruhe und das Erkenntnisvermögen des Menschen sich drehen. Die Wahrheitsfrage verkehrt sich damit. Sie heißt nicht mehr: Was in unserem Erkennen wird durch die Gegenstände bestimmt? Sie heißt nun: Inwieweit bestimmt unser Erkennen die Gegenstände?

Der Vorteil dieses Verfahrens liegt auf der Hand: Richtet sich unser Erkennen nach den Gegenständen, so können wir nur durch Erfahrung etwas von ihnen wissen; ist es aber umgekehrt, richten sich die Dinge also nach unserem Erkennen, so bestünde die Möglichkeit, daß wir *vor* aller Erfahrung etwas von ihnen wissen, und zwar weil wir sie überhaupt nur insoweit als Objekte wahrnehmen und erkennen können, als sie den vorgegebenen Bedingungen unseres Erkenntnisvermögens entsprechen. *Wenn* es Gesetze unseres Erkennens vor jeder Erfahrung gibt, wären es zugleich Gesetze der Gegenstände, sofern sie von uns erkannt werden können. Kant gibt dieser umkehrenden Untersuchungsmethode einen eigenen Namen: »Ich nenne alle Erkenntnis transzendental, die sich nicht sowohl mit Gegenständen, *sondern mit unserer Erkenntnisart von Gegenständen, insofern diese a priori* [im vorhinein, vor aller Erfahrung] *möglich sein soll,* überhaupt beschäftigt. Ein System solcher Begriffe würde Transzendental-Philosophie heißen.«[86] Eine solche Philosophie wäre also die Darstellung der Bedingungen, unter die unsere Erkenntnis die Welt als eine erkennbare von vornherein stellt.

So ungewöhnlich dieses Verfahren in der Philosophie anmutet, so vertraut ist es dem Naturwissenschaftler: Im Experiment unterwirft er ein Geschehen einer von ihm vorgegebenen Bedingung. Galilei vermutete eine mathematische Beziehung – also eine des Denkens – zwischen Fallhöhe und Fallgeschwindigkeit und maß daraufhin das Verhalten rollender Kugeln. Sein Versuch zeigte, daß die Kugeln sich wirklich »mathematisch« verhielten, also Ordnungsvorstellungen des Denkens entsprachen. Kant wendet nun die gleiche Methode an, um das Verhältnis von Begriffen und Dingen zu bestimmen.

Der Vorteil dieses Verfahrens fordert allerdings auch einen klaren Verzicht. Wenn die Dinge uns ausschließlich unter dem von unserem Erkennen gesetzten Aspekt begegnen, so nehmen wir nur die Seiten an ihnen wahr, die den Bedingungen unseres Erkenntnisvermögens entsprechen – alles andere von ihnen bleibt uns unerkennbar: Das »Ding an sich« ist uns nicht begreifbar.

Die »kopernikanische Wendung« kann freilich überhaupt nur dann etwas erbringen, wenn unsere Erkenntnis tatsächlich Prinzipien enthält, die aller Erfahrung vorausliegen; denn nur dann können sie als Bestimmungsgründe der Dinge gelten. Mindestens dreierlei also muß Kant nachweisen: 1. Es gibt Elemente unseres Erkennens a priori, also vor jeder Erfahrung. 2. Es gibt in uns Fähigkeiten a priori, derartige Elemente zu Erkenntnissen zu verbinden. 3. Es gibt in uns etwas, das diese apriorische Verbindung apriorischer Elemente erzeugt.

Die Verbindung – die Synthese – zweier Denkinhalte zu einer Erkenntnis vollzieht das Denken im Urteil. Und so formuliert Kant die Aufgabe der »Kritik der reinen Vernunft«: *»Wie sind synthetische Urteile a priori möglich?«*[87]

Zunächst braucht er nun ein Merkmal, um empirisches Material sicher von apriorischem zu scheiden. Er findet es in der Notwendigkeit, eine Sache so und nicht anders denken zu können. »Erfahrung lehrt uns zwar, daß etwas so oder so beschaffen sei, aber nicht, daß es nicht anders sein könne... Denn wo sollte selbst Erfahrung ihre Gewißheit hernehmen, wenn alle Regeln, nach denen sie fortgeht, immer wieder empirisch, mithin zufällig wären.«[88]

Hume hatte aus der gleichen Überlegung die Folgerung gezogen, unsere Gewißheit sei Schein, praktisch tauglich, aber theoretisch nicht begründbar; Kant dagegen benutzt den Gedanken umgekehrt als Widerlegung des Empirismus, indem er argumentiert: Wir haben unbestritten den Begriff der Notwendigkeit in uns; da er aus Erfahrung nicht stammen kann, ist er uns a priori eigen – mehr noch, er ist dadurch geradezu das Kennzeichen alles Apriorischen.

So gerüstet, verweist Kant darauf, daß die Untersuchung auf zwei Gebieten gleichlaufend geführt werden muß, denn es gibt »zwei Stämme der menschlichen Erkenntnis ..., nämlich *Sinnlichkeit* und *Verstand*, durch deren ersteren uns Gegenstände gegeben, durch den zweiten aber gedacht werden«.[89]

Bereits die Sinnlichkeit enthält apriorische Elemente. Die

Dinge erscheinen uns nämlich nicht vereinzelt und beziehungslos, wie unsere Empfindungen sie eigentlich liefern, sondern immer schon in gewissen Verhältnissen geordnet: Sie erscheinen in Raum und Zeit. Diese Ordnung kann nicht ihrerseits eine Empfindung sein, weil sie alle Empfindungen umgreift. Von einer Kugel zum Beispiel, die wir wahrnehmen, liefern uns unsere Sinnesorgane nur momentane Licht- und Tastempfindungen; trotzdem erscheint sie uns an einem Ort im Raum, wir fassen sie selbst als ein räumliches Gebilde auf und ordnen überdies der gesamten Wahrnehmung einen festen Zeitpunkt zu. Das heißt, die Empfindungen konkretisieren sich zur Vorstellung eines Gegenstandes, indem sie Raum- und Zeitform annehmen. »So ist uns zwar die Materie aller Erscheinung nur a posteriori [im nachhinein, durch Erfahrung] gegeben, die Form derselben aber muß zu ihnen insgesamt im Gemüte a priori bereit liegen . . .«[90] Raum und Zeit sind also bloße Formen der Anschauung, Voraussetzungen jeder sinnlichen Erfahrung, die in der Menschennatur liegen. »Was es für eine Bewandtnis mit den Gegenständen an sich und abgesondert von aller Rezeptivität [Empfänglichkeit] unserer Sinnlichkeit haben möge, bleibt uns gänzlich unbekannt. Wir kennen nichts, als unsere Art, sie wahrzunehmen, die uns eigentümlich ist, die auch nicht notwendig jedem Wesen, obzwar jedem Menschen zukommen muß.«[91]

Der zweite Stamm der menschlichen Erkenntnis ist das Denken. Sein logischer Vollzug ist unbestreitbar apriorisch, ist die Logik doch das Grundgesetz des Denknotwendigen.

Was geschieht nun, wenn Sinnlichkeit und Verstand, Anschauung und Logik sich vereinen? Zusammenkommen müssen sie, denn: »Der Verstand vermag nichts anzuschauen und die Sinne nichts zu denken. Nur daraus, daß sie sich vereinigen, kann Erkenntnis entspringen.«[92]

Diese Vereinigung zeigt bereits die einfache Erfahrung. Schon sie kommt nur zustande, wenn Empfindungen miteinander verbunden und auf einen Gegenstand bezogen werden. Meine Sinnesorgane können mir stets nur Empfindungen liefern, nicht aber die Beziehung auf einen außer mir befindlichen Gegenstand, den ich für die Ursache dieser Empfindungen ansehe. Nicht die Sinne also nehmen einen Gegenstand wahr, sondern der Verstand bildet anhand der sinnlichen Empfindungen den Begriff eines Gegenstandes! »Demnach werden Begriffe von Gegenständen überhaupt als Bedingungen a priori aller Erfahrungserkenntnis zum Grunde liegen.«[93]

Die Begriffsbildung setzt eine im Verstand vorhandene Verknüpfungsfähigkeit voraus. Der Begriff des Gegenstandes wird gebildet, weil der Verstand so beschaffen ist, daß er zu jeder Erscheinung eine Ursache derselben denken muß – also zu jeder Empfindung etwas, das sie auslöst.

Außer der Kausalbeziehung sind aber noch andere Verknüpfungen nötig, um den Begriff des Gegenstandes zu erzeugen; zum Beispiel »Einheit«, um die verschiedenen Empfindungen *einem* Ding zuzuordnen, ferner »Vielheit«, um es von anderem zu scheiden, schließlich »Realität«, um es für wirklich zu halten. Um zu erfassen, wie viele und welche Verknüpfungsarten es insgesamt gibt, orientiert Kant sich an den verschiedenen Verknüpfungsfähigkeiten, die der Verstand im logischen Urteilen beweist. »Dieselbe Funktion, welche den verschiedenen Vorstellungen in einem Urteile Einheit gibt, die gibt auch der bloßen Synthesis [Verbindung] verschiedener Vorstellungen in einer Anschauung Einheit. . .«[94]

Jeder logischen Urteilsform muß also eine Form, Vorstellungen zu einer Anschauung zu verbinden, entsprechen, da beide Arten von Verbindungen durch ein und dieselbe Fähigkeit des Verstandes erzeugt werden. Kants Urteilstafel zeigt zwölf Urteilsformen; er leitet daraus zwölf Grundformen ab, in denen sich die Verknüpfung von Anschauung vollzieht. Diese Grundformen nennt er auch: »allgemeine reine Verstandesbegriffe« – sie entsprechen den Kategorien der alten Philosophie.

Allerdings nimmt Kant neue Kategorien auf und scheidet alte aus, weil seine Übertragung von der Urteilstafel ihm einen Plan für Vollständigkeit und Beschaffenheit der Kategorien an die Hand gibt. Auf diesen Fortschritt tut er sich einiges zugute. »Es war eines scharfsichtigen Mannes würdiger Anschlag des Aristoteles, diese Grundbegriffe aufzusuchen. Da er aber kein Prinzipium hatte, so raffte er sie auf, wie sie ihm aufstießen, und trieb deren zuerst zehn auf. . .«[95] Mit der nun gereinigten und vervollständigten Tafel der Kategorien sind alle Gesichtspunkte erfaßt, durch die der Verstand »etwas bei dem Mannigfaltigen der Anschauung verstehen, d. i. ein Objekt derselben denken kann«.[96]

Noch nicht erklärt ist damit aber, wieso er überhaupt zu Verknüpfungen befähigt ist und warum er sie betreibt. Der Grund dafür muß tiefer als die Kategorien liegen, denn sie sind zwar Formen der Verknüpfung, ihre Bildung setzt aber die Fähigkeit, Verschiedenes verknüpfen zu können, bereits voraus.

Nun kann Mannigfaltiges stets nur zu einer Einheit verbunden werden, wenn an ihm schon irgend etwas Gemeinsames ist. Gibt es in den inneren Wahrnehmungen unseres Bewußtseins – den sogenannten Apperzeptionen – etwas Derartiges?

Eines ist gewiß: »Das: *Ich denke,* muß alle meine Vorstellungen begleiten *können.*«[97] Das Selbstbewußtsein, das dies »Ich denke« nicht nur hervorbringt, sondern dadurch zugleich Vorstellungen als meine vereinigt, nennt Kant die »ursprünglich synthetische Einheit der Apperzeption«. In ihr sieht er den »höchsten Punkt, an dem man allen Verstandesgebrauch ... heften muß ...«.[98]

Das Selbstbewußtsein hat für ihn diese Bedeutung, weil es erstens an sich selbst spontane Synthesis ist – also selbständige Verknüpfungstätigkeit; zweitens diese Verknüpfungstätigkeit die reinen Verstandesbegriffe erzeugt; drittens diese Verstandesbegriffe uns erst die Vorstellung eines Gegenstandes ermöglichen. Also die Möglichkeit, Erfahrungen zu machen – mehr nämlich zu haben als bloß »eine Rhapsodie von Wahrnehmungen«[99] –, hängt an dieser Kette apriorischer Voraussetzungen. »Die synthetische Einheit des Bewußtseins ist also eine objektive Bedingung aller Erkenntnis, nicht deren ich bloß bedarf, um ein Objekt zu erkennen, sondern unter der jede Anschauung stehen muß, *um für mich Objekt zu werden,* weil auf andere Art, und ohne diese Synthesis, das Mannigfaltige sich *nicht* in einem Bewußtsein vereinen würde.«[100]

Damit hat Kant die erste strapaziöse Etappe seiner kritischen Sichtung hinter sich gebracht. Er hat gezeigt, daß es in uns erfahrungsunabhängige Erkenntniselemente gibt, eine in ihnen wirkende Fähigkeit der Verbindung und ein Zentrum dieser Verbindungstätigkeit in Gestalt des Selbstbewußtseins. Das bedeutet: Metaphysische Erkenntnisse über Mensch und Welt lassen sich vor aller Erfahrung allein durch Denken gewinnen.

Aber –

man muß dem Wort eine Zeile einräumen, denn es bringt eine

entscheidende Wendung – dieses Ergebnis wird radikal eingeschränkt durch die Voraussetzung der ganzen Untersuchung, die eine Möglichkeit apriorischer Erkenntnis von Gegenständen überhaupt erst eröffnet hatte: nämlich die Verkettung des Verstandes mit der Anschauung. Denn der Verstand kann zwar Gegenstände denken, aber allein die Anschauung kann ihm Gegenstände geben, die seinen Begriffen entsprechen. Das heißt: Seine synthetischen Fähigkeiten sind zugeschnitten ausschließlich auf die Ermöglichung und Verarbeitung von Anschauung. *»Folglich ist uns keine Erkenntnis a priori möglich, als lediglich von Gegenständen möglicher Erfahrung.«*[101] Der Sperrdruck dieses Satzes im Original zeigt, welche Bedeutung Kant ihm zumißt. Die Grundsätze des Verstandes bestehen also zwar vor aller Erfahrung, aber enthalten darum doch nichts als »nur die Bedingungen möglicher Erfahrung überhaupt, so fern sie Gesetzen a priori unterworfen ist«.[102] Das ist »der ursprüngliche Sinn, den der Verstand darin legt«.[103]

Einerseits sind also die apriorischen Gesetze des Verstandes zugleich Gesetze der Dinge, denn nur indem die Dinge dem Verstand entsprechen, werden sie erkennbar – ungeachtet dessen, was sie im übrigen an sich selbst sein mögen. Die Verstandesbegriffe und die aus ihnen hergeleiteten Urteile sind mithin keine Phantasmen, obwohl sie allein unserem Denken entspringen; sie haben reale Entsprechungen in der Dingwelt. Andererseits reicht diese Entsprechung nicht über den Bereich des sinnlich Erfahrbaren hinaus; wir können zwar darüber hinaus denken, aber Realität dieses Gedachten darf der Verstand nicht einmal annehmen, wenn er nicht gegen seine eigenen Gesetze verstoßen will.

Hiermit sind die Möglichkeiten und Grenzen der Begriffserkenntnis des Realen vollkommen abgesteckt: Kants Transzendentalphilosophie – sein Verfahren, den Erkenntnisvorgang nicht mehr von den Gegenständen her bestimmt zu denken, sondern die Gegenstände von der in uns vorgegebenen Erkenntnisart – hat ihr erstes großes Ziel erreicht; die »kopernikanische Wendung« ist auch in der Philosophie mit Erfolg vollzogen. Sie war die Voraussetzung dieses scharfsinnigen und einfallsreichen Kompromisses zwischen Empirismus und Metaphysik, dessen Formel lautet: Apriorisch ist die Form unserer Erkenntnis, empirisch ihr Material. Dieses Zusammenwirken gewährleistet Übereinstimmung von Ding und Denken – und begrenzt sie zugleich: Erfahrungsgegenstand und Verstand setzen sich im Erkennen gegenseitig ihre Grenzen. Kant schien einen jahrtausendealten Streit salomonisch gelöst zu haben.

Ein unaufgelöster Rest blieb: das »Ding an sich«.

Dank seiner war allerdings ein weiterer Kompromiß möglich: der zwischen Naturkausalität und Willensfreiheit. Mein Wille ist etwas, das ich nicht nur als Gegenstand der Erkenntnis, sondern auch »an sich« habe; ich nehme nicht nur sein Wirken in der Welt der Erscheinungen wahr, sondern ich bin dieser Wille selbst. Als Gegenstand der Erfahrung unterliegt der Wille zwangsläufig den Kategorien, die Erfahrung ermöglichen, also auch dem Kausalitätsbegriff, das heißt: Er ist nicht frei; als Ding an sich dagegen darf ich ihn mir frei von den Bedingungen der Erfahrung denken, frei also auch von Kausalität. Ich kann diese Freiheit niemals durch Erfahrung beweisen, weil der Wille zu diesem Beweis wieder den Erfahrungskategorien unterstellt werden müßte; aber die Erfahrung kann umgekehrt auch niemals die Freiheit des Willens widerlegen, insofern er als Ding an sich außerhalb der Bedingungen von Erfahrung steht. Gäbe es also andere zwingende Gründe – etwa sittliche –, diese Freiheit anzunehmen, so wäre ihre Existenz ohne Widerspruch zur Kausalität möglich. »So behauptet die Lehre der Sittlichkeit ihren Platz, und die Naturlehre auch den ihrigen, welches aber nicht stattgefunden hätte, wenn nicht Kritik uns zuvor von unserer unvermeidlichen Unwissenheit in Ansehung der Dinge an sich selbst belehrt, und alles, was wir theoretisch *erkennen* können, auf bloße Erscheinungen eingeschränkt hätte.«[104]

Ebenso gilt für Gottes Dasein und die Unsterblichkeit der Seele, daß der Verstand sie nicht widerlegen, freilich auch nicht beweisen kann. Beide sind keine Gegenstände einer möglichen sinnlichen Erfahrung – das entzieht sie von vornherein dem Urteil des auf Erfahrungsgegenstände beschränkten Verstandes.

Das führte zu Mißverständnissen. Eines davon war besonders prominent. Am 12. Oktober 1794 erhielt Kant einen Brief aus Berlin »Auf Seiner Königl. Majestät allergnädigsten Spezialbefehl«. Friedrich Wilhelm II. von Preußen entbietet ihm darin höchst gütig »Unsern gnädigen Gruß zuvor, Würdiger und Hochgelahrter lieber Getreuer!«, bekundet dann aber sein großes Mißfallen an der Schrift »Religion innerhalb der Grenzen der bloßen Vernunft« und einigen ähnlichen Abhandlungen. Abschließend ermahnt er ihn, »Eurer Pflicht gemäß, Euer Ansehen und Eure Talente dazu anzuwenden, daß Unsere landesväterliche Intention je mehr und mehr erreicht werde; widrigenfalls Ihr Euch, bei fortgesetzter Renitenz, unfehlbar unangenehmer Verfügungen zu gewärtigen habt«.[105]

Dieser Vorwurf der »Entstellung und Herabwürdigung mancher Haupt- und Grundlehren der Heiligen Schrift« ging ins Leere. Kant hatte nicht die biblische Offenbarung kritisiert, sondern untersuchen wollen, was daran auch bereits durch bloße Vernunft erkannt werden könne. Daraus mochte der Verdacht keimen, der Philosoph meine, ohne jeden Glauben auskommen zu können. Ein richtungweisender Satz – sieben Jahre vor der Rüge des Königs veröffentlicht – erhellt die Unsinnigkeit des Vorwurfs: »Ich kann also *Gott, Freiheit und Unsterblichkeit* zum Behufe des notwendigen praktischen Gebrauchs nicht einmal *annehmen,* wenn ich nicht der spekulativen Vernunft zugleich ihre Anmaßung überschwenglicher Einsichten *benehme*... Ich mußte also das *Wissen* aufheben, um zum *Glauben* Platz zu bekommen.«[106]

Allerdings läßt Kant jenseits des Erfahrbaren nicht die gedankenlose Beliebigkeit walten. Unser Denken endet nicht an den Grenzen des Verstandes. Die Vernunft nämlich gibt sich nicht zufrieden mit den Erkenntnissen des Verstandes, die unter den Bedingungen der Anschauung stehen. Die Vernunft sucht weiter: Sie denkt zum Bedingten das Unbedingte, zu den Verstandesbegriffen – den Kategorien – das ihnen entsprechende Vernunftprinzip. Die daraus entstehende Idee ist ein »notwendiger Vernunftbegriff, dem kein kongruierender [damit übereinstimmender] Gegenstand in den Sinnen gegeben werden kann«.[107] Diese Ideen der reinen Vernunft sind nicht willkürlich erdichtet, sondern durch die Natur der Vernunft selbst aufgegeben.

Sie können sich als dem Verstand noch übergeordnete Bedingungen von ihm trennen »und machen sich selbst Gegenstände, deren Stoff nicht aus der Erfahrung genommen ..., sondern auf reinen Begriffen a priori beruht«.[108] Ein derartiger Gegenstand ist zwar »ein bloßes Gedankending«[109]; aber eines, dessen objektive Wirklichkeit durchaus denkbar, wenn auch nicht erfahrbar ist – so zum Beispiel die Idee Gottes.

Nun erhalten einige dieser Ideen durch die »Kritik der praktischen Vernunft« (und die »Grundlegung zur Metaphysik der Sitten«) eine Realitätslegitimation, die ihnen die reine Vernunft nicht geben konnte. Der Wille fordert, um sittlich handeln zu können, Freiheit für sich, Unsterblichkeit für die Seele und das Dasein für Gott. Daß diesen Ideen eine Realität entspricht, ist darum ein »Postulat«, eine denknotwendige Forderung, die dem moralischen Gesetz in uns entspringt.

Die tatsächliche Existenz dieses Gesetzes bezeugt uns das Bewußtsein des Sollens in uns; seine gedankliche Notwendigkeit bezeugt die Vernunft. Sie strebt selbst zur Verwirklichung des Gedachten; im bewußten Handeln setzen wir unsere Gedanken in dingliche Realität um. Der Wille ist nichts anderes als praktisch werdende Vernunft, also »ein Vermögen, *nur dasjenige* zu wählen, was die Vernunft unabhängig von der Neigung als praktisch notwendig, d. i. als gut erkennt«.[110]

Der Wille befreit uns im moralischen Handeln von der Naturkausalität, und zwar nicht nur in unseren Gedanken, sondern gerade in seinem Wirken hinein in die Welt der Erscheinungen. Vernünftig handelnd agieren wir nicht nach Naturgesetzen, sondern nach unseren Vorstellungen von Gesetzmäßigkeit. Wir verwirklichen Vernünftiges. »Und so sind kategorische Imperative [unbedingte Gebote] möglich, dadurch daß die Idee der Freiheit mich zu einem Gliede der intelligibelen [nur geistig erfaßbaren] Welt macht, wodurch, wenn ich solches allein wäre, alle meine Handlungen der Autonomie des Willens gemäß sein *würden,* da ich mich aber zugleich als Glied der Sinnenwelt anschaue, gemäß sein *sollen*. . .«[111]

Aus dem Doppelcharakter des Menschen als Erscheinung *und* Ding an sich – kausal bestimmtes Naturwesen einerseits, vernünftig bestimmtes Geistwesen andererseits – entspringt die moralische Spannung. Der Wille ist ein Vermögen des Geistwesens; er verliert darum seine Freiheit, wenn er sich durch Neigungen und Zwecke des Naturwesens leiten läßt. Das Gesetz seines Ursprungs, die Vernunft, ist zugleich das Gesetz seines Handelns: Seine Freiheit verwirklicht er allein im gesetzmäßigen Tun.

Sein höchster Orientierungspunkt für die Praxis ist daher die Vorstellung des Gesetzes schlechthin. »Der kategorische Imperativ ist also ein einziger und zwar dieser: *handle nur nach derje-*

nigen Maxime, durch die du zugleich wollen kannst, daß sie ein allgemeines Gesetz werde.«[112] Das moralische Handeln darf sich also nicht von praktischen Absichten und Zwecken leiten lassen, sondern allein von der Pflicht, der »Notwendigkeit einer Handlung aus Achtung fürs Gesetz«.[113]

Damit hat Kant die Realität unseres Handelns auf die Idealität unseres Denkens verpflichtet. Im denkenden Erkennen des Verstandes wie im moralischen Handeln der Pflicht verwirklicht die Vernunft die Begegnung mit den Dingen der Sinnenwelt nach ihren Gesetzen. Die Vermittlung von Natur und Geist ist ebenso eine moralische wie eine denkerische Aufgabe des Menschen.

Kant hat diese Vermittlung nicht nur in einer ungeheuren systematischen Leistung Stück für Stück durchgeführt, sondern zugleich ihren Realitätsbezug kritisch gerechtfertigt. Diesen kritischen Weg erschlossen zu haben zwischen dem metaphysischen Dogmatismus und dem empiristischen Skeptizismus hält er selbst für den entscheidenden Fortschritt seines Denkens.

Wie tief die philosophische Aufgabe, der menschlichen Doppelnatur gerecht zu werden, in Kant verwurzelt war, offenbaren seine berühmten Worte zum Beschluß der »Kritik der praktischen Vernunft«: »Zwei Dinge erfüllen das Gemüt mit immer neuer und zunehmender Bewunderung und Ehrfurcht, je öfter und anhaltender sich das Nachdenken damit beschäftigt: *der bestirnte Himmel über mir und das moralische Gesetz in mir*. . . Der erstere Anblick einer zahllosen Weltenmenge vernichtet gleichsam meine Wichtigkeit als eines *tierischen Geschöpfes,* das die Materie, daraus es ward, dem Planeten (einem bloßen Punkt im Weltall) wieder zurückgeben muß, nachdem es eine kurze Zeit (man weiß nicht wie) mit Lebenskraft versehen gewesen. Der zweite dagegen erhebt meinen Wert als einer Intelligenz unendlich durch meine Persönlichkeit, in welcher das moralische Gesetz in mir ein von der Tierheit und selbst von der ganzen Sinnenwelt unabhängiges Leben offenbart. . .«[114]

Kants Lebenszeit endete 1804, zwei Monate vor seinem achtzigsten Geburtstag. Seine Vaterstadt Königsberg und ihre nahe Umgebung hatte er nie verlassen; seine Wirkungen jedoch reichen bis heute in alle Welt, weil seine Gedanken erlauben, die moderne naturwissenschaftliche Forschung mit einem kritischen philosophischen Anspruch zu verbinden. Besonders die

Rechtfertigung des Verzichtes auf Erkenntnis der Dinge »an sich« macht es den Naturwissenschaftlern leicht, sich guten Gewissens auf ihre Methode der Welterfassung zu beschränken. Auf seine Zeitgenossen dagegen wirkte Kant ganz anders: Damals war es vor allem seine neuartige Selbstbegründung der Vernunft, die Fichte und die anderen deutschen Idealisten anregte, diesen Gedankenansatz weiterzuverfolgen und in großen Systemen auszubauen.

VII. DAS SELBSTGEWISSE WISSEN

»Der Verstand schöpft seine Gesetze (a priori) nicht aus der Natur, sondern schreibt sie dieser vor.«[1] *Mit dieser gedanklichen Wendung Kants, die er die transzendentale nannte, hatte das Denken sich die Welt wieder zu eigen gemacht – jedenfalls die erkennbare Welt. Doch die Wendung eröffnete viel weitere Ausblicke: Wenn Denken die Bedingungen setzt für die Erscheinungsweisen der Welt, ist es dann nicht selbst die allererste Bedingung des Erscheinens von Welt überhaupt?*

Diese logische Frage war nur die Oberflächenerscheinung einer geistes- und glaubensgeschichtlichen Umwälzung in der Tiefe. Bisher war der metaphysische Erkenntniszusammenhang zwischen Welt und Denken stets auf Gott als Schöpfer beider gegründet worden. Die Transzendentalphilosophie war die erste Metaphysik, die Gottes Dasein zwar für denknotwendig erachtete, aber zur Begründung des Erkenntnisvorganges nicht mehr darauf angewiesen war – denn transzendental, wie Kant es verstand, hieß ja: Im menschlichen Erkenntnisvermögen sind den Dingen bereits die Formen vorgegeben, in denen sie erkennbar werden; also bedarf es keines Mittlers mehr zwischen Ding und Denken. Folglich postulierte die Vernunft Gottes Dasein nur noch; es um der Erkenntnismöglichkeit willen zu beweisen, hatte sie nicht mehr nötig. Sie war sich ihrer selbst gewisser als der Existenz Gottes. Sie brauchte Gott noch zum moralischen Handeln – zum Erkennen der Welt nicht mehr.

Die Vernunft übernahm damit im Begründungszusammenhang des Denkens immer mehr Gottes Stelle. Sie erfüllte allerdings diese Funktion erst unvollkommen, solange sie bloß – wie bei Kant – oberste Bedingung des beweisbaren Erkennens war; oberste Bedingung des Seins selbst mußte sie werden, wenn das transzendentalphilosophische Vorhaben, alles begreifbare Sein gemäß den Erkenntnisweisen des Menschen zu denken, restlos durchgeführt werden sollte.

Mit diesem letzten Schritt trat die transzendentale Methode über die von ihrem Schöpfer peinlich eingehaltene Grenze hinaus: Der kritischen Vernunft Kants entsprang die selbstherrliche des Idealismus.

DIE WELT DES ICH

Johann Gottlieb Fichte, 1762–1814

Johann Gottlieb Fichte war schon als Dorfjunge aufgefallen, weil er die Predigten des Pfarrers nach dem Gottesdienst auswendig herzusagen wußte. Ein Gutsherr aus der Nachbarschaft nahm sich des wunderlichen Knaben an, der im übrigen gerade lesen und schreiben konnte, die Gänse hütete und dem armen Vater bei der harten Arbeit am Webstuhl half. Er verschaffte ihm Unterricht bei einem Geistlichen und schickte ihn nach dieser Vorbereitung auf die berühmte Fürstenschule in Pforta. So war Fichte bereits mit zwölf Jahren seinem Heimatdorf Rammerau in der sächsischen Oberlausitz entwachsen.

In Jena begann er, Theologie zu studieren. Doch sein freiherrlicher Gönner war inzwischen gestorben; Fichte mußte sich Brot und Studierstube selbst verdienen. Er verließ die Universität und arbeitete in verschiedenen Familien als Hauslehrer. Seine Bitte um ein Stipendium wurde abgeschlagen. Dankbar griff er darum nach einem vorteilhaften Angebot aus Zürich; die zwei Kinder des Besitzers des Gasthofs »Zum Schwert« waren seine neuen Zöglinge. Fichte aber erzog mit den Kindern auch die Eltern, die davon nach anderthalb Jahren genug hatten. Seine Rechthaberei hatte ihm den ersten Streich gespielt.

Über Leipzig verschlug es ihn schließlich nach Warschau. Dort dauerte es nur achtzehn Tage, bis er seine neue Hauslehrerstelle wieder los war. Es trieb ihn nach Königsberg, zu Kant, dem großen Vorbild. Die Begegnung verlief normal, viel zu normal für den hoffenden Fichte. Er begriff, daß nur Leistung Kants Aufmerksamkeit erregen würde, und verlor keinen Tag. Im hochsommerlichen Königsberg schrieb er in wenigen Wochen den »Versuch einer Kritik aller Offenbarung«. Kant las das Manuskript, empfahl das Werk seinem Verleger und den jungen Mann dem Grafen Krokow als Hauslehrer. Ostern 1792 – Fichtes dreißigster Geburtstag stand bevor – erschien seine Schrift gedruckt.

Aber – angeblich – durch ein Versehen fehlte der Verfassername. Das schien zunächst ärgerlich für den Autor; tatsächlich verschaffte es ihm jedoch allgemeine Aufmerksamkeit, denn man hielt die Schrift für Kants noch ausstehende Religionsphilosophie. Die öffentliche Aufklärung des Irrtums machte den jungen Gelehrten über Nacht interessant. »Mich hebt bei meinen ersten Schritten ein unglaublicher Zufall«, berichtete er glücklich seiner fernen Verlobten nach Zürich.[2]

Nun, nach harten Jahrzehnten, ging der Erfolg sehr schnell. Fichte heiratete, hielt Vorträge in Zürich und verfaßte die temperamentvolle »Zurückforderung der Denkfreiheit von den Fürsten Europas, die sie bisher unterdrückten« und die »Berichtigung der Urteile des Publikums über die französische Revolution«. Als 1794 die »Grundlage der gesamten Wissenschaftslehre« erschien und er den angesehenen Lehrstuhl für Philosophie in Jena erhielt, erstickte der Terror Robespierres die Französische Revolution in ihrem eigenen Blut – ein Geschehen, dessen Zwiespältigkeit auf die dialektische Entwicklung des Freiheitsbegriffs im deutschen Idealismus wie eine Demonstration wirken mußte. Fichte hatte diese Zwiespältigkeit erkannt, ehe sie aufbrach: »So lange die Menschen nicht weiser und gerechter werden, sind alle ihre Bemühungen, glücklich zu werden, vergebens. Aus dem Kerker des Despoten entronnen werden sie mit den Trümmern ihrer zerbrochenen Fesseln sich untereinander selbst morden.«[3]

Wer so zu formulieren verstand, mußte seine Studenten mitreißen. »An Fichte wird geglaubt, wie nie an Reinhold [seinen Vorgänger] geglaubt worden ist«, notierte ein Hörer.[4] Dieser Glaube und sein Starrsinn ließen Fichte die Stärke seiner Stellung überschätzen. In dem von ihm mitherausgegebenen »Philosophischen Journal« hatte er den religionskritischen Aufsatz eines anderen Autors zusammen mit einer von ihm selbst verfaßten Entgegnung veröffentlicht. Eine anonyme Schmähschrift bezichtigte beide Verfasser der Gottlosigkeit; das Journal wurde beschlagnahmt. Der freisinnige Herzog Karl August wollte die Sache mit einer Rüge aus der Welt schaffen, ohne weiter in die Lehrfreiheit einzugreifen; aber Fichte drohte mit Rücktritt. Im Weimarer Staatsrat stimmte auch Goethe dafür, sich von dem übermütigen Professor nicht unter Druck setzen zu lassen. Obgleich Fichte nun einen vorsichtigen Widerruf anbot, wollte ihn niemand mehr.

Dieser »Atheismusstreit« trieb Fichte nach Berlin, wo er auf Verlangen der preußischen Regierung einen »Deducierten Plan einer zu Berlin zu errichtenden höheren Lehranstalt« entwarf. Obwohl nicht seine, sondern Wilhelm von Humboldts Pläne verwirklicht wurden, wählte ihn 1811 das Kollegium zum Rektor der neuen Universität der preußischen Hauptstadt. Auch hier gab es bald ärgerliche Auseinandersetzungen, und Fichte bat, ihn vom Rektoramt zu entbinden.

Die ungebärdige Lebensart einer neuen, nicht mehr feudal geleiteten Gesellschaft kündigt sich mit ihm an; ein neuer Typ des Philosophen erscheint. Fichte verkörperte mit seinem publizistischen Ungestüm, seiner fordernden Unbedingtheit und seinem selbstgerechten Auftreten im Leben die Willenstat, die er in seiner Philosophie lehrte. Mit immer neuen Darstellungen seiner Wissenschaftslehre hämmerte er auf die Gebildeten ein, wollte ihnen das Verstehen in den Kopf treiben, fühlte nicht die Komik – oder scheute sie nicht – eines Titels wie »Sonnenklarer Bericht an das größere Publikum über das eigentliche Wesen der neuesten Philosophie – Ein Versuch, die Leser zum Verstehen zu zwingen«. Seine Selbstsicherheit ging so weit, daß er »für seine Person überzeugt ist, daß es nur eine einzige Philosophie gibt, so wie nur eine einzige Mathematik, und daß, sobald nur diese einzig mögliche Philosophie gefunden und anerkannt worden, keine neuere entstehen« wird.[5]

Erstaunlich, was er für diese einzig mögliche Philosophie hielt: »Ich habe von jeher gesagt, und sage es hier wieder, daß mein System kein anderes sei als das Kantische.«[6] Kant fand, es sei doch ein Fichtesches und ein ziemlich nebelhaftes dazu. Der empörte Fichte nannte ihn daraufhin einen Dreiviertelskopf und hielt sich für den Sachwalter der wahren Lehre des Königsberger Philosophen. Er war überzeugt, Kant vor dessen eigenen Mißverständnissen zu bewahren und dort weiter zu gehen, wo dessen Gedanken auf halbem Wege stehengeblieben waren. Für ihn hieß der Kant der wirklich zu Ende gedachten Transzendentalphilosophie: Johann Gottlieb Fichte. »Die schnelle Verbreitung der Kantischen Philosophie, nachdem sie gefaßt worden, wie sie gefaßt wurde, ist nicht ein Beweis von der Gründlichkeit, sondern von der Seichtigkeit des Zeitalters. Teils ist sie in dieser Gestalt die abenteuerlichste Mißgeburt, welche je von der Phantasie erzeugt worden, ... teils läßt sich leicht nachweisen, daß sie nur dadurch sich empfahl, weil man durch sie alle ernsthafte Spekulation über die Seite gebracht, und sich mit einem Majestätsbriefe versehen glaubte, des beliebten, oberflächlichen Empirismus ferner zu pflegen.«[7] Damit wollte Fichte nun aufräumen, und selbst der struppige Besen der Grobheit war ihm, wie man sieht, gerade recht, um die Reste des Empirismus aus den Hirnen seiner Zeitgenossen zu fegen.

Dabei räumte er ein, daß nicht der Empirismus allein unbeweisbar sei, sondern auch der Idealismus. Seine Begründung: Beide müssen, um Erfahrung zu erklären, einen Grund *außerhalb* der Erfahrung annehmen. Das eine System setzt als Grund das Ding an den Anfang, das andere das Ich. Ein Anfang ist nicht aus anderem ableitbar – das gehört zu seinem Begriff; und was nicht ableitbar ist, ist nicht vernünftig begründbar. Wodurch der Anfang, »als ein absolut erster Akt, lediglich von der Freiheit des Denkens abhängt«.[8] Diese Freiheit richtet sich nach unserem vorherrschenden Interesse aus, unserem Eigeninteresse. »Was für eine Philosophie man wähle, hängt sonach davon ab, was für ein Mensch man ist.«[9]

Trotzdem hielt Fichte den Idealismus für das einzig sinnvolle System, weil nur dieser erklären könne, wonach alle Philosophie sucht: nämlich den notwendigen Erkenntniszusammenhang zwischen Ich und Ding. Der Empirismus ist dazu niemals imstande, weil er die Lücke zwischen Ding und unseren Vorstellungen nicht füllen kann. In den Dingen waltet Mechanik, in unserem Vorstellen Freiheit. »Intelligenz und Ding sind also geradezu entgegengesetzt: sie liegen in zwei Welten, zwischen denen es keine Brücke gibt.« Auch nicht die Brücke der Kausalität; denn die Mechanik von Ursache und Wirkung verknüpft nur Dinge miteinander, sie kann mithin nicht aus der Dingwelt heraus auf etwas Undingliches wie unsere Vorstellungen einwirken.

Der Idealismus hingegen nimmt das Ding als ein Objekt, das das Denken sich selbst gesetzt hat; darum entsteht bei ihm erst gar keine Lücke zwischen dem Ding und dem Ich. Seine Arbeitshypothese bietet dadurch von vornherein eine Chance, mit der der Empirismus nicht aufwarten kann. Ob sie mehr als eine Hypothese ist, muß freilich erst die Durchführung zeigen. Gelingt sie dem Idealismus, so wird er von sich überzeugen. Sein Ziel also: Das Ding als Produkt eines sich notwendig aus dem Ich hervortreibenden Prozesses darzustellen.

Hinsichtlich der Erkenntnis*form* hatte Kant das bereits geleistet; hinsichtlich des Seins der Dinge hatte er es nicht leisten wollen; das »Ding an sich« stellte seine Vermittlungsformel dar, um beide Standpunkte widerspruchsfrei miteinander zu vereinen. Fichte nahm Kants transzendentale Position nun auch hinsichtlich des Seins der Dinge an.

Er argumentiert: Niemals erfahren wir ein von uns unabhängiges, reales Sein der Dinge; wir haben immer nur unsere Vorstellung einer solchen Realität. Eine von uns wirklich unabhängige Realität können wir uns nicht einmal denken, denn indem wir sie uns vorzustellen suchen, ist sie bereits wieder Realität *für uns*. Hiergegen läßt Fichte in seinem »Sonnenklaren Bericht« den ungläubigen Leser einwenden, immerhin sei doch der Zeiger seiner Uhr weitergerückt, auch während er ihn sich nicht vorgestellt habe. Fichte antwortet: Es mag diese von dir unabhängige Realität des Zeigers, dieses Sein an sich, geben oder nicht – das ist unentscheidbar; für dich jedenfalls gibt sie es nur, weil sie irgendwann einmal als Realität in deinem Bewußtsein ist oder gewesen ist. »Sie ist, sage ich, *für dich* und als Begebenheit *deines* Lebens, doch nur, inwiefern du irgend einmal darauf attendirst [achtgibst], dein Selbst hineinversetzend, und jene Realität an dein Bewußtsein hältst.«[10] Die Behauptung über das Weiterrücken des Zeigers besage darum genaugenommen nichts anderes als: »Du würdest ihn in dieser Zwischenzeit als fortrückend wahrgenommen haben, wenn du auf ihn attendirt hättest.«[11] Daraus folgt: Für uns gibt es keine Realität ohne Beziehung auf uns; wir können von keiner reden, ohne von ihr zu wissen; das »Ding an sich« ist ein Ungedanke, ein Widerspruch in sich selbst – Sein und Bewußtsein sind für uns nicht voneinander zu trennen.

Trotzdem kann unser Bewußtsein keineswegs beliebiges Sein schaffen; denn frei sind wir zwar in unserem Vorstellen, nicht frei aber in dem, was wir für vernünftig und für wirklich halten. Unser Bewußtsein ist also in vielfacher Weise bestimmt. Da es von einem »Ding an sich« nicht bestimmt sein kann, muß es durch sich selbst bestimmt sein. Der Versuch, die Gesamtheit dieser Selbstbestimmungen aus dem Ich zu entwickeln, ist Fichtes Wissenschaftslehre.

Vom Ich geht er aus, weil es die erste, ursprüngliche Gewißheit ist, weil im Selbstbewußtsein das Ich sich selbst anschaut, Subjekt und Objekt also identisch sind. Von dort schreitet er fort zu dem, was dieses Ich notwendig denken muß, wenn es sich selbst denkt. Diese Bedingungen werden wiederum daraufhin betrachtet, was sie ihrerseits in sich als weitere Bedingungen enthalten, und so fort. »So muß als letztes Resultat, als Inbegriff aller Bedingungen des zuerst aufgestellten, das System aller notwendigen Vorstellungen, oder die gesamte Erfahrung herauskommen.«[12] Das Aufzeigen dieses Systems der Erfahrung geschieht a priori; a posteriori wird es als ein gegebenes und funktionierendes Ganzes erlebt. Beides sind also nur verschiedene Betrachtungsweisen desselben – so wie man eine Uhr einfach wahrnehmen und benutzen kann, ohne sich über ihr Räderwerk Gedanken zu machen, oder aber dieses Räderwerk in seinem notwendigen Zusammenspiel verfolgen kann. Der Idealismus wertet also – was oft mißdeutet wird – Erfahrung nicht ab oder leugnet sie gar; er ist vielmehr eine Theorie der Erfahrung, die deren Grund im Ich sieht und nicht im Ding. »Die Wissenschaftslehre gibt sich bloß für eine Abbildung des Lebens, keineswegs für das wirkliche Leben selbst aus. Wer sie für das letztere nimmt, der mißversteht sie durchaus.«[13] Sie will auch nicht jede Einzelerfahrung aus ihrem obersten Grundsatz herleiten, sondern nur die notwendig in ihm beschlossenen »gesamten Handlungsarten der Intelligenz« zum Bewußtsein gelangen lassen. »Jenes System erschöpft alles mögliche Wissen des endlichen Geistes seinen Grundelementen nach, und stellt diese Grundelemente für alle Ewigkeit hin. Diese Elemente können ins Unendliche zerteilt und anders zusammengesetzt werden, und darin hat das Leben des Endlichen seinen Spielraum; aber es kann ihnen schlechthin kein Neues hinzugefügt werden.«[14] Damit wird auch klar, warum Fichte sein System Wissenschaftslehre nennt und warum er sich, indem er es auch als »sogenannte Philosophie« bezeichnet, ironisch von der übrigen distanziert.

Zu seiner Durchführung geht er den Weg Kants in umgekehrter Richtung. Kant stieg von den Formen der Anschauung und den Verstandesbegriffen auf bis zu dem spontanen Akt des Selbstbewußtseins – dem »Ich denke«, das alle meine Vorstellungen muß begleiten können; in ihm fand er die oberste Bedingung des Verstandesgebrauchs überhaupt. Fichte folgert: Wenn an diesem höchsten Punkt des Selbstbewußtseins alles hängt, so muß es sich allein von dort her entfalten lassen – erst dann ist der transzendentale Idealismus wirklich konsequent und von den systemfremden Resten des Empirismus gereinigt. Wie zwingend diese Konsequenz tatsächlich war, zeigen ähnliche Ansätze im nachgelassenen Werk Kants.

Nun finden wir diesen höchsten Punkt unseres Selbstbewußtseins, dieses »Ich denke«, nicht einfach als eine von vielen inneren Erfahrungen vor. Um ihn zu haben, müssen wir ihn selbst setzen. Diese Setzung ist darum eine ursprüngliche »Tathandlung«. Sie besteht im bewußten Denken des »Ich bin Ich«.[15]

Da Subjekt und Prädikat dieses durch meinen Willen gesetzten Satzes gleich sind, lautet er ebenso »Ich bin«. Der Satz ist schlechthin gewiß, denn indem ich ihn aufstelle, bin ich; und ich bin nur dadurch Ich, *daß* ich ihn setze.

Nehme ich diesen Satz nur der Form nach, so ergibt sich der erste Grund-Satz der Logik, nämlich A = A, aus meiner Tathandlung. Nehme ich ihn hinsichtlich meines Wirklichkeit stiftenden Handelns, so habe ich die Kategorie der Realität.

Gleich gewiß wie der Satz der Identität A = A ist mir der des

Widerspruchs: Non-A nicht = A. Um ihn zu bilden, muß das Ich, das zunächst nichts als sich selbst setzt, ein Nicht-Ich setzen. Dieses entgegensetzende Handeln meines Ich stellt die Kategorie der Negation, der Verneinung, dar.

Nun ist aber das Nicht-Ich im Ich selbst gesetzt, nämlich als dessen Vorstellung. Das Ich muß also Widersprüchliches vereinen, denn das von mir gesetzte Nicht-Ich hat zwei völlig gegensätzliche Aspekte: Als real gedachtes Nicht-Ich ist es unabhängig von mir außerhalb meiner, als von mir vorgestelltes Nicht-Ich ist es Teil des Ich. Mein Bewußtsein bewältigt diesen Widerspruch, indem es sowohl dem Ich wie dem Nicht-Ich nur eine eingeschränkte Realität zubilligt. Das absolute Ich meines Bewußtseins teilt sozusagen die Realität auf, spricht einen Teil dem Ich, den anderen dem Nicht-Ich zu; auf dieser Einschränkung beruht das Nebeneinander der Existenz von Welt und Ich.

Nach diesem grundlegenden Schema von These, Antithese und Synthese entwickelt das Bewußtsein seine weiteren Bestimmungen aus sich selbst. Der Fortgang ist gesichert, weil jede Synthese schon wieder eine neue These ist. So ergibt die vom Ich notwendig zu denkende Wirklichkeit des Nicht-Ich schließlich »eine ihrem Sein und ihren Bestimmungen nach als unabhängig von uns anzusehende Natur«.[16] Nicht allein sie ist durch die Wissenschaftslehre gegeben, sondern ebenso »die Gesetze, nach denen sie beobachtet werden soll und muß«. Das zeigt: ». . . die ganze Handlung, durch welche das Ich sich selbst, und mit und in sich Alles setzt, was da ist . . . – *sie geschieht wirklich*; sie selbst ist alles, was da ist und war, und sein wird, und wie irgend etwas ist, ist sie: und darum ist die Wissenschaftslehre eine *durchaus reelle Philosophie,* in welche, ihrer Natur nach, gar keine Erdichtung durch Freiheit ihren Eingang findet.«[17]

Allerdings kommt Fichte auf die Dauer nicht daran vorbei, auf ein Sein zu schließen, in das auch das Ich und sein Wille eingebettet sind. Zwar kann die »Philosophie des bloßen reinen Wissens« hier nichts mehr beweisen; wohl aber vermag die Vernunft, uns ihren Weg zu weisen, geleitet von der unbegreiflichen Übereinstimmung der Menschen im freien moralischen Handeln. »Diese Übereinstimmung ist Resultat des Einen, ewigen unendlichen Willens.«[18] Er wirkt in uns als unser persönlicher Wille, den es zum Handeln drängt und der *deshalb* Ich und Welt setzt. »Wir handeln nicht, weil wir erkennen, sondern wir erkennen, weil wir zu handeln bestimmt sind; die praktische Vernunft ist die Wurzel aller Vernunft.«[19] Wir sind endliche Ausgestaltungen jenes ewigen Willens. »Nur in unseren Gemütern erschafft er eine Welt, wenigstens das, *woraus* wir sie entwickeln, und das, *wodurch* wir sie entwickeln: – den Ruf der Pflicht; und übereinstimmende Gefühle, Anschauung und Denkgesetze. Es ist *sein* Licht, durch welches wir das Licht, und alles was in diesem Licht uns erscheint, erblicken.«[20]

Die späten Ausführungen der Wissenschaftslehre zeichnen Gottes Bild immer deutlicher. Die selbstbewußt aufgebrochene Vernunft Fichtes ist über der Erfahrung ihrer Grenzen immer bescheidener geworden.

An der letzten Fassung der Wissenschaftslehre schrieb Fichte noch auf dem Sterbebett. Vollenden konnte er sie nicht mehr. Die Erhebung gegen die Truppen Napoleons, die Fichte in seinen »Reden an die deutsche Nation« geistig mit vorbereitet hatte, war siegreich abgeschlossen. Die letzten Schlachten der Befreiungskriege hatten die Hospitäler Berlins mit Verwundeten überschwemmt. Wie viele Freiwillige half Fichtes Frau als Pflegerin. In den ersten Tagen des Jahres 1814 erkrankte sie an dem gefährlichen Lazarettfieber. Sie genas nach einer fast tödlichen Krise. Fichte aber, der sich angesteckt hatte, erlag dem septischen Fieber schnell.

Friedrich Wilhelm Schelling, 1775–1854

Wie Fichte mit Kants Philosophie verfahren war, verfuhr *Friedrich Wilhelm Joseph Schelling* mit der Fichteschen. Auch er war bereits früh durch seine außergewöhnliche Begabung aufgefallen. Dazu begünstigten ihn Herkunft und Ausbildung, denn bald nach seiner Geburt 1775 in Leonberg bei Stuttgart wurde sein Vater Prediger und Professor in Bebenhausen, einer Vorbereitungsschule für das berühmte theologische Stift in Tübingen. Dort zog Schelling bereits mit fünfzehn Jahren ein. Seine Studien- und bald auch Herzensgenossen waren Hölderlin und Hegel, beide fünf Jahre älter als er. Die drei redeten sich die Köpfe heiß über die von Frankreich herüberdringenden revolutionären Parolen, kühlten sie wieder im Abendwind hoch über dem Neckar und beschworen ihre Freundschaft beim Wein von den Hügeln ringsum. Im Feuer ihrer sich gegenseitig anfachenden Intelligenzen schmiedeten sie philosophische Zukunftspläne, um deren Urheberschaft sie später stritten.

Mit siebzehn Jahren wurde Schelling Magister der Philosophie, mit zwanzig veröffentlichte er bereits zwei philosophische Arbeiten. Einen der Aufsätze lobte Fichte gnädig als Kommentar zu seinem System. Schelling verdingte sich als Reisebegleiter zweier Barone und lernte mit ihnen die Sammelstätten des deutschen Geisteslebens kennen: Heidelberg, Mannheim, Gotha, Weimar, Jena und Leipzig. Goethe wurde durch eine neue Schrift, die »Ideen zur Philosophie der Natur«, auf ihn aufmerksam und veranlaßte seine Berufung nach Jena. Schelling war vierundzwanzig Jahre – Professor an einer beispielhaft regsamen Universität, Kollege des großen Fichte, Glanzpunkt des romantischen Künstlerkreises.

Die frühe Berühmtheit ließ ihn, dem von Kind an Bewunderung und Erfolg selbstverständlich waren, allzu selbstherrlich auftreten. Grobheiten, Beleidigungsklagen, Verdächtigungen wegen Kurpfuscherei und das unverborgene Liebesverhältnis zu

Schlegels Frau zerstörten sein Ansehen. Er mußte Stellung und Stadt aufgeben, heiratete Karoline Schlegel sogleich nach ihrer Scheidung und nahm eine Berufung nach Würzburg an, die ihn später weiter nach München und Erlangen führte.

Nun sagte er sich auch öffentlich von Fichte los; schon Jahre zuvor hatten beide ihren brieflichen Gedankenaustausch verbittert mit der Versicherung beendet, daß sie einander niemals verstanden hätten. Dabei war von Schelling noch in Leipzig eine Streitschrift für Fichtes Philosophie verfaßt worden, die ihm dessen Fürsprache bei der Berufung nach Jena eingebracht hatte. Aber Schelling war erstaunlich wandlungsfähig. Seine Gedanken trieben ihn unaufhörlich weiter. Diese Unrast verdankte er nicht allein dem ausschweifenden Flug seiner Phantasie; sie war in seiner Philosophie selbst begründet. Er sah die Entwicklungsgeschichte des Bewußtseins nicht wie Fichte vor allem im Denken selbst, sondern ebenso in Natur und Historie. Damit war der geschichtliche Prozeß, seine Durchgangsformen und seine Selbstbewegtheit, entscheidend aufgewertet.

Die Ausdeuter Schellings haben sein Werk meist in Perioden zerlegt, um sich auch im Widersprüchlichen zu orientieren; Schelling selbst stellte es als über Fünfzigjähriger in seinen Vorlesungen mehrfach als ein sich entwickelndes Kontinuum dar. Und im Rückblick läßt sich in der Tat der einheitliche Zug des Ganzen auffassen, wenn man den einzelnen Phasen den Anspruch der Endgültigkeit nimmt.

Der junge Schelling begann, ganz und gar im Geiste Fichtes zu philosophieren; doch sehr bald entfernte er sich von ihm. Zwar war der Geist immer noch der des transzendentalen Idealismus, der Gründung der Wirklichkeit im Ich. Doch Fichtes Ich erklärte für Schelling nur eine Seite der Wirklichkeit, die geistige: also das Entstehen der Vorstellung eines realen Nicht-Ich im Ich; es erklärte für ihn jedoch nicht die Tatsächlichkeit dieser vorgestellten Realität außerhalb des Ich. Neben der idealen Reihe des Geistes – der dialektischen Entfaltung des Selbstbewußtseins – vermißte Schelling die reale Reihe der Naturentwicklung. Sie suchte er – aber obwohl diese Realität einerseits nicht nur ein Gedankending sein sollte, durfte andererseits ihre Ableitung vom Ich nicht aufgegeben werden, wenn Schelling nicht den einzigartigen Vorteil des transzendentalen Standpunktes preisgeben wollte, nämlich die a priori gewisse Übereinstimmung von Ich und Natur. Also ging auch Schelling vom Ich und seiner Selbstgewißheit aus, aber er entwickelte es in zwei Richtungen – vorwärts als Entfaltungen des Selbstbewußtseins, rückwärts als notwendig zu denkende Bedingungen des Selbstbewußtseins in der Vergangenheit. »Ich suchte also mit Einem Wort den unzerreißbaren Zusammenhang des Ich mit einer von ihm notwendig vorgestellten Außenwelt durch eine dem *wirklichen* oder empirischen Bewußtsein vorausgehende transzendentale Vergangenheit dieses Ich zu erklären, eine Erklärung, die sonach auf eine transzendentale Geschichte des Ich führte.«[21]

Diese Geschichte des Ich ist die Natur – geschrieben wird sie vom gegenwärtigen Selbstbewußtsein, das seine eigenen Vorstellungen denkt; geschehen ist sie als tatsächliche Entwicklung, ausgehend von einfachsten mineralischen Formen, fortschreitend zu Pflanzen- und Tiergestalten, mündend im zu sich kommenden Ich. Da sich nichts entwickeln kann, was nicht schon angelegt ist, waltet Leben als weiterdrängender Gestaltungstrieb bereits in der anorganischen Natur und Geist in der belebten. So ist der Motor dieser Entwicklung das, was schließlich im Selbstbewußtsein klar hervortritt: das in der Einheit Auf-sich-selbst-bezogen-Sein, die Reflexivität. Sie ist das Gestaltungsprinzip aller Naturformen und verwirklicht sich in ihnen immer entschiedener, um schließlich im philosophischen Denken, im Wissen des Wissens, voll zu sich selbst zu kommen.

Die Naturphilosophie Schellings zeigt, wie aus dem Objektiven der Natur »ein Subjektives zu ihm hinzukomme, das mit ihm übereinstimmt«; seine Transzendentalphilosophie zeigt, wie zum Subjekt, zum Ich, »ein Objektives hinzukomme, das mit ihm übereinstimmt«.[22] Beide Ableitungen entwickeln sich aus dem Ich, sie sind nur durch die Richtung der Betrachtung zwischen Subjekt und Objekt unterschieden: Die eine stellt die geistige Entwicklung des Ich dar, die zur Vorstellung einer von ihm unabhängigen Natur führt; die andere die reale Entwicklung des Ich aus dieser als wirklich vorzustellenden Natur. Die Einheit beider ist in der Subjekt-Objekt-Beziehung gegeben; in ihr bestehen beide als aufeinander angewiesene Pole, deren Spannung überhaupt erst die vorantreibende Bewegung der Entwicklung erzeugt.

Da diese Entwicklung einerseits eine geistige im Menschen,

andererseits eine reale in der Natur ist, genügte Schelling der Begriff des Ich als Einheit beider bald nicht mehr. Denn im Ich sind Geist und Natur, Subjekt und Objekt stets noch unterschieden; die beiden zugrunde liegende Einheit muß also noch etwas anderes sein: etwas, in dem Subjekt und Objekt ungeschieden sind, das aber die Möglichkeit zu beidem enthält. Der Vorrang des Geistes ist in dieser »Identitätsphilosophie« aufgehoben zugunsten eines Natur und Geist einschließenden Absoluten, einer »Indifferenz des Subjektiven und Objektiven«.[23]

Damit erhebt sich nun allerdings wieder das uralte philosophische Problem, wie ein derart Ungeschiedenes denn Bewegung hervorbringe und damit Bestimmtes aus sich aussondere. Diese Möglichkeit findet Schelling schließlich im Begriff der Freiheit. Absolute Freiheit ist mehr als bloße Unabhängigkeit, sie ist Können schlechthin. Wenn nämlich Freiheit wirklich total ist, so muß sie sich auch ihrer selbst begeben können; dann erst ist sie ein Absolutes. »Denn wäre es nur so Freiheit, daß es nicht auch Nicht-Freiheit werden könnte, daß es Freiheit bleiben müßte, so wäre ihm die Freiheit selbst zur Schranke, selbst zur Notwendigkeit geworden, es wäre nicht wirklich absolute Freiheit.«[24] Freiheit begreift also in sich die Möglichkeit, alles zu können, jede Gestalt anzunehmen, also auch Endliches und Unfreies zu werden und gerade in dieser scheinbaren Entgegensetzung und Selbstaufhebung sich als Freiheit zu verwirklichen.

So kann sie als Subjekt hervortreten aus ihrer Indifferenz. Damit wird sie selbst diesem Subjekt zum Objekt, zum Gegenstand der Betrachtung. In diesem Scheidungsvorgang erkennt die Freiheit sich selbst, aber nicht ungeschieden, wie sie an sich ist, sondern durch das Subjekt erkennt sie sich selbst nur in ihren objektiven Gestaltungen. Wirklich erkannt wird sie nur – und erkennen wir sie nur –, »wenn jenes Selbsterkennen der ewigen Freiheit *unser Bewußtsein,* also umgekehrt *unser Bewußtsein ein Selbsterkennen der ewigen Freiheit* wäre«.[25] Die Freiheit kann mithin durch unser Bewußtsein die von ihr selbst gesetzten Scheidungen in Subjekt und Objekt wieder zu sich selbst vereinen.

Diese Vereinigung geschieht in der »intellektuellen Anschauung« unserer Vernunft – vollkommener jedoch noch im Kunstwerk. Denn die Vernunft kann die Einheit von Subjekt und

Objekt allein gedanklich darstellen; die Kunst aber vermag, sie real herzustellen. Im Kunstwerk sind Natur und Geist, Unbewußtes und Bewußtes nach ihrer Scheidung im Menschen wieder zusammengekommen. »Das organische Werk der Natur stellt dieselbe Indifferenz noch ungetrennt dar, welche das Kunstwerk *nach* der Trennung, aber wieder als Indifferenz darstellt.«[26]

Damit formulierte Schelling, was die Romantiker fühlten. Und was einen lehrhaft abstrakten Kopf wie Fichte abstieß, heimelte sie an: Schellings Vorliebe für mythische Bilder und seine Neigung zur mystisch-religiösen Aneignung des Absoluten. Sie wurde im Alter immer stärker. Sie entfremdete ihn allmählich seinen Hörern und entfernte ihn von den Strömungen des Zeitgeistes, dessen Sog die Gemüter ins Politische zog. Je glänzender seine Stellung wurde, als von König Ludwig I. nach München berufener Professor, als Generalkonservator der wissenschaftlichen Staatssammlungen und als Vorsitzender der Akademie der Wissenschaften, desto mehr verlor sich sein Einfluß und schwand seine Kraft. Schelling fühlte sich durch den in Berlin zur Berühmtheit gewordenen Hegel um den geistigen Ertrag seiner Ideen geprellt, bezeichnete dessen Werk als Karikatur seiner eigenen frühen Lehre und kündigte immer wieder seine neue »positive Philosophie« an, die Wissenschaft und Religion verbinden sollte – immer wieder vergeblich.

Auch der späte Triumph über den gehaßten einstigen Stiftskameraden Hegel blieb äußerlich. König Friedrich Wilhelm IV. rief Schelling nach Berlin als Nachfolger seines verstorbenen Widersachers »zur Bekämpfung, ja Vernichtung der Drachensaat des Hegelschen Pantheismus«. Aber zum Drachentöter taugte der unsicher gewordene Fünfundsechzigjährige nicht mehr. Nach einer Antrittsvorlesung, die einem Staatsakt gleichkam, blieb das Publikum bald aus, und Schelling selbst scheute zunehmend die Öffentlichkeit. Fast achtzigjährig starb er während einer Kur in Bad Ragaz. Maximilian II. von Bayern ließ seine Büste in dem Ehrenmal Walhalla aufstellen.

DER ZU SICH KOMMENDE GEIST

Georg Wilhelm Friedrich Hegel, 1770–1831

Sogar im Kreis der jungen Genies am Tübinger Stift war *Georg Wilhelm Friedrich Hegel* eine ungewöhnliche Erscheinung. Seine kritische Bedächtigkeit stach gegen die Lebhaftigkeit und Begeisterungsfähigkeit Schellings und Hölderlins derart ab, daß die Stiftler ihm den Spitznamen »der alte Mann« gaben. Er kam aus dem nahen Stuttgart, wo er 1770 als Sohn eines Rentkammersekretärs geboren worden war.

Auch sein weiterer Lebenslauf verlief ruhiger als der seiner Freunde – er hatte nichts von der suchenden Zerrissenheit Hölderlins, nichts von dem entschiedenen Aufsteigen Schellings. Erst mit dreiundzwanzig Jahren stellte er sich der Magister- und der theologischen Konsistorialprüfung, wurde Hauslehrer in Bern und Frankfurt. Dann nutzte er eine kleine Erbschaft, um sich in Jena zu habilitieren. Sein jüngerer Freund Schelling war dort bereits Professor, war berühmt und umschwärmt. Hegel mußte noch fünfzehn Jahre ausharren, bis er soweit war. Zunächst dozierte er noch privat in Jena, danach mußte er seine Zeit zwischen Beruf und Berufung teilen. In einer Bamberger Redaktion schrieb und redigierte er Zeitungsartikel; zugleich vollendete er sein erstes großes philosophisches Werk, die »Phänomenologie des Geistes«. Er schloß das Manuskript ab in der Nacht vor der Schlacht bei Jena, die Napoleon den Sieg über die preußischen Truppen und Berlin die französische Besetzung brachte. Auch das nächste Werk, die »Wissenschaft der Logik«, entstand neben den beruflichen Verpflichtungen Hegels; er war jetzt Rektor am Königlich Bayerischen Gymnasium in Nürnberg. Endlich erhielt er 1816 eine Berufung an die Universität Heidelberg.

Zwei Jahre später folgte er einem Ruf nach Berlin. Hier wurde er zum anspruchsvollen und bewunderten Repräsentanten der neuen Philosophie und der in den Freiheitskriegen erstarkten preußischen Staatsgesinnung, die geistige Elite,

Regierung und Volk im stolzen Gefühl des selbstgeschaffenen Aufschwungs vereinte.

Bald erschienen seine gerühmten Vorlesungen über die Philosophie des Rechts und der Staatswissenschaften auch im Druck, ferner die zweite, die sogenannte große »Enzyklopädie der philosophischen Wissenschaften«. Hegel las außerdem über Geschichte, Religion und Ästhetik. Sein Geist durchdrang nahezu jedes Gebiet; nach wenigen Jahren schon begann an den meisten deutschen Universitäten die Auseinandersetzung mit seinen Gedanken.

Alt wurde Hegel nicht, gerade einundsechzig Jahre. Aber obwohl sein grämlich gewordener Widersacher Schelling seinen Platz in Berlin einnahm, die Philosophie Hegels hatte den längeren Atem. Sie erfüllte die Erwartungen, die das Denken mit dem transzendentalen Idealismus hervorgebracht hatte, am vollkommensten. Hatte doch Kants kopernikanische Wendung die längst erschöpfte Hoffnung neu belebt, das Wahrheitsproblem ein für allemal zu lösen, indem sich die gesuchte Identität von Ding und Denken letztlich in der Vernunft selbst fand. Der dabei außerhalb der Vernunft verbleibende Rest des »Dinges an sich« wurde dann auch noch aufgelöst, indem Fichte ihn als Setzung des Bewußtseins ins Ich hineinnahm – eine Konstruktion, an der Schelling aussetzte, daß sie nur den Gedanken der Realität erkläre, nicht aber deren tatsächliches Vorhandensein. Er sah die Einheit von Ding und Denken erst dadurch erreicht, daß der Gegensatz beider im Bewußtsein des Menschen aufgehoben wird und das Absolute sich derart zu seiner ursprünglichen Einheit wiederherstellt. Für Hegel waren diese Lehren – wie alle früheren – nur Durchgangsphasen des Denkens, das erst in seiner eigenen Philosophie zur vollen Klarheit seines Selbstwissens kam.

Kants Philosophie erachtete er für einen allzu »*subjektiven Idealismus,* insofern *Ich* (das erkennende Subjekt) sowohl die *Form* als auch den *Stoff* des Erkennens liefere – jenen als *denkend* und diesen als *empfindend*«.[27] Den Gegenständen bleibe damit allein das Sein, während ihnen alle Bestimmtheit nur durch das erkennende Subjekt zuteil werde. »Bloß dadurch indes, daß ihnen das *Sein* zukäme, gewönnen weder die Gegenstände noch wir etwas. Es kommt auf den *Inhalt* an, darauf, ob dieser ein *wahrer* ist. Damit, daß die Dinge bloß *sind,* ist denselben noch nicht geholfen... Auf jenen Unterschied von Subjektivität und Objektivität kommt also überhaupt nichts an, sondern der Inhalt ist es, worauf es ankommt, und dieser ist ebenso sowohl subjektiv als objektiv.«[28] Hegel will also das Erkennen von dem Gegensatz Subjekt-Objekt befreien – aber nicht, indem er einen der beiden Pole zur Grundlage des anderen macht, sondern indem er ihre Einheit in einem Absoluten sucht, das weder das eine noch das andere ist, aber beide in sich enthält.

Diesem Anspruch genügte auch Fichte nach Hegels Meinung nicht, denn er habe die Aufhebung der Entgegensetzung von Ich und Nicht-Ich im Absoluten zwar gefordert, aber nur einseitig geleistet. Bei ihm bleibe die Verschiedenheit von Subjekt und Objekt letztlich bestehen, weil beide nur im reinen Bewußtsein, also auf der Seite des Subjekts, vereint seien, aber nicht auch in der objektiven Welt der Erscheinungen. »Das Subjekt = Objekt macht sich daher zu einem Subjektiven, und es gelingt ihm nicht, diese Subjektivität aufzuheben und sich objektiv zu setzen.«[29] Der umgekehrte Vorwurf traf Schellings Naturphilosophie: Hier sei die Identität objektiv gesetzt und das Subjekt nur ein Beiwerk. Diese 1801 von Hegel verfaßte Würdigung – ihr Titelblatt nennt ihn »der Weltweisheit Doktor« – mag den späteren Werken seiner Vorgänger nicht gerecht werden, sie macht aber seine eigenen Absichten überaus deutlich.

Die volle Wahrheit ist ihm erst erreicht, wenn »die Trennung des *Gegenstandes* von der *Gewißheit seiner selbst* [dem Bewußtsein] vollkommen sich aufgelöst hat und die Wahrheit dieser Gewißheit, sowie diese Gewißheit, der Wahrheit gleich geworden ist«.[30] Er will nicht mehr die Erkenntnis- oder Seinsbedingungen im Ich aufsuchen oder aus der Selbstgewißheit des Ich konstruieren; er will das Denken selbst sich als die Geburtsstätte der Wahrheit darstellen lassen. Er will zeigen, wie die Selbstbewegung des Denkens überhaupt erst Wahrheit als ein Problem und ein Ziel hervorbringt – als ein Problem, weil die ursprüngliche Einheit des Absoluten sich auseinandersetzt in die Teilmomente der Wahrheit, in die Gegensätze Subjekt-Objekt, Sein-Denken, Gegenstand-Bewußtsein, Inhalt-Form; als ein Ziel, weil das Denken die selbstgeschaffenen Gegensätze sogleich wieder zu vereinen sucht. Diese Bewegung, nämlich

»*sich ein anderes,* d. h. *Gegenstand seines Selbst* zu werden, und dieses Anderssein aufzuheben«[31] ist: der Geist.

Er unterscheidet sich vom Absoluten Schellings dadurch, daß in ihm nicht einfach die Gegensätze unterschiedslos ineinanderfallen, sondern der Geist sie immer noch als gewußte enthält. Als *erscheinender* Geist bringt er diese Gegensätze hervor und vermittelt sie wieder, um sich schließlich selbst als Grund und Ziel dieses Prozesses zu erkennen. Damit ist im sich selbst wissenden Geist, im Endpunkt dieses Prozesses also, der Unterschied des Selbst und des Andersseins tatsächlich aufgehoben.

Hier »hat der Geist sein Dasein seinem Wesen gleich gemacht; er ist sich Gegenstand wie er ist, und das abstrakte Element ... der Trennung des Wissens und der Wahrheit ist überwunden«.[32]

Diesen Endzustand sieht Hegel in dem in seiner Philosophie erscheinenden »absoluten Wissen« erreicht. Die »Phänomenologie des Geistes« stellt das Werden dieses Wissens in der Geschichte dar; sie ist: Lehre von der Erscheinung des Geistes. »Sie faßt«, wie Hegel in der Anzeige für die Neuerscheinung schrieb, »die verschiedenen *Gestalten des Geistes* als Stationen des Weges in sich, durch welche er reines Wissen oder absoluter Geist wird.«[33]

Wollte Hegel seinem eigenen Anspruch genügen, Geschichte als Hervorbringung des sich selbst suchenden und findenden Geistes zu deuten, so durfte nichts als die Selbstbewegung des Denkens in ihr walten. Hegel mußte auf jedes vorgängige Prinzip, auf jede vorausgesetzte Gewißheit verzichten. »Die Wissenschaft darf sich nur durch das eigene Leben des Begriffs organisieren.«[34] Denn allein im Begriff wird der Geist sich selbst Gegenstand, ist das Wahre ebenso Subjekt wie Substanz. Die Wahrheit des absoluten Wissens ist nicht die ursprüngliche Einheit beider, sondern die nach der Entzweiung »sich *wiederherstellende Gleichheit* oder die Reflexion im Anderssein in sich selbst«.[35] Gröber formuliert: Wahrheit entsteht in dem Verhältnis des Gegenüber, das der Geist in sich selbst ausspannt und zugleich wieder vermittelnd aufzuheben sucht. Der Geist entfremdet sich seiner selbst und holt diese Entfremdung wieder ein, um sie erneut dem also Verinnerlichten zuteil werden zu lassen. In dem Heimgeholten sind nun freilich die Spuren des

Geschehens, die Restspannungen des aufgehobenen Gegensatzes; die neuerliche Entfremdung findet also in einer entwickelteren Gestalt statt. Und so fort.

Das Bewegende dieses Reflexionsvorganges ist die Negation – allerdings nicht die Negation als einfache Verneinung. Sie würde nur zur Konfrontation der Widersprüche, zu deren gegenseitiger Lähmung und damit zum Stillstand führen. Die Negation darf nicht vernichten, sie muß vermitteln; sie darf nicht von außen zerstörend herantreten, sie muß aus dem Begriff selbst hervorgehen.

Hegel beginnt die Demonstration dieser dialektischen Bewegung an der ersten und einfachsten Erscheinung des Wissens, an der sinnlichen Gewißheit. Diese Gewißheit besteht zunächst allein darin, daß ein »Dieses« – in Hegels Beispiel: die Nacht – ist und Ich, »Dieser«, es weiß. Erscheinen beide – Nacht und Ich – zuerst als selbständige Einzelne, so ist in der Reflexion ihrer Gewißheit ihre Einzelheit bereits negiert, denn die Gewißheit stellt eine Beziehung beider aufeinander dar. Diese Beziehung geht vom Gegenstand aus: Meine Gewißheit habe ich nur durch die Sache – *weil* die Nacht ist, weiß ich sie im Anschauen. Sie ist also das unmittelbar Seiende, mein Wissen das bloß Vermittelte.

Aber dieses Verhältnis hat keinen Bestand. Prüfe ich die Gewißheit dieser Wahrheit am hellichten Mittag, so erweist sich die Nacht jetzt als ein Nichtseiendes – das Jetzt meines Ich dagegen ist geblieben. Aus dem Wechsel der Gegenstände geht das Ich als Bleibendes hervor. Die Beziehung von Gegenstand und Ich ist in ihrer Richtung umgekehrt: Die Gewißheit des Gegenstandes wird nur durch das Ich gewährleistet – weil *Ich* die Nacht sehe oder gesehen habe, ist gewiß, daß sie ist.

Doch auch diese Einseitigkeit wird wieder aufgehoben, weil jedes Ich als Jetzt und Hier etwas anderes sehen kann – der eine einen Baum, der andere ein Haus und dergleichen. Die Gewißheiten widersprechen sich also, sie negieren sich gegenseitig in ihrer Vereinzelung. Die Negation des Einzelnen ist: das Allgemeine. So bringt die im Verlauf der sinnlichen Gewißheit notwendig erfolgende Negation des einzelnen Hier und Jetzt, des einzelnen Gegenstandes, des einzelnen Ich die Vorstellung des allgemeinen Ich und des allgemeinen Gegenstandes hervor. Dies ist die Geburtsstunde der Sprache; sie tritt an die Stelle des bloßen Zeigens des einzelnen, des unmittelbar vor Augen Stehenden.

In dieser Weise stellt Hegel auf den über siebenhundert Seiten der Phänomenologie »das Bewußtsein in seiner Fortbewegung von dem ersten unmittelbaren Gegensatz seiner und des Gegenstandes bis zum absoluten Wissen«[36] dar. Die dialektische »Selbstbewegung des Begriffes«[37] führt ihn von diesem anfänglichen Bewußtsein der sinnlichen Gewißheit, der Wahrnehmung und des Verstandes zum Selbstbewußtsein, weiter zur Vernunft, zum Geist, zur Religion und schließlich zur vollen Einheit des Wissens und des Gewußten. In dieser Einheit des absoluten Wissens ist also Denken und Sein identisch – mithin die geschilderte Entwicklung des Bewußtseins nicht nur eine philosophisch gedachte, sondern eine tatsächlich geschehene Geschichte des Geistes. Das Werden des Geistes in der wirklichen Geschichte läßt ihn überhaupt erst zu seinem Selbst kommen. »Ehe daher der Geist nicht *an sich,* nicht als Weltgeist sich vollendet, kann er nicht als *selbstbewußter* Geist seine Vollendung erreichen... Die Bewegung, die Form seines Wissens von sich hervorzutreiben, ist die Arbeit, die er als *wirkliche Geschichte* vollbringt.«[38] Die Phänomenologie, »die Wissenschaft des erscheinenden Wissens«, ist die »begriffne Organisation« der Geschichte.[39]

Hier läßt sich nun ganz ermessen, wie weit der transzendentale Standpunkt des über seine Erkenntnisbedingungen und -grenzen reflektierenden Ichs hinter Hegel liegt; freilich auch, wie Hegel diesen Standpunkt ins Absolute des Geistes projiziert hat: Die Selbstbestimmungen des Geistes erscheinen als Gestalten der Wirklichkeit. In den »Grundlinien der Philosophie des Rechts« spitzt Hegel das zu einem Schlagwort zu: »Was vernünftig ist, das ist wirklich; und was wirklich ist, das ist vernünftig.«[40]

So stellen auch die Erscheinungen des bürgerlichen Lebens – Familie, Gesellschaft, Staat – »ein in sich Vernünftiges« dar. Der aufstrebende preußische Staat spiegelte sein politisches Selbstbewußtsein mit Genugtuung in diesem philosophischen. Die metaphysische Absegnung seiner konkreten politischen Gestalt gab den konservativen Kräften im Deutschland des 19. Jahrhunderts künftig einen bedeutenden geistigen Rückhalt.

Der Religion dagegen machte es Hegel schwerer, sich in seinem System wiederzuerkennen. Zwar nahm sie dort einen würdigen Platz ein, aber nicht den obersten. Über der Offenbarungsreligion stand das absolute Wissen des Philosophen, keineswegs im Konflikt mit dem frommen Glauben, aber eben doch diesen nur als vorletzte Entwicklungsgestalt des Weltgeistes begreifend. Diese Einordnung hätte sich leicht als akademisch abtun lassen, wenn nicht im sich höher einschätzenden philosophischen Wissen Gottes Rolle vom Weltgeist übernommen worden wäre. Der gegen Hegel erhobene Vorwurf des Pantheismus – der Identität von Gott mit allem Erscheinenden – wird dadurch verständlich; denn ist die Wirklichkeit der erscheinende Geist selbst – nicht etwa nur sein Abbild oder seine Schöpfung –, so verschwindet die Trennungslinie zwischen Diesseits und Jenseits. Die christliche Religion aber verehrt Gott als ein persönliches Wesen jenseits seiner Schöpfung; sie konnte mit Hegels Darstellung des Absoluten kaum einverstanden sein. Aus ihrer Sicht wurde zum Nachteil, was philosophisch ein einzigartiger Vorteil war: das fugenlose Übergehen des Absoluten in das Endliche seiner Erscheinungen.

Vor der unpersönlichen Kühle des Hegelschen Gottesbegriffs mochte ein gläubiges Herz wohl erstarren – sogar die Logik wurde ihm zur Darstellung Gottes. Allerdings war für Hegel die Logik mehr als ein Regelwerk des Denkens, sie war die Wahrheit des reinen Gedankens selbst und als solche Gott gleich. Die »Wissenschaft der Logik« setzt ein, wo die Phänomenologie endet; dort also, wo der Geist alle Trennung des Gegenstandes von der Gewißheit seiner selbst aufgehoben hat. Die Logik »setzt somit die Befreiung von dem Gegensatz des Bewußtseins voraus«.[41] Sie ist die »reine Wissenschaft« des Geistes, während die Phänomenologie die Wissenschaft des erscheinenden Geistes war. Dort erschien der Geist getrennt in Bewußtsein und Gegenstand, in Wissen und Sein, und vereinigte sich erst am Ende; in der Logik dagegen ist er von Beginn an bei sich selbst. Seine Selbstentwicklung erfolgt darum nicht in der Erscheinung, sondern im Begriff. Jeder Entwicklungsgestalt der Phänomenologie entspricht folgerichtig ein Entwicklungsmoment der Logik, ein Begriff in dem »Reich des reinen Gedankens«. »*Dieses Reich ist die Wahrheit, wie sie ohne Hülle an und für sich selbst ist.* Man kann sich deswegen so ausdrücken, daß dieser

Inhalt die *Darstellung Gottes* ist, *wie er in seinem ewigen Wesen vor der Erschaffung der Natur und eines endlichen Geistes ist.*«[42] Wie wichtig dieser Gedanke Hegel war, zeigt die Hervorhebung im Druck, die von ihm selbst stammt.

Wie in der Phänomenologie soll der Gegenstand selbst seine Bewegung hervorbringen – »denn es ist der Inhalt in sich, *die Dialektik, die er an ihm selbst hat,* welche ihn fortbewegt. Es ist klar, daß keine Darstellungen für wissenschaftlich gelten können, welche nicht den Gang dieser Methode gehen und ihrem einfachen Rhythmus gemäß sind, denn es ist der Gang der Sache selbst.«[43]

Die ersten Schritte dieses Ganges sind atemberaubend in ihrer kühnen Entgegensetzung und Lösung. Soll das gesamte System der Logik sich allein aus der Selbstbewegung des Begriffs entfalten, soll die Wahrheit sich selbst ohne eine Vorbestimmung und ohne ein Zutun von außen rein darstellen, so darf ihr Ursprung nicht schon etwas Bestimmtes sein, sondern nur »das unbestimmte Unmittelbare«.[44] »Dies Einfache, das sonst keine weitere Bedeutung hat, dies Leere ist also schlechthin Anfang der Philosophie.«[45] Schon ein Satz wäre zuviel für diesen Anfang, denn er ließe das Unbestimmte nicht, wie es ist; er würde etwas darüber aussagen, er trüge eine Bestimmung an es heran, er würde die ursprüngliche Unmittelbarkeit vernichten. Darum bietet Hegel allein den Begriff dar, hebt ihn empor wie ein Priester das Heiligste: »*Sein, reines Sein,* – ohne alle weitere Bestimmung.«[46] Seine Reinheit besteht in seiner Ununterschiedenheit gegen anderes und seiner Ungeschiedenheit in sich. »Es ist die reine Unbestimmtheit und Leere. – Es ist *nichts* in ihm anzuschauen . . .; oder es ist nur dies reine, leere Anschauen selbst. Es ist ebensowenig etwas in ihm zu denken, oder es ist ebenso nur dies leere Denken.«[47] Und dann kommt der Umschlag des Begriffs aus der Mitte seines Denkens: »Das Sein, das unbestimmte Unmittelbare, ist in der Tat *Nichts,* und nicht mehr noch weniger als Nichts.«[48]

So hebt der nächste Abschnitt an: »*Nichts, das reine Nichts,* es ist einfache Gleichheit mit sich selbst, vollkommene Leerheit, Bestimmungs- und Inhaltlosigkeit.«[49] Alles, was sich vom Sein sagen ließ, läßt sich nun vom Nichts sagen. »Nichts ist somit dieselbe Bestimmung oder vielmehr Bestimmungslosigkeit und damit überhaupt dasselbe, was das reine *Sein* ist.«[50]

In diesem Widerspruch scheint die Wahrheit auf der Strecke zu bleiben – jedenfalls die Wahrheit der klassischen Logik mit ihren statischen Begriffen. Um so freier tritt aber die Wahrheit des Geistes hervor, die in der Bewegung seiner Selbstbestimmung besteht. Sie hat aus dem Sein den Gegensatz des Nichts ausgesondert und dann die Gegensätzlichkeit beider vermittelnd aufgehoben. Also: »Was die Wahrheit ist, ist weder das Sein, noch das Nichts, sondern daß das Sein in Nichts, und das Nichts in Sein – nicht übergeht, – sondern übergegangen ist. . . Ihre Wahrheit ist also diese *Bewegung* des unmittelbaren Verschwindens des Einen in dem Anderen: *das Werden*; eine Bewegung, worin beide unterschieden sind, aber durch einen Unterschied, der sich ebenso unmittelbar aufgelöst hat.«[51]

Diese zwiefältige Einheit des Werdens ist Element aller weiteren Entwicklung. Sie wird als bestehende Verbindung von Sein und Nichts zu bestimmtem Sein: zum *Dasein* – ein Etwas gegen ein Anderes, veränderlich und endlich. Ein Mensch zum Beispiel *ist* ein Lebewesen, aber er ist *nicht* eine Sache, *nicht* ein Tier. »Es wäre nicht schwer, diese Einheit von Sein und Nichts in jedem Beispiele, in *jedem* Wirklichen oder Gedanken aufzuzeigen.«[52] Denn jedes Ding hat sein besonderes und individuelles Dasein nur durch die in ihm gegebene Einheit dessen, was es ist, und dessen, was es nicht ist; so »*daß es nirgend im Himmel und auf Erden Etwas gebe, was nicht beides, Sein und Nichtsein in sich enthielte*«.[53]

Solche Worte Hegels klingen wie die ältesten der Philosophie – die Klarheit, zu der das Denken sich geläutert hat, ist die späte Spiegelung der Helligkeit des Anfangs. Die Visionen, deren Umrisse einst in Griechenland aufgeblitzt waren, hatte das Denken seitdem bis ins Äußerste und Tiefste erhellt; sie lagen nun endlich im vollen Licht des Wissens ihrer selbst: der alles bewegende Geist des Anaxagoras, das reine Sein des Parmenides in seinem schroffen Gegensatz zum Nichts und seiner lapidaren Einheit mit dem Denken, das stetig aus dem Streit fließende Werden des Heraklit, die Denken und Welt ordnende und einigende Idee Platons. Aus der Bewegung dieser frühen Gedanken waren Wege des Denkens geworden. Hegel sieht sie alle in seiner Philosophie ans Ziel gekommen und zum Ganzen vereint; er sieht den Kreis des Denkens ausgeschritten und vollendet.

Hegel hatte in der Tat das Denken von der Starrheit seiner Begriffe befreit und ihm seine ursprüngliche Kraft bewußt gemacht: die Dialektik. Dieses »Auseinanderlegen« des Sprechens und Denkens hatte die ersten Begriffe der Philosophie hervorgebracht; Platon hatte es zur bewußten Methode entwikkelt, um einerseits Begriffe gegen andere abzugrenzen, andererseits sie miteinander zu vermitteln; es war von Fichte zum Programm der Entwicklung des Bewußtseins gemacht worden – aber niemals zuvor war Dialektik so gänzlich mit dem Sein identifiziert und dabei mit so großer systematischer Meisterschaft durchgeführt worden. Erst Hegel hat ihr Gesetz rigoros angewendet: die aus der fortschreitenden Selbstbestimmung des Begriffs hervortretende Negation seiner selbst, die erneute Negation des derart entstandenen gegensätzlichen Begriffs, die darin erfolgende Vermittlung beider zu einer neuen Einheit – einer Einheit jedoch, in der die Negationen nicht einfach ausgelöscht, sondern als aufgehobene noch enthalten sind, aus welcher Spannung wiederum die nächste dialektische Bewegung entsteht.

Die entwickelte Dialektik Hegels erlaubte nicht nur, einen Begriff als eine bestimmte, abgesonderte Einheit zu begreifen und ihn dennoch in andere übergehen zu lassen – sie forderte beides geradezu und bot überdies die Strenge eines gesicherten Verfahrens dafür.

Damit hatte Hegel das alte Problem der Teilhabe der überzeitlichen Begriffe an den zeitlichen Dingen, der Teilhabe der Begriffe aneinander und ihrer Teilhabe an dem einen ungeschiedenen Absoluten aufgelöst. Ihm war die restlose Versöhnung von Denken und Sein, von Welt und Geist gelungen. Die Geschichte des Geistes wurde dadurch auch zur Geschichte der materiellen Welt, die Geschichte des Bewußtseins zur Geschichte des Menschen, alles Wirkliche zum Vernünftigen, alles Geschehen zum Notwendigen. Der Grund: Die scheinbar unauflösbaren Gegensätze, zwischen denen sich die Philosophie bisher bewegt hatte, wurden von Hegel als die notwendigen und doch verschwindenden Durchgangsphasen des zu sich kommenden Geistes aufgezeigt – notwendig, weil das Leben des Geistes im Ur-teilen seiner selbst besteht; verschwindend, weil das Leben des Geistes die Teile wieder zu sich verbindet. Ohne dieses wäre er bloß: »das leblose Einsame«.[54]

VIII. ENTWÜRFE ZUM NEUEN MENSCHEN

Die Geschichte gab Hegel recht: Das Denken hatte seine Möglichkeiten, sich selbst zu bedenken, erschöpft. In Hegels Philosophie hatte es tatsächlich eine vollkommene Bewußtheit seiner selbst erreicht.

Es stand darum nicht still: Gerade aus der Fülle seiner Klarheit mußte es die Dunkelheit des ihm Fremden aufsuchen. Die Deutung der Geschichte als sinnhafter Entwicklungsprozeß brach die Starrheit des bisherigen Menschenbildes auf und schärfte den Blick für bislang außer acht gelassene menschliche Bereiche.

Das Selbstverständnis des abendländischen Menschen war lange durch die biblische Schöpfungsgeschichte festgelegt. In ihr erscheint bereits der erste Mensch als ein vollendeter; er ist geschaffen nach Gottes Bild – das ließ für Entwicklung keinen Raum mehr. Eine Entwicklung konnte allenfalls des Menschen mit der Erbsünde behaftete Seele auf ihrem Weg zu Gott durchmachen; im übrigen aber war der Mensch festgelegt, sowohl seine Herrenrolle gegenüber der Natur als auch sein irdisches Leid durch Arbeit, Schmerz und Tod. Darum war es für einen Christen sinnlos, an diesen Verhältnissen zu rütteln; und darum wurde bis zur Neuzeit kaum daran gerüttelt.

Wie stach von diesem unbewegten Bild die Darstellung der Geschichte als jahrtausendelanges Wachstum des Bewußtseins ab! Erst im Fortschreiten zeigte sich der Weltgeist! Und gewahr wurde er seiner selbst im entwickelten Menschen.

Das war die philosophische Begründung eines neuen Zeitalters. Der Zeitgeist formte daraus seine Parole: Fortschritt.

Das erste Stichwort hatten ihm die Empiristen bei der Abspaltung der Naturwissenschaft schon Jahrhunderte zuvor gegeben: Macht durch Wissen. Aber diese erste Aufforderung war äußerlich geblieben, hatte mehr die technische Kenntnis der Naturkräfte zum Ziel als die Bewußtseinsentwicklung des Menschen.

Erst beide Schlagworte zusammen ergaben die zündende

Mischung, deren explosive Gewalt in wenigen Jahrzehnten jahrtausendealte Traditionen zersprengte und die Erde völlig veränderte. Der naturwissenschaftlich-technische Fortschritt hatte ein philosophisches Motiv bekommen. War Geschichte Entwicklung, so konnte bisher Unmögliches künftig möglich werden. War sie Entwicklung zur höheren Wahrheit des Wissens, wie nahe lag dann die These, daß der Mensch seine Geschichte nicht nur begreife, sondern – nachdem er ihr Gesetz nun endlich begriffen habe – sie auch selbst machen müsse. Die Entwicklung schien das zu fordern, das Denken zu rechtfertigen, die Technik zu ermöglichen. Aus dem erfüllten philosophischen Selbstbewußtsein wuchs ein neuartiges menschliches. Dem Denken entsprang die Forderung der Tat.

Zwar ging im Strudel des Entwicklungsgedankens die Einzigartigkeit der göttlichen Abkunft des Menschen unter – die Lamarcksche Entwicklungslehre und die Darwinsche Auslesetheorie nahmen die Stelle des Schöpfungsmythos ein –; aber zugleich wurde der Mensch dadurch zu seiner Eigenmächtigkeit befreit. Nicht mehr Gottes Ebenbildlichkeit sicherte seinen Anspruch gegenüber der übrigen Natur und seine Würde inmitten des irdischen Elends – er selbst konnte seinen Rang als Person und Geschlecht bestimmen. Nicht mehr im Glauben an die göttliche, sondern im Glauben an seine eigene Vernunft und seine eigenen Entwicklungsmöglichkeiten ging der Mensch nun daran, wahr zu machen, was ihm wahr schien: durch Bildung den höheren Menschen, durch Politik den gerechteren, durch Technik den unabhängigeren, durch Psychoanalyse den freieren. Der Mensch, der sich als entwickelndes Wesen begriffen hatte, setzte sich konsequent selbst zum Ziel der Geschichte.

Aber indem er sich nicht mehr länger als Gottes Schöpfung und Abbild verstehen konnte, verlor er seine festen Umrisse. Er mußte sich nun erstmals, ohne auf Gott zu sehen, ein Bild von sich selbst machen. Fortschritt bot ihm nur die Offenheit für neue Entwürfe, ließ sie aber leer.

Unter Gottes Herrschaft war der Mensch seiner selbst stets gewiß gewesen, fragwürdig war ihm nur der Anteil seines Denkens an der göttlichen Wahrheit geworden. Jetzt hatte er die Wahrheit des Denkens in sich entdeckt, aber die Sicherheit seines Selbst darüber verloren. Er hatte sich an sein eigenes Gutdünken ausgeliefert. Das Denken war darum nun erfüllt von den Fragen, was der Mensch sei und sein könne, und von den Forderungen, was er sein solle. Fragwürdig war ihm nicht mehr sein Geist, fragwürdig war ihm seine gesamte Existenz geworden.

Die neuen Themen der Philosophie erlaubten nicht mehr die vertraute Weise zu philosophieren. Das Denken hatte es nicht mehr vor allem mit sich selbst zu tun; das setzte dem Argumentieren Grenzen. Nicht mehr philosophische Argumentationssysteme, sondern philosophierende Lebensstimmungen, Weltanschauungen und Utopien bewegten die Gemüter der selbstherrlich und unsicher gewordenen Menschen.

DER WILLE UND DAS NICHTS

Arthur Schopenhauer, 1788–1860

Schon zu Hegels Glanzzeit wurde das Werk gedruckt, das seine Philosophie in der Mitte des 19. Jahrhunderts verdrängte. Nur – gelesen wurde es jetzt nicht. Erst als sein Verfasser durch die späte Schrift »Parerga und Paralipomena« (Nebensachen und Zusätze) und die darin enthaltenen »Aphorismen zur Lebensweisheit« populär wurde, entdeckten die Gebildeten sein bereits 1819 erschienenes Hauptwerk: »Die Welt als Wille und Vorstellung.« Für den Autor, *Arthur Schopenhauer*, kam die Anerkennung fast zu spät. Er war bereits ein alter Mann, bissig, zynisch, in sich gekehrt. Das Mißverhältnis zwischen seinen selbstbewußten Erwartungen und dem demütigend kärglichen Erfolg hatte ihn noch bitterer gemacht, als er bereits von Natur und Herkunft war. Nur allmählich löste ihn der kaum mehr erwartete Beifall aus der Kapsel seiner selbstgewählten Einsamkeit.

Dabei schien Schopenhauer die Welt von Kind an offenzustehen. 1788 in Danzig geboren, wuchs er im Luxus eines reichen, großbürgerlichen Hauses auf, entbehrte darin allerdings die Liebe eines einigen Elternpaares. Weder die langen Auslandsreisen noch die Übersiedlung nach Hamburg änderten etwas an den unerquicklichen Familienverhältnissen. So lernte Schopenhauer zwar früh die Welt kennen, nicht jedoch Regelmaß und Disziplin einer geordneten Ausbildung. Der Vater, ein Großkaufmann, wollte aus seinem dem Handel gänzlich abgeneigten Sohne ebenfalls einen Geschäftsmann machen. Sein Tod – nie wurde geklärt, ob der Sturz aus einem Speichertor in den vorbeifließenden Kanal Unglück oder selbstmörderische Absicht war – gab dem Siebzehnjährigen den Weg zum Gelehrten frei. Zwischen Studien in Berlin und Jena lebte Schopenhauer in Weimar bei seiner Mutter; sie konnte dort ihrem schöngeistig ambitionierten Gesellschaftshunger frönen, er im Kreise Goethes seinem Wissensdurst. Doch nach seiner Promotion wurde das Haus zu eng für zwei lebensgierige Egoisten. Sie versuchten noch, ihre Lebenskreise schriftlich gegeneinander abzugrenzen; aber bald schied Schopenhauer im Streit von seiner Mutter, die das freizügige Ausleben ihrer gesellschaftlichen und dichterischen Neigungen der Nähe des Sohnes vorzog. 1820 habilitierte er sich in Berlin. Herausfordernd bis zur Unhöflichkeit legte er seine Vorlesungen als junger Privatdozent auf die Stunden, in denen Hegel seine Hauptvorlesung hielt. Die törichte Anmaßung brachte ihn um Hörer und Wohlwollen. Am Semesterende floh er vor dem selbstverschuldeten Mißerfolg und suchte auf Reisen Vergessen. Offenbar waren seine Ansprüche gegen andere größer als gegen sich selbst – eine heillose Einstellung, die ihm das Leben immer ärger vergällte. Seine boshaften literarischen Ausfälle gegen Hegel und »die gute, nahrhafte Universitätsphilosophie . . ., welche, mit hundert Absichten und tausend Rücksichten belastet, behutsam ihres Weges daherlavirt kommt«,[1] zeigen, wie schwer sein Stolz zeitlebens unter dem vermeintlichen »Ignorier- und Schweigesystem«[2] der Professoren litt. Pessimismus wurde seine persönliche und seine philosophische Maxime, die er durch eine Ehefrau noch zu verschärfen fürchtete. So führte er als Privatgelehrter und Schriftsteller ein hagestolzes Einsiedlerleben.

Philosophisch ging er wie der transzendentale Idealismus

vom Ich aus – aber wie anders sah er das Ich! Auch ihm ist »der richtige Ausgangspunkt und zugleich der *wahre* Stützpunkt aller Philosophie ... wesentlich und unumgänglich *das Subjektive*, das *eigene Bewußtsein.* Denn dieses allein ist und bleibt das Unmittelbare.«[3] Und er bestätigt Kant: »›Die Welt ist meine Vorstellung‹ – ist, gleich den Axiomen Euklids, ein Satz, den Jeder als wahr erkennen muß, sobald er ihn versteht, wenn gleich nicht ein solcher, den Jeder versteht, sobald er ihn hört.«[4]

Doch mit dieser Einsicht ist für Schopenhauer noch nicht viel erreicht. Sie diene uns allenfalls dazu, Vorstellungen nach Bildern und Namen zu ordnen, schlage aber keine Brücke zu der inneren Wirklichkeit der Objekte; »denn wir wissen solches Objekt von der Vorstellung gar nicht zu unterscheiden; sondern finden, daß beide nur Eines und Dasselbe sind, da alles Objekt immer und ewig ein Subjekt voraussetzt und daher doch Vorstellung bleibt«.[5] Auch die Überlegung, daß jede Vorstellung eine Ursache haben müsse, hilft nicht weiter, da Kausalität nur die Form der Verknüpfung von Vorstellungen ist, also nicht in das außerhalb aller Vorstellungen angenommene Ding an sich hinüberreicht. Ebensowenig leisten das Mathematik und Naturwissenschaft. Die erste liefert nur inhaltsleere Beziehungen von Größen; die zweite Ursachenverkettungen, aber keine Ursachenerklärungen der Erscheinungen. »Die ursächliche Verknüpfung giebt bloß die Regel und relative Ordnung ihres Eintritts in Raum und Zeit an, lehrt uns aber das, was also eintritt, nicht näher kennen.«[6]

Unter Schopenhauers Kritik wandelt sich der Vorteil des Idealismus, alle grundlegenden Erkenntnismomente im Bewußtsein schon zu besitzen, zum Nachteil. Das Bewußtsein wird zum Gefangenen seiner selbst: Seine Vergegenständlichungen können nur gedachte oder vorgestellte sein – Gläser, durch die es Dinge zu erkennen meint, in denen es aber nur die Spiegelung seiner selbst als Gegenüber erblickt.

So jedenfalls würde es sein, wäre das Ich ausschließlich Bewußtsein. »In der That würde die nachgeforschte Bedeutung der mir lediglich als meine Vorstellung gegenüberstehenden Welt ... nimmermehr zu finden sein, wenn der Forscher selbst nichts weiter als das rein erkennende Subjekt (geflügelter Engelskopf ohne Leib) wäre. Nun aber wurzelt er selbst in jener Welt, findet sich nämlich in ihr als *Individuum*, d. h. sein Erkennen, welches der bedingende Träger der ganzen Welt als Vorstellung ist, ist dennoch durchaus vermittelt durch einen Leib ...«[7]

Diesen Leib hat mein Ich auf zweifache Weise: einmal als Naturding, als vorgestelltes Objekt unter anderen vorgestellten Objekten; zum anderen aber als das mir *ohne* Vermittlung meines Bewußtseins oder meiner Vorstellung Bekannte. Diese unvermittelte, direkte Einheit des Ich ist: der Wille. »Jeder wahre Akt seines Willens ist sofort und unausbleiblich auch eine Bewegung seines Leibes.«[8] Zwischen beiden waltet kein Kausalverhältnis: Die Bewegung ist nicht die Folge des Willens, sie ist seine anschauliche Erscheinungsweise. »Die Aktion des Leibes ist nichts Anderes, als der objektivirte, d. h. in die Anschauung getretene Akt des Willens.«[9] Ja, der ganze Leib ist überhaupt »nichts Anderes, als der objektivirte, d. h. zur Vorstellung gewordene Wille«.[10] Diese Selbigkeit zeigt sich nicht nur in der Aktion, sondern auch in der Reaktion: Schmerz und Wollust berühren den Willen unmittelbar, nicht erst auf dem Umweg der Vorstellung des eigenen Körpers.

Hier also, im Willen allein, besteht für Schopenhauer die vom Idealismus fälschlich ins Bewußtsein gesetzte Identität des Ich mit einem Objekt. Das Bewußtsein kann sich immer nur mit einem von ihm als real *vorgestellten* Objekt identifizieren, nie mit dem tatsächlichen Objekt selbst; der Wille dagegen hat in Gestalt des Leibes unmittelbar ein reales Objekt.

Damit ist der Wille unser einziger Zugang zur Welt der Objekte, wie sie an sich sind; denn er ist das einzige, was wir sowohl an sich wie als real vorgestelltes Objekt haben. »Wir werden demzufolge die nunmehr zur Deutlichkeit erhobene doppelte, auf zwei völlig heterogene Weisen gegebene Erkenntnis, welche wir vom Wesen und Wirken unseres eigenen Leibes haben, weiterhin als einen Schlüssel zum Wesen jeder Erscheinung in der Natur gebrauchen und alle Objekte, die nicht unser eigener Leib, daher nicht auf doppelte Weise, sondern allein als Vorstellungen unserm Bewußtseyn gegeben sind, eben nach Analogie jenes Leibes beurtheilen ...«[11] Denn: »Außer dem Willen und der Vorstellung ist uns nichts bekannt noch denkbar.«[12]

Des Menschen Wille, der als Leib Dinggestalt annimmt, ist demnach nur ein Teil des allgemeinen Willens, der die gesamte

Natur als Erscheinung seiner selbst hervorbringt. Dieser überindividuelle Weltwille ist das Ding an sich hinter allen Erscheinungen. »Er ist das Innerste, der Kern jedes Einzelnen und ebenso des Ganzen: er erscheint in jeder blindwirkenden Naturkraft: er auch erscheint im überlegten Handeln des Menschen.«[13]

Durch sein Auseinandertreten gerät er in Konflikt mit sich selbst. Will er sich als Wille *darstellen,* muß er sich in die Vereinzelung begeben, in die »Individuation« in Raum und Zeit. Da nun jedes einzelne als Teil des Weltwillens den Egoismus zu seinem Geburtsbrief hat, kämpfen alle gegen alle. »Denn in jedem Ding erscheint der Wille gerade so, wie er sich selbst an sich und außer der Zeit bestimmt.«[14] Leid ist die unausbleibliche Folge dieses Kampfes des Willens, der »so, im heftigen Drange, die Zähne in sein eigenes Fleisch schlägt, nicht wissend, daß er immer nur sich selbst verletzt, dergestalt, durch das Medium der Individuation, den Widerstreit mit sich selbst offenbarend, welchen er in seinem Innern trägt«.[15]

Wer einmal die blinde Sinnlosigkeit dieses Kampfes, den der Wille gegen sich selbst führt, durchschaut hat, wird sich seiner Qual zu entziehen suchen. Da Leid und individuelles Dasein unlösbar miteinander verbunden sind, kann das Leid nur enden, wenn auch die Individuation endet. Durch die Verneinung seines persönlichen Willens geht der Mensch in die Leidlosigkeit der ungeschiedenen All-Einheit ein.

Die Kunst bringt davon eine Ahnung: Die Objekte sind aus ihrer Einzelheit erlöst zur Allgemeinheit ihres Bildes; das Anschauen ist hier, anders als im Leben, frei vom Begehren des Geschauten. Doch auch die Kunst verharrt, solange sie anschaulich ist, noch immer bei den Objektivationen des Weltwillens, wenn auch bei seinen allgemeinsten: den Ideen. Die Musik dagegen ist unmittelbare, nicht mehr über Objektivationen erfolgende Darstellung des Weltwillens selbst: ein tönender Durchgang vom Weltschmerz der Vereinzelung zur Auflösung im All-Einen. Richard Wagner gab dieser Philosophie Klänge und Anschauung; er verehrte in Schopenhauer den Theoretiker seiner Kunst.

Was die Kunst im Genuß ahnen läßt, soll die Ethik im Leben vollbringen: Aufhebung der Vereinzelung in sich und anderen. Das erfordert, im anderen das Gemeinsame zu erkennen, darum

Mitleid an die Stelle des Kampfes zu setzen; es erfordert, sein Ich aufzuheben in dem, was die Inder »Brahm«, die Buddhisten »Nirwana« nennen. »Was nach gänzlicher Aufhebung des Willens übrig bleibt, ist für alle Die, welche noch des Willens voll sind, allerdings Nichts. Aber auch umgekehrt ist Denen, in welchen der Wille sich gewendet und verneint hat, diese unsere so sehr reale Welt mit allen ihren Sonnen und Milchstraßen – Nichts.«[16]

Selbst wer Schopenhauers Folgerungen und vor allem seinen Analogieschluß vom menschlichen Willen auf das Weltganze für übereilt oder gewaltsam hält, sollte nicht verkennen, was hier zum Begriff strebte: das Selbstgefühl des ganzen Menschen – des Menschen, dem Denken nur ein Teil seines Wesens ist. Zweieinhalb Jahrtausende war der Mensch fast ausnahmslos auf sein Geistwesen festgelegt worden. Seine Körperlichkeit und seine Triebe fügten sich nur schwer zum Begriff; mit sich selbst konnte das Denken leichter umgehen. Überdies hob allein das Denken den Menschen von der übrigen Natur ab – Körper waren die Tiere auch. Antikes Wahrheitsverständnis und christliches hatten sich darin gegenseitig bestärkt: Wahrheit war Dauer; Dauer war nur im Geist, in der überzeitlichen Festigkeit und überindividuellen Geltung seiner Begriffe. Der Körper war wechselnde und vergängliche Materie, das Gegenstück zur Wahrheit, allenfalls durch eine belebende Seele zeitweise am Geist teilnehmend. Denkend teilte der Mensch die Vernunft mit Gott; den Körper teilte er nur mit der Materie, sie war Gott und der Wahrheit am fernsten und Teufel und Tod am nächsten.

Der neue Entwicklungsgedanke aber ermöglichte nun Übergänge zwischen dem Geist und den minderen Bewußtseinszuständen der Natur. So schwand die göttliche Aura des Geistes mehr und mehr. Die Folge: Das Bewußtsein brauchte seine körperhaften und unbewußten Voraussetzungen oder Begleitumstände nicht mehr zu verleugnen – weder in der Geschichte noch im Individuum. Es konnte sich über die Grenzen des Denkens ausweiten und neue Bereiche des Ich-Verständnisses entdecken. Treu seinem transzendentalen Ansatz gewann es aus dem neuen Ich-Verständnis jeweils auch ein neues Weltverständnis.

Besonders deutlich wird dieser Umschlag in einem der

Zusätze Schopenhauers zu seinem Hauptwerk. Er schreibt: »Kants Satz: ›das *Ich denke* muß alle unsere Vorstellungen begleiten‹, ist unzureichend: denn das Ich ist eine unbekannte Größe, d. h. sich selber ein Geheimnis. – Das, was dem Bewußtseyn Einheit und Zusammenhang giebt ... kann nicht selbst durch das Bewußtseyn bedingt ... seyn: vielmehr muß es ein *Prius* [Vorher] des Bewußtseyns und die Wurzel des Baumes seyn, davon jenes die Frucht ist.«[17]

Damit hatte Schopenhauer nicht nur für sich gesprochen, sondern für sein Zeitalter. Nachdem im Idealismus das Selbstverständnis des Denkens zur klarsten Bewußtheit gediehen war, wurden nun außer dem Willen weitere dem Denken verschlossene, unbewußte Bedingungen des Bewußtseins in rascher Folge entdeckt – in der Materie, in der Existenzangst, in der wirtschaftlichen Abhängigkeit, im Macht- und im Geschlechtstrieb. Die Trieblehren schlossen unmittelbar an Schopenhauers Willensmetaphysik an: Friedrich Nietzsche, der im Willen vor allem den Machttrieb am Werk sah; Sigmund Freud, der das Bewußtsein für gelenkt vom Geschlechts- und Todestrieb hielt.

DER GUTE GEDANKE UND SEINE SCHLECHTE WIRKLICHKEIT

Karl Marx, 1818–1883

Schopenhauer war im Willen auf ein Weltwesen gestoßen, das sich zwar vom Denken entdecken, jedoch nicht von ihm durchdringen ließ. Vereinen konnte sich das Denken mit diesem außervernünftigen Wesen nicht, es sei denn durch seine eigene Auslöschung. Schopenhauers Nihilismus war eine Kapitulation – wohl auch eine persönlich motivierte, doch jedenfalls eine philosophisch höchst folgerichtige: Das Denken konnte die Folgen seiner Entdeckung nicht ertragen – es floh ins Nichts vor der Verzweiflung darüber, daß es die blindwütige Gedankenlosigkeit als Motor allen Geschehens enthüllt und damit seine eigene ontologische Bedeutungslosigkeit aufgedeckt hatte. Dieser Ausbruch aus der Metaphysik des Denkens scheiterte an seiner inneren Widersprüchlichkeit; der Beifall war darum auch nur vorübergehend.

Wie hoben sich dagegen Stoßkraft und Wirkung von *Karl Marx* ab! Er gewann seine Stärke zum Ausbruch aus der Philosophie durch die Philosophie selbst. Auch er wollte die Philosophie dem reinen Denken entreißen; aber nur um sie praktisch werden zu lassen, um ihr die gesamte Lebenswirklichkeit des Menschen als Wirkungsstätte zu übereignen. Auch er wagte sich an das außervernünftige Wesen des Menschen, nämlich an die ökonomischen Bedingungen des Bewußtseins; aber er begnügte sich nicht damit, sie als solche zu erkennen – er wollte sie erobern, wollte das bis dahin bewußtlose Geschehen dem Denken botmäßig machen. Darum wich er nicht zurück vor der Geistlosigkeit der wirtschaftlichen Verhältnisse des Menschen, sondern durchdrang sie denkend und unterwarf sie derart der Gestaltungskraft des Denkens. Die *philosophische* Bedeutung seines Versuchs, Philosophie direkt in Geschichte umzusetzen, wird nicht gemindert dadurch, daß seine ökonomischen Analysen von Zuständen ausgingen, die inzwischen nur noch in Ländern der »dritten Welt« herrschen; sie wird auch nicht dadurch gemindert, daß sein Vertrauen in die moralische Entwicklungsfähigkeit des Menschen phantastisch war und sich als völlig unrealistisch erwiesen hat. Dabei hatte Marx, gutbürgerlicher Rechtsanwaltssohn aus Trier, von Jugend an die Wirklichkeit auf seine Fahne geschrieben – auf die Fahne, der später die proletarischen Massen zur Weltrevolution folgen sollten. Schon als neunzehnjähriger Student schrieb er seinem Vater in einem liebevollen und ehrfürchtigen Brief aus Berlin unter dem Datum 10. November 1837: »Von dem Idealismus ... geriet ich dazu, im Wirklichen selbst die Idee zu suchen. Hatten die Götter früher über der Erde gewohnt, so waren sie jetzt zum Zentrum derselben geworden.«[18] Und auch den Anlaß dieses Umschwunges verrät der Brief: die Verstörung über das Auseinanderklaffen von Gedanke und Wirklichkeit in seinen rechtsphilosophischen Studien. »Vor allem trat hier derselbe Gegensatz des Wirklichen und Sollenden, der dem Idealismus eigen, sehr störend hervor.«[19]

In seiner Doktorarbeit faßte Marx bereits die Überwindung dieses Gegensatzes ins Auge. »... wie Prometheus, der das Feuer vom Himmel gestohlen und auf der Erde sich anzusiedeln anfängt, so wendet die Philosophie, die zur Welt sich erweitert hat, sich gegen die erscheinende Welt. So jetzt die Hegelsche.«[20] Und einige Seiten weiter: »Es ist ein psychologisches Gesetz, daß der in sich frei gewordene theoretische Geist zur praktischen Energie wird ...«[21]

Seine Zuwendung zur Welt der Tatsachen folgte für Marx mit geschichtlicher Notwendigkeit aus dem Zustand der »Philosophie nach ihrer Vollendung«.[22] Für das in seinem Selbstwissen bei Hegel zur Ruhe gekommene Denken bleibt nur noch ein Beunruhigendes: Die Tatsachen der Welt entsprechen nicht den Ideen, welche die Philosophie von ihnen entwickelt hat. Besonders Recht und Staat erscheinen in der Wirklichkeit ganz anders, als sie gemäß ihrer Idee erscheinen müßten. Aber das Gedankensystem ist vollendet und nicht mehr entwicklungsfähig; wenn also die Tatsachen nicht zu ihm stimmen, so bleibt dem Denken nur der Ausweg, sie gemäß der Idee zu gestalten. Das Instrument dazu ist zunächst die philosophisch begründete Kritik.

Doch sie ist ein Instrument, das sich bald gegen die Philosophie selbst wendet, denn das Denken verläßt damit den Kreis der reinen Gedanken. »Begeistert mit dem Trieb, sich zu verwirklichen, tritt es in Spannung gegen ein Anderes. Die innere Selbstgenügsamkeit und Abrundung ist gebrochen. Was innerliches Licht war, wird zur verzehrenden Flamme, die sich nach außen wendet.«[23] Der Versuch, das Ungenügen der Wirklichkeit durch Kritik zu beseitigen, legt das eigene Ungenügen der Philosophie im Hinblick auf die Wirklichkeit bloß. »So ergibt sich die Konsequenz, ... daß ihre Verwirklichung zugleich ihr Verlust, daß, was sie nach außen bekämpft, ihr eigener innerer Mangel ist ...«[24] Es zeigt sich nämlich, daß die philosophische Theorie in ihrer Geschlossenheit überhaupt nur möglich war, weil sie von der Wirklichkeit, wie sie tatsächlich ist, absah. Sie folgte dem Zug des Begriffes, nicht den Tatsachen. Nun aber, da sie dank ihrer Vollendung zur Wirklichkeit drängt, prallt sie auf eine ganz andere Wirklichkeit, als sie gedacht hatte. Will sie diese Wirklichkeit tatsächlich erreichen und beeinflussen, muß sie sich ihr gedanklich stellen – der Gedanke, der in die Welt der Tatsachen eingreifen will, muß die ideale Sphäre des Geistes verlassen. Wer Resultate der Philosophie nicht nur im Denken, sondern in der Wirklichkeit sehen will, für den sind sie »nur durch die *Negation der seitherigen Philosophie*, der Philosophie als Philosophie, zu erhalten«.[25]

Allerdings finden sich die Leitbilder für eine der Vernunft gemäße Wirklichkeit nur in der Philosophie – jedenfalls im Deutschland seiner Zeit, meinte Marx, das anders als Frankreich Freiheit nur in der Theorie anzubieten habe. So hat das Handeln, das schließlich aus dem Ungenügen der Kritik mit philosophischer Notwendigkeit hervorgeht, einen durchaus doppeldeutigen Charakter: Einerseits ist es Aufhebung der Philosophie, andererseits deren Verwirklichung. Die Verwirklichung vollzieht sich in der Aufhebung. Die vollendete Philosophie treibt ihre Negation – das Handeln – aus sich hervor, aber die dialektische Negation enthält in sich die Momente des Negierten und realisiert sie auf höherer Entwicklungsstufe in dem Akt der Versöhnung von Gedanke und Tatsachenwirklichkeit. Darum mahnte Marx in seiner »Kritik der Hegelschen Rechtsphilosophie«: *»Ihr könnt die Philosophie nicht aufheben, ohne sie zu verwirklichen.«*[26]

Das war gut hegelisch argumentiert, und diese Argumentation war Marx' Stärke gegenüber allen anderen Kritikern. Er verstand, daß aus der vollendeten Gestalt, die das Denken in Hegels System angenommen hatte, nichts herauszubrechen war. Niemand hatte so überzeugend wie Hegel den Auftrag der Geschichte des Geistes dargelegt; aus diesem Auftrag leitete auch Marx die geschichtliche Notwendigkeit seiner Gedanken ab. Darum trat er gegen Hegel mit dem bewegenden Element der Hegelschen Philosophie an: mit der Dialektik. Darum versuchte er nicht, Hegels System zu zerstören oder zu widerlegen, sondern trieb es fort in sein dialektisches Gegenteil, um von dort zu zeigen, daß es einer vergangenen Epoche der Menschheitsgeschichte angehöre. Er gewann aus dem Idealismus selbst das Argument, daß nunmehr die Stunde des Materialismus angebrochen sei – allerdings nicht die des gewöhnlichen philosophischen Materialismus, der alles Geistige auf Materiebewegungen zurückführt. Marx' »Historischer Materialismus« war vielmehr eine Geschichtstheorie, die das allgemeine Bewußtsein einer Epoche als Ausfluß ihrer materiellen Arbeitsbedingungen darstellte, die alles Geistige – Kunst, Religion, Wissenschaft, Recht – als Resultat ökonomischer Verhältnisse interpretierte. Marx sah dabei durchaus die Eigentümlichkeit des Geistigen, die Andersartigkeit des Menschen gegenüber der Natur; letztlich aber war für ihn beides doch nur ein »Epiphänomen«, eine Folgeerscheinung der Materie.

Seine philosophische Begründung dafür war zugleich eine Kritik an Hegel: Gewiß, räumte er dem Idealismus ein, setzt sich das Selbstbewußtsein, indem es sich als bewußtes Subjekt versteht, zugleich ein bewußtloses Objekt gegenüber – das Ding. Aber es setzt damit nur abstrakt ein Ding – die Dingheit –, niemals kann es damit ein wirkliches Ding setzen. Daß der Mensch bei dieser Setzung wirkliche und nicht nur als wirklich gedachte Gegenstände vorfindet, beweist, daß ihm selbst eine gegenständliche Natur eigen ist. »Das gegenständliche Wesen wirkt gegenständlich und es würde nicht gegenständlich wirken, wenn nicht das Gegenständliche in seiner Wesensbestimmung läge. Es schafft, setzt nur Gegenstände, weil es durch Gegenstände gesetzt ist, weil es von Haus aus *Natur* ist. ... sein *gegenständliches* Produkt bestätigt nur seine *gegenständliche* Tätigkeit, ...«[27] Das Selbstbewußtsein setzt sich also zwar Dinge gedanklich gegenüber, kann dies aber nur mit realem Erfolg, weil es der Natur entspringt und daher bereits mitbringt, was es scheinbar aus sich allein schafft. Es ist darum ebenso falsch, den Menschen für ein bloßes Naturding zu halten wie ihn als Geistwesen anzusehen. Der Materialismus verfehlt die Wahrheit über ihn nicht weniger, als es Metaphysik und Religion tun. »Wir sehen hier, wie der durchgeführte Naturalismus oder Humanismus sich sowohl von dem Idealismus, als dem Materialismus unterscheidet, und zugleich ihre beide vereinigende Wahrheit ist. Wir sehen zugleich, wie nur der Naturalismus fähig ist, den Akt der Weltgeschichte zu begreifen.«[28] Diese Sätze aus dem erstmals 1932 veröffentlichten und bis dahin unbekannten Manuskript »Philosophie und Nationalökonomie« zeigen ungewöhnlich klar die philosophische Vorzeichnung zu dem humanen Leitbild, dem Marx durch den Sturmwind der Revolution Leben einzublasen hoffte.

Danach ist der Mensch zwar Naturwesen - denn nur so läßt sich erklären, daß seinen Gedanken wirkliche Gegenstände entsprechen –, »aber der Mensch ist nicht nur Naturwesen, sondern auch *menschliches* Naturwesen: d. h. für sich selbst seiendes Wesen, darum Gattungswesen«.[29] Der Akt der bewußten Weltgeschichte beginnt mit der Menschwerdung, die Menschwerdung mit der Produktion der Mittel zum Leben. Durch sie erhält der Mensch nicht mehr nur seine körperliche Existenz wie das Tier auch, sondern er wird absichtsvoll tätig, nimmt eine von den Produktionsgegebenheiten bestimmte Lebensweise an, verständigt sich mit anderen darüber. Sein Selbstverständnis bildet sich unter den Bedingungen der Produktion. »Wie die Individuen ihr Leben äußern, so sind sie.«[30]

Je komplizierter Produktion und Zusammenleben werden, desto weiter entwickelt sich dadurch das Selbstverständnis, doch es bleibt stets Ausfluß des materiellen Verhaltens. »Das Bewußtsein kann nie etwas anderes sein als das bewußte Sein, und das Sein der Menschen ist ihr wirklicher Lebensprozeß.«[31] Das ist der philosophische Grund-Satz des Historischen Materialismus.

Die Dialektik der Geschichte, auf die Marx sich bei seiner Umkehrung Hegels berufen hatte, blieb auch für seine eigene Theorie bestimmend: Der Historische Materialismus ist zugleich »Dialektischer Materialismus«. Danach treibt jede Epoche notwendig ihr eigenes Gegenteil hervor, und nur durch diese radikale Entzweiung wird im weiteren Gang der Geschichte die Versöhnung der aufgebrochenen Gegensätze schließlich möglich. So beschwöre zum Beispiel gegenwärtig der Kapitalismus unausweichlich die Diktatur des Proletariats herauf, aus der schließlich der Kommunismus als Aufhebung aller gesellschaftlichen Gegensätze und Spannungen hervorgehen werde.

Die bisherige Folge dieses dialektisch-historischen Prozesses war eine immer stärkere »Selbstentfremdung« des Menschen. In der Produktion stellt der Mensch etwas außer sich her, was er in sich entworfen hat: Er »entäußert« sich eines Teiles seiner selbst. Zur gefährlichen Entfremdung wurde diese Entäußerung durch die Arbeitsteilung: Sie machte den einzelnen und seine Familie von anderen abhängig, sonderte seine Interessen von den gemeinschaftlichen und machte aus dem Produkt eine Ware. Der Mensch erlebte und teilte nun nicht mehr den bejahten Genuß eines anderen Menschen an dem von ihm hergestellten Gegenstand. Die Entfremdung verschärfte sich durch die Einführung des Geldes anstelle des Tausches: Es stellt Ware schlechthin vor ohne Bezug auf ein bestimmtes Produkt, ein bestimmtes Individuum und seine Bedürfnisse. Und es macht den Menschen, der seine Arbeitskraft für Geld anbietet, selbst zur gesichtslosen Ware. Diesem entmenschlichenden Prozeß ist der Kapitalist ebenso wie der Arbeiter unterworfen, wenn jener ihn auch in angenehmeren Umständen durchmacht. Produktions- und Handelsbeziehungen haben in den industriellen Gesellschaften schließlich die menschlichen Beziehungen verdrängt, so »daß überhaupt die *unmenschliche* Macht herrscht«.[32]

So hat sich die Gesellschaft als eine menschliche selbst aufgelöst; ihr schreckliches Zersetzungsprodukt ist das Industrieproletariat und seine »künstlich produzierte Armut«. Es verkörpert die Negation jeder menschlichen Ordnung, darum wird gerade von ihm die Wiederherstellung der neuen Ordnung ausgehen. Gerade seiner totalen Selbstentfremdung entspringt die Kraft zu einer neuen Versöhnung des Menschen mit der Wirklichkeit – einer realen, nicht bloß einer gedanklichen Versöhnung. »Die einzig *praktisch* mögliche Befreiung Deutschlands ist die Befreiung auf dem Standpunkt *der* Theorie, welche den Menschen für das höchste Wesen des Menschen erklärt ... Der *Kopf* dieser Emanzipation ist die *Philosophie*, ihr *Herz* das *Proletariat.*

Die Philosophie kann sich nicht verwirklichen ohne die Aufhebung des Proletariats, das Proletariat kann sich nicht aufheben ohne die Verwirklichung der Philosophie.«[33]

Für diese revolutionäre Emanzipation nennt Marx zwei praktische Voraussetzungen. Erstens müsse »eine große Steigerung der Produktivkraft« den Gegensatz zwischen Reich und Arm vollends unerträglich werden lassen. Sie sei überdies unerläßlich, weil auch nach einer Abschaffung des Privateigentums »ohne sie nur der *Mangel* verallgemeinert, also mit der *Notdurft* auch der Streit um das Notwendige wieder beginnen und die ganze alte Scheiße sich herstellen müßte, . . .«.[34] Zweitens: »Der Kommunismus ist empirisch nur als die Tat der herrschenden Völker auf einmal und gleichzeitig möglich, was die universelle Entwicklung der Produktionskraft und den mit ihr zusammenhängenden Weltverkehr voraussetzt.«[35]

Diese theoretische Radikalität ließ den Abstand zwischen Marx und den Revolutionären der Praxis allmählich größer werden. Anfangs noch stachelte er nicht nur schreibend, sondern auch diskutierend und organisierend ihre umstürzlerische Arbeit an: Er machte die linksliberale »Rheinische Zeitung« in Köln zum tonangebenden Blatt der Opposition, war nach ihrem Verbot 1843 der treibende Geist der in Paris erscheinenden »Deutsch-Französischen Jahrbücher«, sammelte nach der Ausweisung aus Frankreich in Brüssel die verschiedenen sozialistischen Gruppen um sich. Dann gab er zusammen mit seinem Freund Friedrich Engels der neuen Bewegung Worte von ungeheurer Sprachgewalt und einzigartiger Wirkungskraft, Worte, die Völker hoffen und zittern machten: das »Kommunistische Manifest«. Geschrieben für eine Gruppe deutscher Sozialisten, veröffentlicht im Februar 1848 in London, gerichtet an alle Welt, breiteten sich die Sätze des Manifestes rasch über die Erde aus – anhebend mit dem unheimlichen »Ein Gespenst geht um in Europa – das Gespenst des Kommunismus« und endend mit dem Appell »*Proletarier aller Länder, vereinigt euch!*«.

Das Aufbegehren breitete sich noch schneller aus als der Aufruf: Überall in Deutschland, in Österreich, in Italien brachen Unruhen aus; in Paris wurde der »Bürgerkönig« Louis Philippe gestürzt, Marx dorthin gerufen. Hier gründete er eine kommunistische Zentrale, wagte sich dann in das revolutionäre Deutschland, einen alten Verhaftungsbefehl wegen versuchten Hochverrats mißachtend, half die »Neue Rheinische Zeitung« mit den Resten seines Familienvermögens aufbauen, leitete sie als Chefredakteur, hoffte, agitierte – und scheiterte. Die revolutionären Kräfte wurden teils durch neue Verfassungen kanalisiert, teils mit Gewalt unterdrückt. Marx floh, wurde für kurze Zeit verhaftet, kam nach Paris, fand sich dort bald als politisch lästiger Gast und fuhr nach London. Er war einunddreißig Jahre, verheiratet mit Jenny von Westphalen, deren Bruder preußischer Innenminister war, hatte vier Kinder und keinen Pfennig. Sogar das von der Frau ererbte Silber hatte er ins Pfandhaus tragen müssen.

Marx geriet selbst in das Elend, aus dem er das Proletariat befreien wollte. Er entrang sich ihm nie mehr. Es war der Preis für sein mehrbändiges sozialwissenschaftliches Hauptwerk »Das Kapital«, dem er während der nächsten Jahrzehnte fast seine gesamte Arbeitskraft widmete.

Marx' reine Lehre und die Wirklichkeit, in deren Namen er angetreten war, klafften nun immer weiter auseinander – so war es schon vor dem Tod des Vierundsechzigjährigen im Frühjahr 1883 und danach erst recht. Der Traum, zu dem ihn seine Gedanken fortgetragen hatten: der Mensch werde gut werden, wenn er sich nur das Paradies wieder schaffe – dieser Traum erfüllte sich mit keiner der Revolutionen, die in seinem Namen geführt wurden. Ein Wort aber machte die Weltgeschichte im großen wahr, obwohl der, der es geschrieben hatte, ohne jeden sichtbaren Erfolg, arm und elend von Krankheiten starb – seine Maxime: »Die Philosophen haben die Welt nur verschieden *interpretiert*; es kömmt darauf an, sie zu *verändern.*«[36]

Freilich – auch die gewaltige Weltveränderung im Gefolge sozialistischer Revolutionen war einer philosophischen Weltinterpretation entsprungen.

DIE ENTDECKUNG DES WIRKLICHEN INDIVIDUUMS

Sören Kierkegaard, 1813–1855

Marx' Absage an die Philosophie des reinen Denkens war nicht die einzige. Während er von seiner Mission, von Verboten und Ausweisungen in Deutschland, Frankreich und Belgien umgetrieben wurde, erschien in Kopenhagen eine Reihe von Büchern mit sonderbaren Titeln und noch sonderbareren Verfassernamen. Victor Eremita nannte sich der Schreiber von »Entweder–Oder«, Johannes de Silentio der Autor von »Furcht und Beben«, Constantin Constantius der Verfasser der »Wiederholung« – und so ging es fort. Dabei machte der Autor, der hinter allen Namen stand, keineswegs ein Geheimnis aus seiner Urheberschaft, zeichnete auf dem Titelblatt der 1844 erscheinenden »Philosophischen Brocken« neben dem Pseudonym Johannes Climacus sogar als Herausgeber mit seinem richtigen Namen: *Sören Kierkegaard.* Als Abschluß des nächsten Werkes listete er überdies seine Doppelnamen genau auf und erklärte, was ihn zu ihrer Wahl bewogen habe.

Es war nicht die Furcht vor dem Zensor; es war die Furcht, für das Geschriebene vor sich und anderen als reale Person einzustehen. Er selbst sah sich als »ein Souffleur, der dichterisch *Verfasser* hervorgebracht hat, deren Vorworte wiederum ihr Erzeugnis sind, ja deren *Namen* es sind«.[37] Und ironisch bedeutete er seinen Lesern: »Es ist also in den pseudonymen Büchern nicht ein einziges Wort von mir selbst.«[38] Um so unverkennbarer war der Stoff der Bücher von ihm selbst; er war fast ausnahmslos seiner Lebensgeschichte entnommen.

Diese Geschichte begann 1813 in einem der großen, schönen Bürgerhäuser Kopenhagens und endete schon zweiundvierzig Jahre später nach einem Schlaganfall im Frederik-Hospital. Sie verlief äußerlich ruhig, innerlich jedoch überaus spannungsvoll. Nachdem Kierkegaard in seiner Geburtsstadt die theologische Staatsprüfung abgelegt und mit einer Arbeit über die Ironie promoviert hatte, hörte er in Berlin Schelling. Von ihm nahm er die

Parole auf, unter der zugleich auch Marx auf seine Weise gegen die Hegelsche Philosophie antrat – nahm sie so begeistert auf, daß er sogleich einem Freund über Schelling schrieb: »Als er das Wort *Wirklichkeit* vom Verhältnis der Philosophie zur Wirklichkeit aussprach, da hüpfte die Frucht des Gedankens in mir vor Freude wie in Elisabeth.«[39] Und noch manches mehr nahm er von Schellings Gedanken mit, wenn er des Wortschwalls und des Gedränges in dessen Vorlesungen auch rasch überdrüssig wurde. »Schelling schwätzt ganz unerträglich«, fand er nun und verließ Berlin früher als beabsichtigt.[40]

War es für Marx die ökonomische Wirklichkeit der Gesellschaft, die der philosophische Gedanke ncht wahrnahm, so für Kierkegaard die seelische Wirklichkeit des einzelnen. Die Wahrheit Hegels war für ihn nur eine abstrakte Gedankenwahrheit, die sich in unauflösbarem Widerspruch zur tatsächlichen Existenz des Ich befand. »Das reine Denken ist ein Phantom.«[41] Der Gedanke enthält nur die halbe Wahrheit, nämlich die Wahrheit des Allgemeinen, des Begriffs, der Ewigkeit. »Eben weil das abstrakte Denken vom Standpunkt der Ewigkeit her (sub specie aeterni) betrachtet, sieht es ab von dem Konkreten, von der Zeitlichkeit, vom Werden der Existenz, von der Not des Existierenden: daß dieser nämlich aus dem Ewigen und dem Zeitlichen, hineingestellt in die Existenz, zusammengesetzt ist.«[42]

Darum lassen sich im Denken alle Probleme auflösen; aber eben auch nur darum, weil es gar nicht danach trachtet, die Wirklichkeit des Einzelnen zu erklären. »Von diesem bestimmten Etwas sieht nämlich die Abstraktion ab; aber die Schwierigkeit liegt gerade darin, dieses bestimmte Etwas und die Idealität des Denkens zusammen zu setzen, indem man es denken will.«[43]

Das abstrakte Denken hat hier eine unüberschreitbare Grenze in sich selbst. Weil es nämlich nicht anders kann, als vom einzelnen abzusehen, vermag es gerade dessen Wirklichkeit niemals zu fassen. »Mit der Existenz umgehen ist eine überaus schwierige Sache, ebenso wie mit der Bewegung. Denke ich sie, so hebe ich sie auf, und damit denke ich sie nicht.«[44]

Deshalb ist auch die gedankliche Vermittlung aller Existenzformen in Hegels Philosophie für die Wirklichkeit der Einzelexistenz bedeutungslos – ja, sie widerspricht ihr geradezu. Und darum »hat Hegel ... vollkommen unrecht, wenn er, die Abstraktion vergessend, von ihr her in die Existenz hinabstürzt, um mit aller Gewalt das Entweder/Oder (aut/aut) aufzuheben. Dies zu tun ist nämlich in der Existenz eine Unmöglichkeit, denn damit hebt er zugleich die Existenz auf.«[45]

Was Kierkegaard hier in der »Abschließenden unwissenschaftichen Nachschrift« philosophisch begründet, hatte er in seinem ersten Werk literarisch demonstriert. Dessen Titel »Entweder-Oder« war bereits eine Kampfansage gegen die dialektische Philosophie. Er forderte die Entscheidung zwischen einem ästhetischen Leben – einem sinnlichen, aufnehmenden, genießenden – und einem ethischen – einem moralisch verantworteten, nur der Sittlichkeit unterstellten. Daß diese Polarität mitnichten eine nur literarische war, zeigt Kierkegaards widersprüchliche und schwankende Beziehung zu der jungen Regine Olsen, der er die Verlobung so überstürzt angeboten wie aufgekündigt hatte. Der ästhetisch genießende Teil seines Selbst erscheint in dem »Tagebuch eines Verführers«, das in »Entweder-Oder« enthalten ist, gleichberechtigt neben dem moralisch verzichtenden. Das skrupulöse Hin und Her seiner Gedanken und Gefühle endete nicht einmal, als Regine längst mit einem anderen Mann verheiratet war. Trotz seiner fordernden Alternative konnte Kierkegaard sich zunächst selbst nicht zwischen der ästhetischen und ethischen Lebensform entscheiden; er wählte schließlich eine dritte, die sich gegen Ende des Buches abzeichnet: die religiöse. Nur sie führte ihn – persönlich wie philosophisch – zu einer Wirklichkeit außerhalb seines Ich.

Denn – trotz aller Ablehnung der neueren Philosophie – auch Kierkegaards Denken setzte unverändert beim Ich an. Aber es gab der geraden Linie, die von Descartes' Selbstgewißheit des denkenden Ich über Kants kopernikanische Wendung zum transzendentalen Idealismus verlief, eine ganz neue Richtung. Kierkegaard spielte das Sein des einzelnen existierenden Ich gegen das Sein im Denken aus. »Das Sein, mit dem das Denken identisch ist, ist wohl nicht das Menschsein.«[46] Er spottete über alle Anstrengungen, dem skeptischen Zweifel an der Weltwirklichkeit und an der Tauglichkeit des Denkens mit Hilfe der gefeierten »Methode« entrinnen zu wollen. Es sei eine Selbsttäuschung, wenn der Zweifel sich selbst zu überwinden meine.

Tatsächlich besinne er sich dabei bestenfalls auf die selbstverständliche Gewißheit, die ihm immer schon vorausgehe, die ihn überhaupt erst ermögliche. Die ausgedehnteste Selbstreflexion könne keine andere Gewißheit des Seins als diese erste, ohnedies im Dasein des denkenden Ich vorhandene hervorbringen. »Eine Skepsis, die das Denken selbst in Beschlag nimmt, kann nicht dadurch zum Stehen gebracht werden, daß man sie durchdenkt; denn das muß ja durch das Denken geschehen, das auf seiten des Aufrührers ist. Sie muß abgebrochen werden.«[47]

Kierkegaard macht keinen Hehl daraus, um welcher größeren Gewißheit willen er die sich selbst begründende Gewißheit des Denkens als Schein entlarven will: »Ich kann nicht umhin, ich muß auf diesen Punkt zurückkommen, weil er so entscheidend ist; falls es so ist, daß der Zweifel sich selbst überwindet, daß man dadurch, daß man an allem zweifelt, in diesem Zweifel gerade die Wahrheit gewinnt ohne einen Bruch und ohne einen absolut neuen Ausgangspunkt, so läßt sich keine einzige christliche Bestimmung halten, so ist das Christentum abgeschafft.«[48]

Kierkegaard spricht dem Gedanken deswegen keineswegs Realität ab; aber er wehrt sich dagegen, die Gedankenrealität mit der tatsächlichen zu verwechseln. Tatsächlich ist die eigene Existenz; und ihr Interesse gruppiert sich um unser ethisches Selbstverständnis. »Die Wirklichkeit ist die Innerlichkeit, unendlich interessiert am Existieren, welches das ethische Individuum für sich selbst ist.«[49]

Intellektuelles und ethisches Verhalten sind also geradezu gegenläufig – das eine bezieht sich auf die unpersönliche Möglichkeit im Denken, das andere auf die persönliche Wirklichkeit im Leben. Das intellektuelle Wissen versteht nur, indem es die konkrete Wirklichkeit des Einzelnen in die abstrakte des Allgemeinen auflöst, indem es absieht vom Einzelfall und hinsieht auf die Idee oder den Begriff. Ethisch dagegen verhält sich der Mensch, wenn er eine gedanklich verstandene Möglichkeit seiner selbst auch tatsächlich verwirklicht. *Beide* Verhaltensweisen streben mithin durchaus Idealität an: die intellektuelle findet ihre Idealität in der *Möglichkeit* des Begriffs, die ethische in der *Wirklichkeit* des Individuums.

So bildet nicht das Denken, nicht das Hegelsche »absolute Wissen«, sondern allein die ethische Existenz des einzelnen den Schnittpunkt von Wissen und Wirklichkeit. Das alte Problem der Identität von Gedanke und Wirklichkeit, von Denken und Sein, wird also von Kierkegaard in der Sphäre des Denkens für unauflösbar gehalten, dagegen für lösbar und gelöst im ethischen Selbstverständnis der eigenen Existenz. Nur hier fallen Wahrheit des Denkens und Wahrheit des Seins zur vollen Wahrheit zusammen.

Damit kennt allerdings die ethische Existenz zunächst nur eine einzige Wirklichkeit: ihre eigene. Der philosophische Weg, um zu einer anderen Wirklichkeit außerhalb des Ich zu gelangen, der Weg des Denkens also, ist für Kierkegaard aus den genannten Gründen nicht begehbar. Das Individuum, das sich für eine andere Wirklichkeit als die eigene interessiert, befindet sich daher in einer paradoxen, scheinbar ausweglosen Lage.

Nur ein einziger Weg führt für Kierkegaard hinaus aus dem Ich: der Glaube. »Unendlich interessiert nach einer Wirklichkeit fragen, die nicht die eigene ist, heißt glauben wollen und drückt das paradoxe Verhältnis zum Paradox aus. Ästhetisch läßt sich so nicht fragen, außer in Gedankenlosigkeit, da ästhetisch die [ideale] Möglichkeit höher steht als die [reale] Wirklichkeit, auch nicht intellektuell, da intellektuell die [begriffliche] Möglichkeit höher steht als die [dinghafte] Wirklichkeit; und ethisch auch nicht, weil das Individuum ethisch einzig und allein an seiner eigenen Wirklichkeit unendlich interessiert ist.«[50] Nur der Glaubende also zeichnet sich dadurch aus, »daß er an der Wirklichkeit eines anderen (z. B. daß Gott wirklich dagewesen ist) unendlich interessiert ist«.[51]

Aus allem folgt, daß es ein Mißverständnis wäre, den Glauben denkend zu begründen oder rechtfertigen zu wollen; denn er sucht ja eine Wirklichkeit – etwas also, das dem Denken ohnedies verschlossen und durch das Denken unbegründbar ist. Was er sucht, kann er nur in der Existenz, das heißt in einem Einzelnen finden. Der Gegenstand des Glaubens kann also niemals der Begriff Gottes sein, sondern allein seine Wirklichkeit als Einzelner: ». . . d. h. daß der Gott als einzelner Mensch dagewesen ist.«[52] Der Gegenstand des Glaubens kann ebensowenig ein dogmatisches Lehrsystem sein, »denn zu einer Lehre gibt es nur ein intellektuelles Verhältnis. Das Christentum ist daher keine Lehre, sondern das Faktum, daß der Gott dagewesen ist.«[53]

So gerne die Kirche das eine hörte, so ungern vernahm sie

das andere. Der Streit zwischen der dänischen Staatskirche und dem Schriftsteller war unausbleiblich; Kierkegaard wandte die Energie seiner letzten Lebensjahre daran.

Diese skandalträchtigen Auseinandersetzungen um ein undogmatisches, gelebtes Christentum zogen die Neugier der Zeitgenossen auf sich, für die philosophische Entdeckung des Individuums blieb wenig Aufmerksamkeit: Die Wirkung des religiösen Schriftstellers Kierkegaard schwächte die des Philosophen für Jahrzehnte. Erst von den Existenzphilosophen unseres Jahrhunderts, von Heidegger, Jaspers und Sartre, wurden Kierkegaards Gedanken fortgesetzt, wurde die Bedeutung der um sich besorgten Existenz des Menschen für das scheinbar davon unberührte Denken ermessen.

Kierkegaards individuelle religiöse Begründung der für ihn anders unbegründbaren Wahrheit des Denkens überzeugte dagegen mehr Theologen als Philosophen. Sein Appell war protestantisch, richtete sich an die Gewissensentscheidung jedes einzelnen. Kierkegaard setzte zwischen die Wahrheit des Denkbaren und dessen Verwirklichung die sittliche Entscheidung des bangenden Individuums – und er legte dar, warum diese Entscheidungsinstanz ihre Maßstäbe letztlich nicht von dem Intellekt, sondern nur von der Religion bekommen kann: Auch diese Einsicht öffnet sich uns allmählich wieder am Ende einer Epoche totaler Vernunftgläubigkeit.

DAS ATTENTAT AUF ZWEITAUSEND JAHRE

Friedrich Nietzsche, 1844–1900

»Es wird sich einmal an meinen Namen die Erinnerung an etwas Ungeheueres anknüpfen – an eine Krisis, wie es keine auf Erden gab, an die tiefste Gewissenskollision, an eine Entscheidung, heraufbeschworen *gegen* alles, was bis dahin geglaubt, gefordert, geheiligt worden war. Ich bin kein Mensch, ich bin Dynamit.«[54]

Wenige Monate, nachdem *Friedrich Wilhelm Nietzsche* im Herbst 1888 diese Zeilen geschrieben hatte, überwältigte den Vierundvierzigjährigen endgültig seine Krankkeit: Er wurde wahnsinnig. Die Diagnose der Baseler Nervenklinik lautete: Fortgeschrittene Paralyse. War dieser Wahnsinn, waren die jahrelangen Peinigungen durch Kopfschmerzen, Krämpfe und Lähmungen Folgen einer Syphilis? Es gibt trotz der Diagnose andere Deutungen; sie aber bleibt die wahrscheinlichste, ungeachtet der mannigfachen Verschleierungsversuche der Schwester Nietzsches, Elisabeth Förster. Um den toten Bruder wob sie einen Mythos und schreckte dabei vor Fälschungen nicht zurück; den lebenden umschwebte sie wie ein böser Geist, eifersüchtig auf Frauen und Freunde, unverständig gegen sein Werk, doch begierig auf dessen Erträge. Seine Leiden lieferten Nietzsche immer mehr dieser ihn umsorgenden Peinigerin und der mit ihr einigen Mutter aus. Einem Freund schrieb er: »Ich bin immer krank gewesen, wenn ich mit ihnen zusammen war.«[55]

Wegen seiner Zustände hatte er die Professur für klassische Philologie in Basel bereits mit vierunddreißig Jahren aufgegeben. Zehn Jahre zuvor war er dorthin berufen worden, ungewöhnlich jung und noch nicht einmal Doktor. Den Weg vom dörflichen Pfarrhaus des Vaters im sächsischen Röcken zum Lehramt an der Baseler Universität hatte er mit der mühelosen Selbstverständlichkeit frühen Genies durcheilt. Und dieser Schwung trug ihn unablässig weiter, ließ ihn fast jedes Jahr ein neues Werk beginnen, trieb ihn auf kaum begangene Wege und

Abwege des Denkens, entriß ihm eine nie vernommene Sprache. Sein Geist schien von der Krankheit eher beflügelt als gehemmt, ließ alles Vertraute und Normale weit hinter sich, so daß manche Kritiker mehr den Irrsinn als das Genie aus seinen Visionen vom neuen Menschen leuchten sahen. Doch die späte Verwirrung eines Geistes macht nicht nachträglich seine Gedanken nichtig. Ob mehr Hellsicht, ob mehr Wahnsinn in einem Werk waltet, muß der Gedanke erweisen, nicht die Lebensgeschichte des Denkers. Zeitgenossen Nietzsches mochten seine »Umwertung aller Werte« und seine Beschwörung eines kommenden weltweiten Nihilismus noch leichthin für Anmaßungen eines ausbrechenden Größenwahnsinns halten; aber heute, hundert Jahre später, ist nicht mehr zu übersehen, wie Nietzsches Worte die Geschichte selbst gemacht haben, die sie vorhersagten. Das Zeitalter ist da, von dem er prophezeite: »Der Begriff Politik ist dann gänzlich in einen Geisterkrieg aufgegangen, alle Machtgebilde der alten Gesellschaft sind in die Luft gesprengt – sie ruhen allesamt auf der Lüge: es wird Kriege geben, wie es noch keine auf Erden gegeben hat.«[56]

Die Lüge – das ist für Nietzsche das Reich des reinen Geistes, die Welt der Ideen; das ist das Jenseits der Religion; das sind Anspruch und Versprechen der Moral. Mit einem Wort: Was zweitausend Jahre Wahrheit hieß – das ist die Lüge.

Zwischen aller Heftigkeit der Anklage und Verdammung argumentiert Nietzsche durchaus philosophisch – was in der Auseinandersetzung mit ihm oft übersehen wird. Neu sind dabei allerdings weniger seine Argumente – sie stammen von den Skeptikern, den Sophisten, den Nominalisten –, neu sind die Rücksichtslosigkeit seiner Argumentation und die Reichweite seiner Folgerungen. Neu ist vor allem die Radikalität, mit der Nietzsche nicht nur eine neue Wahrheit verkünden, sondern den über zweitausend Jahre alten Wahrheitsbegriff überhaupt vernichten will.

Für die Grundlage des Menschheitsirrtums über die Wahrheit hält er die menschliche Sprache. Sie täuscht eine Wirklichkeit vor, die es nicht gibt – außer in der Einbildung des Menschen. Zu dieser Täuschung kommt es, weil das Wort nicht mehr dient der Erinnerung an »das einmalige ganz und gar individualisierte Urerlebnis, dem es sein Entstehen verdankt«,[57] sondern weil es eigenständig wird, sich löst vom Erlebten, sich zum

Begriff verfestigt. Die Entstehung der Sprache geht mit dem Vergessen der Wirklichkeit einher. Metaphern nehmen die Stelle der Welt ein. »Ein Nervenreiz, zuerst übertragen in ein Bild! Erste Metapher. Das Bild wird nachgeformt in einem Laut! Zweite Metapher. Und jedesmal vollständiges Überspringen der Sphäre, mitten hinein in eine ganz andere und neue.«[58] Durch Gewöhnung und langen Gebrauch vergißt der Mensch, daß die Sprache ihm nur Metaphern für Erlebtes bietet und nichts sonst: Er nimmt schließlich die Worte für Dinge. »Die Wahrheiten sind Illusionen, von denen man vergessen hat, daß sie welche sind, ...«[59]

Und nicht nur die Begriffe schaffen diese Illusion, sondern erst recht ihre Verknüpfungen beim Sprechen. Die grammatischen Bezüge verselbständigen und verdinglichen sich ebenso wie die einzelnen Worte. »Wir kommen in ein grobes Fetischwesen hinein, wenn wir uns die Grundvoraussetzungen der Sprach-Metaphysik, auf deutsch: der *Vernunft*, zum Bewußtsein bringen.«[60] Diese Vernunft nimmt ihre eigenen Funktionsweisen für Wahrheiten der Dinge und findet in der Welt nur, was sie zuvor selbst in ihr versteckt hat. »In der Tat, nichts hat bisher eine naivere Überredungskraft gehabt als der Irrtum vom Sein, wie er zum Beispiel von den Eleaten formuliert wurde: er hat ja jedes Wort für sich, jeden Satz für sich, den wir sprechen! – Auch die Gegner der Eleaten unterlagen noch der Verführung ihres Seinsbegriffs: Demokrit unter anderen, als er sein *Atom* erfand.«[61]

Nun gesteht Nietzsche der bisherigen Philosophie durchaus zu, den subjektiven Charakter der Vernunftkategorien erkannt zu haben; aber er wirft ihr vor, daß sie daraus beharrlich den Schluß in die genau falsche Richtung gezogen habe. Weil die Kategorien sichtlich nicht aus der Erfahrungswelt stammen, aber doch den Menschen gemeinsam sind, suchten alle Philosophen ihre Herkunft folgerichtig anderswo. »Und in Indien wie in Griechenland hat man den gleichen Fehlgriff gemacht: ›wir müssen schon einmal in einer höheren Welt heimisch gewesen sein (– statt *in einer sehr viel niederen*: was die Wahrheit gewesen wäre!), wir müssen göttlich gewesen sein, denn wir haben die Vernunft!‹«[62]

Das Motiv dieses hartnäckigen Irrtums sieht Nietzsche in der Unfähigkeit der bisherigen Menschheit, die tatsächliche Wahrheit über die Welt zu ertragen. Die Sinne zeigen uns nichts als ein dauerndes Werden und Vergehen, einen unaufhörlichen Wechsel, dessen Sog auch den Menschen umtreibt und schließlich in den Tod zieht. Nichts Festes gibt es in dieser Wirklichkeit des Lebens, nichts, woran der auf Selbstsicherung bedachte Mensch sich halten kann, nichts, was ihn gegen die Sinnleere der steten Vergänglichkeit schützt. »Und Schutz braucht er: denn es gibt furchtbare Mächte, die fortwährend auf ihn eindringen. . .«[63] So denkt der Mensch in den uferlosen Fluß des Geschehens etwas Beharrendes hinein, durchzieht ihn mit einem System gedachter Linien – wie ein Astronom den Himmel – und findet darin einen Stand gegen die Schrecken des Unerkennbaren. Um der sinnleeren Wirklichkeit zu entgehen, wird »Wahrheit« nun als deren Gegenbild konstruiert, wird als das Dauernde und Unveränderliche gesetzt, auf das sich ein Sinn gründen läßt. Um dieses Gegenbild gegen den steten Ansturm ihm widersprechender Sinneserfahrungen zu sichern, muß das Zeugnis der Sinne fragwürdig gemacht werden, abgewertet werden zur bloßen Täuschung, zum Schein. Und die Sprache dient diesem Selbstbetrug, sie spiegelt uns etwas Beharrendes in der fließenden Erfahrungwirklichkeit vor.

Weil die vermeintlich wahrere Welt der Vernunft aus der Leugnung der tatsächlichen hervorgeht, wird eben das, was in der Erfahrungswelt als Nichts gilt, zum Kennzeichen des höheren Seins. Dieses konstruierte Über-Sein ist nicht fühlbar noch hörbar, außerhalb unserer Gedanken überhaupt nicht wahrnehmbar. Das Fatale dieser Selbsttäuschung ist ihre Lockung zum Unwirklichen; um ihretwillen geben wir die einzige Wirklichkeit auf, die wir haben – die der sinnlichen Wahrnehmung. Auch sie zeigt uns zwar die Dinge nicht unvermittelt; aber was wir überhaupt von der Welt erkennen können, erkennen wir durch sie. »Wir besitzen heute genau so weit Wissenschaft, als wir uns entschlossen haben, das Zeugnis der Sinne *anzunehmen* – als wir sie noch schärfen, bewaffnen, zu Ende denken lernten. Der Rest ist Mißgeburt und Noch-nicht-Wissenschaft: will sagen Metaphysik, Theologie, Psychologie, Erkenntnistheorie.«[64] Konsequenter als seine Zeitgenossen, war Nietzsche sich zugleich darüber im klaren, »daß Physik auch nur eine Welt-Auslegung und -Zurechtlegung . . . und nicht eine Welt-Erklärung ist: aber, insofern sie sich auf den Glauben an die Sinne stellt, gilt sie als mehr und muß auf lange hinaus noch als mehr, nämlich als Erklärung gelten«.[65]

Doch nicht nur vor der wirklichen Welt verschließt der Mensch die Augen, sondern auch vor seinem wahren Ich. Er verleugnet seine innerste Triebkraft – das Leben in sich – zugunsten der lebensfeindlichen Fiktion der Moral. Er schreckt zurück vor der Ahnung der Gier und der Erbarmungslosigkeit – vor allen Kräften, die unter seinem »Bewußtseinszimmer« in ihm wühlen. Er verleugnet sich, um zu einem Friedensschluß mit anderen zu kommen; er unterdrückt das Leben, um bequemer zu leben. Er will auch hier die furchtbare Wirklichkeit nicht wahrhaben, um »jene Form des kleinen Glücks, die sogenannte ›Güte‹«, zu genießen.[66] Nietzsche treibt diesen Gedanken bis ins Paradox: »Die Existenz-Bedingung des Guten ist die *Lüge* –: anders ausgedrückt, das Nicht-sehen-*Wollen* um jeden Preis, wie im Grunde die Realität beschaffen ist, ...«[67] Ermöglicht wird auch diese Lüge durch die Scheinwirklichkeit der Gedanken, durch die Verlagerung der Wirklichkeit von dieser Welt in eine jenseitige. Jeder, der die moralischen Rechnungen von Schuld und Sühne in unserer Welt nicht aufgehen sieht, kann auf die jenseitige verwiesen werden. Will er moralisch sein, muß er geradezu an eine überirdische Welt glauben, denn: »die ganze Geschichte ist ja die Experimental-Widerlegung vom Satz der sogenannten ›sittlichen Weltordnung‹.«[68] So ist das Christentum als »Platonismus fürs ›Volk‹«[69] geschichtlich groß geworden; es hat den philosophischen Irrtum der Gebildeten in eine für jedermann begreifbare Form gebracht. Mit der Welt verleugnet es das Leben und mit dem Sündenbegriff vitale, unbarmherzige Gesetze. Seine Moral ist ein Dekadenzsymptom des entartenden Instinktes; denn ein Glaube, der sich auf die Seite des Schwachen, Leidenden und Untauglichen stellt, der gerade das als gut bezeichnet, was zugrunde gehen soll, durchkreuzt das Gesetz der Auslese.

In der Vernichtung dieser Moral, im Zerstören der von Platon und Christus geschaffenen Geistestradition sieht Nietzsche das Einzigartige seiner historischen Aufgabe. Dieses nihilistische Zerstörungswerk ist für ihn die erste Voraussetzung der Befreiung des Menschen zu seinem wahren Selbst. Aus der stolzen Feststellung: »Ich bin der erste *Immoralist*«[70], spricht darum weniger persönliche Anmaßung als begründete philosophische

Überzeugung. Wie nahe ihn allerdings diese Überzeugung dem Größenwahnsinn brachte, der tatsächlich kurz darauf ausbrach, verrät der Titel seiner letzten großen Schrift: der Selbstdarstellung »Ecce homo«. Mit diesem »Seht, welch ein Mensch!« stellt Nietzsche sich bewußt neben Christus, dem dieses Wort des Pilatus einst galt. Er beansprucht damit, die zweitausendjährige Menschheitsepoche der Metaphysik und ihrer religiösen Ausgestaltung zu beenden und eine neue Zeitrechnung nach jener von Christi Geburt beginnen zu lassen. »Die *Entdeckung* der christlichen Moral ist ein Ereignis, das nicht seinesgleichen hat, eine wirkliche Katastrophe. Wer über sie aufklärt, ist eine *force majeur,* ein Schicksal – er bricht die Geschichte der Menschheit in zwei Stücke. Man lebt *vor* ihm, man lebt *nach* ihm.«[71]

Das Zeitalter *nach* Nietzsche läßt der Philosoph den persischen Religionsstifter Zarathustra verkünden. Ihm, dem frühesten Entdecker der Moral, komme es zu, als erster ihre Nichtigkeit zu begreifen. Die neue Wahrheit ist das Gegenteil der alten: Der Wechsel ersetzt die Dauer, das Werden ersetzt das Sein. Heraklits Gedanken kehren wieder.

Aber Nietzsche führt sie anders weiter. Er wird dabei – ungewollt – zum Metaphysiker, denn er begnügt sich nicht mit der Wahrnehmung des Wechsels, sondern sucht nach dessen begrifflich faßbarem Grund. Er erblickt ihn in der steten Triebkraft des Werdens: im Leben.

Doch was ist Leben? – »Leben selbst ist Wille zur Macht.«[72] Das ist mehr als der Wille zum Dasein, mehr auch als der Wille zur bloßen Selbsterhaltung. Nietzsches Begründung: »Vieles ist dem Lebenden höher geschätzt, als das Leben selber; doch aus dem Schätzen selber heraus redet – der Wille zur Macht!«[73]

Dieses »Schätzen« äußert sich als Wertsetzung. Jedes System von Werten ist demnach ein Herrschaftsgebilde, ein Instrument zur Sicherung und Erweiterung von Macht. Der Wille zur Macht schätzt in derartigen Wertsetzungen die Welt für seine Zwecke ein, beurteilt sie allein unter dieser Perspektive. Hieraus erklärt sich überhaupt der Trieb zur Wahrheit. Nicht erkennen will der Wille zur Macht die Wirklichkeit, er will sich ihrer bemächtigen; das Erkennen ist ihm allenfalls Mittel dazu. Das gilt nicht nur für die moralischen, es gilt ebenso für die philosophischen Wertsetzungen. »Auch hinter aller Logik und ihrer anscheinenden Selbstherrlichkeit der Bewegung stehen Wertschätzungen, deutlicher gesprochen, physiologische Forderungen zur Erhaltung einer bestimmten Art von Leben.«[74] Nur darum haben sich Metaphysik und Religion so ausdauernd halten können, trotz ihrer Falschheit. »Die Falschheit eines Urteils ist noch kein Einwand gegen ein Urteil; ... Die Frage ist, wie weit es lebenfördernd, Art-erhaltend, vielleicht gar Art-züchtend ist.«[75] Darum argumentiert Nietzsche gegen die alten Wahrheiten und Werte auch nicht im Namen der Logik, sondern im Namen des Lebens. Platonismus und Christentum sind falsch, weil sie sich als lebensfeindlich erwiesen haben. Der sich selbst bewußt werdende Wille zur Macht löst sie ab. Und so spricht Nietzsches Zarathustra: »Auch im Erkennen fühle ich nur meines Willens Zeuge- und Werdelust.«[76]

Doch diese Lust findet ihre Grenze, weil Nietzsche es ablehnt, den Willen zur Macht als eine unendliche Kraft zu denken. Er argumentiert: Eine unendliche Kraft wäre gerade wegen ihrer Unendlichkeit gänzlich unbestimmbar; etwas Unbestimmbares aber taugt nicht als Wert für das Leben. Daher ist der Wille zur Macht nur als endliche Kraft zu begreifen. Als solche treibt er das Werden zwar zeitlich unbegrenzt an – denn Kraft kann sich nicht verlieren –; aber seine Gestaltungsmöglichkeiten innerhalb dieses Werdens sind begrenzt. Der Wille zur Macht bewegt ewig, kann aber nicht ewig Neues schaffen. Das bedeutet: Hat der Wille zur Macht alle seine Möglichkeiten verwirklicht, steht ihm keine weitere mehr zur Verfügung, so muß bisher Geschehenes sich wiederholen. Es muß sich wiederholen nicht nur einmal, sondern immer wieder, wenn der Durchgang durch alle Möglichkeiten erneut erschöpft ist: die »ewige Wiederkunft des Gleichen«[77] ist unausbleiblich. Durch sie schließen sich Vergangenheit und Zukunft zu einem Kreis.

Zu der abenteuerlichsten Folgerung dieses abenteuerlichen Gedankens stößt Nietzsche mit der rhetorischen Frage vor: »Und sind nicht solchermaßen fest alle Dinge verknotet, daß dieser Augenblick *alle* kommenden Dinge nach sich zieht? *Also* – sich selber noch?«[78] – Die Folgerung ist so zwingend wie kühn: Ist alles Geschehen ein ewiger Kreislauf, so wird jedes Ereignis zu seiner eigenen Ursache.

Dieser Grundgedanke des »Also sprach Zarathustra« ist für

Nietzsche »die höchste Formel der Bejahung, die überhaupt erreicht werden kann«.[79] Der Wille zur Macht eignet sich damit nicht nur die Zukunft an, sondern über sie hinweg noch die Vergangenheit; denn die Vergangenheit ereignet sich erneut in der ewigen Wiederkunft des Gleichen. »*Die Vergangnen zu erlösen* und alles ›Es war‹ umzuschaffen in ein ›So wollte ich es!‹ – das hieße mir erst Erlösung.«[80]

Erlösung von der Sinnleere des bloß Faktischen sucht Nietzsche, auch wenn er dies leugnet; Erlösung vor allem von der spurenlosen Vergänglichkeit des Menschen. Auch sein Denken strebt danach, die Einheit mit dem Weltganzen und seinem überzeitlichen Gesetz zu erreichen, und so führt er die Geschichte der von ihm bekämpften Metaphysik unwillentlich fort. Zugleich aber setzt er ihr als Geschichte des Denkens ein Ende, denn mit ihm hebt das Denken sich selber als Maßstab aller Wahrheit auf. Weil Nietzsche die Vernunft für untauglich hält, die Wahrheit der wirklichen Welt zu entdecken oder zu bilden, aber sein Wille Wahrheit will, schafft er einen neuen Begriff von Wahrheit – die Wahrheit nach der Metaphysik. Wo keine Erkenntnis-Wahrheit ist, ist um so mehr Raum, eine andere Wahrheit zu setzen. Wenn Geist und Sinne uns nur zur gedachten, aber nicht zur tatsächlichen Einheit von Denken und Wirklichkeit verhelfen, ist der Wille, der dies akzeptiert und sogar bejaht, endlich frei geworden, die Einheit von sich aus herzustellen. Die Erkenntnis kann ihm dabei nicht mehr im Wege sein.

Im Willen zur Macht, der auch Wille zur Wahrheitssetzung ist, stößt das metaphysische Denken aus dem Ungenügen an sich selbst auf seine eigene Triebkraft. Und es verhilft dieser Urkraft zu ihrer ungehemmten Entfaltung, indem es ihr – dem Willen zur Macht – mehr Macht über die Wahrheit zuerkennt als der Vernunft, die im Dienst dieses Willens nach über zweitausend Jahren immer noch nicht leistete, wonach es ihn unablässig verlangte: der *realen* Einheit von Gedanke und Wirklichkeit, von Zeit und Ewigkeit.

Die Selbsterlösung des Willens glückt freilich nur so lange, als die Wirklichkeit ihr nicht widersteht. Der Wille zur Macht muß sich also dauernd der Wirklichkeit bemächtigen, sie unter seiner Perspektive erscheinen lassen, ihr seine Werte aufprägen und andere von ihr abhalten. Denn nur wenn es ihm gelingt, lückenlos als oberstes Prinzip zu herrschen, erweist und bewährt er sich als wahr. Seine Wahrheit kann darum niemals wieder die des Erkennens werden, sie muß stets die des Handelns sein. Daher wird Wahrheit seit Nietzsche nicht mehr im erkennenden Denken vorgestellt, sondern mit Hilfe des zum Instrument degradierten Denkens hergestellt. Er dachte den letzten entscheidenden Gedanken zur geistigen Grundlegung des technischen Zeitalters; seine Philosophie forderte den Menschen endgültig zur totalen Überwältigung der Welt heraus. Seitdem schafft der Mensch die Wirklichkeit nach seinem Willen um und stellt völlig neue Wirklichkeiten her. Erkenntnis ist ihm nur noch als Mittel dazu wertvoll. So wird der Mensch zum Schöpfer einer von ihm gewollten und ihm dienstbaren Wirklichkeit. Gott hat in diesem Selbstverständnis des Menschen keine Funktion mehr – der Mensch übernimmt sein Werk.

Der Mensch, der Gott überflüssig macht, zerbricht damit nicht nur Gottes Bild, sondern auch sein eigenes: Er wird mehr als ein Mensch. Nietzsches Wahrheitsbegriff führt zwangsläufig zum Entwurf eines neuen Typus von Mensch. »*Ich lehre euch den Übermenschen*«[81] ist seine Verkündung, nachdem er Zarathustra erstaunt hatte fragen lassen: »Sollte es denn möglich sein? Dieser alte Heilige hat in seinem Wald noch nicht davon gehört, daß *Gott tot* ist!«[82] Die Befreiung des Menschen von Gott zu seiner Eigenmächtigkeit bringt freilich auch furchtbare Gefahren hervor: Der Mensch selbst wird zum Objekt des Willens zur Macht. Im »Antichrist« spricht Nietzsche es unbekümmert aus: »Nicht was die Menschheit ablösen soll in der Reihenfolge der Wesen ist das Problem, das ich hiermit stelle (– der Mensch ist ein *Ende* –): sondern welchen Typus Mensch man *züchten* soll, *wollen* soll, als den Höherwertigen, lebenswürdigeren, zukunftsgewisseren.«[83]

Gottes Entwertung, die Aufwertung des Menschen und die Eigenmächtigkeit seiner Wahrheitsstiftung sind nur verschiedene Aspekte einer historischen Entwicklung, die Nietzsche abschließt. Schon bei Marx zeichnete sich ihr Ende ab, aber noch verhüllt und in ihrer das gesamte bisherige Denken zerstörenden Gewalt nicht begriffen. Marx zielte auf dasselbe Prinzip wie Nietzsche: die Schaffung einer vom Machtwillen des Menschen bestimmten Wirklichkeit durch seine Selbstbefreiung zur

Tat. Er sah dieses Prinzip realisierbar durch die Masse der Arbeitenden; Nietzsche dagegen setzte auf die großen Einzelnen, die Übermenschen. Aber Marx entnahm die Orientierungswerte der Macht noch der bisherigen Philosophie; Nietzsche dagegen stellte die Macht als Selbstwert aller Philosophie und Moral entgegen. An seiner Radikalität erst wurde deutlich, welchen selbstmörderischen Weg das Denken nach seiner scheinbar endgültigen Sättigung im Idealismus eingeschlagen hatte.

Inzwischen zeigt sich, daß dieser Weg sogar für den ganzen Menschen selbstmörderisch werden kann. Nietzsches Philosophie taugt zur Zerstörung aller Werte, nicht aber zur tragfähigen Begründung neuer. Sie befreit den Menschen zu seiner vollen Macht, weist ihm eine offene Zukunft; aber sie kann ihm wenig mitgeben, um sich in dieser neuen Freiheit nicht zu verlieren. Nietzsche nahm die Ideale des selbstbewußten Renaissancemenschen wieder auf: Vornehmheit, Haltung, Mut, Wahrhaftigkeit. Doch diese Werte waren nun nicht mehr verbindlich begründbar, nicht sanktionierbar durch einen allgemeinen Moralkodex. Zarathustra pries sie – doch nichts mehr verpflichtet den Übermenschen oder den, der sich dafür hält, auf ihn zu hören. Nietzsches Denken hat allen Machtbewußten die Zukunft geöffnet: dem Humanisten wie dem Faschisten; aber es hat nicht nur der ideologischen und politischen Gewalt geistig den Weg geebnet, sondern vor allem der technischen Bemächtigung der Welt.

Gewiß würde Nietzsche manches verabscheuen, was unter Berufung auf ihn geschah. Und doch liegt es in der Konsequenz seiner Gedanken. Einmal gedacht, entwickelte sie ein Eigenleben und ließen sich von den Absichten des Autors nicht mehr in ihrer Wirkung begrenzen. Diese Wirkungen reichen viel weiter, als der Name des Philosophen bekannt ist. Seine rhetorischen und gedanklichen Übersteigerungen täuschen uns heute leicht darüber hinweg, daß er die Maximen unseres technokratischen Zeitalters ausspricht. Die Extreme teilen wir nicht mit ihm, wohl aber die Grundlagen. Unser Zukunftsvertrauen setzen wir auf den technischen Übermenschen und seinen Fortschritt. Züchten wollen wir den höheren Menschen zwar nicht, bilden aber wohl. Wir bekämpfen den politischen Faschismus, nehmen aber den viel totaleren philosophischen Faschismus hinter der Maske des technischen Fortschritts kaum wahr. Wir meinen,

Nietzsches Überschwang aus sicherem historischem Abstand belächeln zu können, wenn wir lesen: »Wohlan! Wohlauf! Ihr höheren Menschen! Nun erst kreißt der Berg der Menschenzukunft. Gott starb: nun wollen *wir* – daß der Übermensch lebe.«[84] Wir formulieren es nüchterner – meinen aber dasselbe und handeln danach. Wir glauben daran, daß der Mensch ohne Gott sich eine Welt nach seinem Willen schaffen kann und soll, eine Welt, in der allein er mächtig ist; und um dieses Glaubens willen unterwerfen wir die einzelnen Menschen und die Natur dem Anspruch der technischen und kommerziellen Verwirklichung von mehr Macht.

Jedenfalls glaubten wir bis vor kurzem so. Inzwischen lassen uns die unheilvollen Erfahrungen der ideologischen und technischen Überwältigungsversuche im Namen des eigenmächtigen Menschen zunehmend bezweifeln, daß der Mensch imstande ist, Gottes Platz in sich selbst und im Universum einzunehmen. Damit ist Gott noch nicht wieder erweckt, aber immerhin die menschliche Selbstsicherheit brüchig geworden. Grund zur Skepsis haben wir genug: Seit hundert Jahren hat der Mensch sich dem Willen zur Macht überlassen, hat sich frei gemacht von einem uralten Wahrheitsbegriff und dessen Ansprüchen – doch zum Übermenschen ist er darum nicht geworden.

Dieser Widerspruch seiner Existenz droht sich heute gegen ihn selbst zu richten. Der Wille zur Macht gefährdet seine eigene Voraussetzung: das Leben. Und damit beginnt er, sich seine eigene Rechtfertigung zu entziehen.

Nietzsches historische Selbstbestimmung wurde erschreckend wahr: Mit seinem Denken zog tatsächlich eine Krisis herauf, wie es keine auf Erden gab. Seine Gedanken sind Dynamit. Wir halten es in der Hand.

IX.
DIE TRÜMMER DER METAPHYSIK

Seit Hegel 1831 in Berlin der Cholera erlegen war, wurde dem Geist die Wahrheit unablässig streitig gemacht – im Namen des Willens, im Namen der Macht, im Namen der religiösen oder der ökonomischen Existenz. In wenigen Jahrzehnten war der Idealismus beinahe vergessen, nicht nur in der Öffentlichkeit, sondern auch an den Universitäten.

Die neuen Weltanschauungen beherrschten die Gemüter, Naturwissenschaften und Politik bemächtigten sich ihrer als Bundesgenossen. Marx und Nietzsche hatten die rechten Stichworte gegeben – der eine dem Proletariat, der andere dem Bürgertum. Deutschland krönte einen neuen Kaiser und strahlte im Glanz seiner frischen Macht. In London beschloß ein Parteitag russischer Sozialisten den gewaltsamen Umsturz des Staates. Und Bürger wie Sozialisten rechneten auf die technischen Wissenschaften. Fabelhaft anmutende Entdeckungen schienen ein Zeitalter unbegrenzter menschlicher Möglichkeiten zu eröffnen: Epidemien wurden plötzlich beherrschbar nach dem Auffinden ihrer Erreger und der Entwicklung von Seren und Medikamenten, Geheimnisse des Organismus ließen sich durch Mikroskope und Röntgenstrahlen entschleiern, Entfernungen schmolzen durch Telephone, Telegraphen, Luftschiffe und Motorwagen. Die Macht der Wissenschaft begründete neue wirtschaftliche Macht: Gewaltige Fabriken, Bankhäuser und Handelsgesellschaften entstanden. Auch der Zugriff der historischen Wissenschaften wurde jetzt direkter: Museen machten die Vergangenheit für jedermann anschaubar; Pergamon, Troja und andere antike Stätten wurden ausgegraben und ihre Trümmer wie Trophäen ausgestellt. Die gegenständliche Wirklichkeit triumphierte allenthalben. Die Erfolge des Zeitalters sprachen für sie. In Jahrzehnten waren Fortschritte erreicht worden, von denen Jahrhunderte des Denkens und Glaubens nur zuweilen hatten träumen können. Wahr schien allein die physische Welt zu sein; die metaphysische Welt der Ideen erschien nur noch als ein Gedankengespinst, untauglich zur Erfassung der Wirklichkeit, mit Recht verstaubt und vergessen.

Diese Anbetung der Wirklichkeit, dieser »Positivismus«, der nur meßbare »Tatsachen« anerkennt, hatte freilich eine Kehrseite: Der Wahrheitsbegriff verlor seine allgemeine Verbindlichkeit in dem Maße, wie die Vernunft als oberste Instanz allen Erkennens demontiert worden war. Die Erfahrung konnte sie nicht voll ersetzen – auch nicht die durch naturwissenschaftliche Instrumente verfeinerte. Denn auch sie kam ohne Begriffe nicht aus, nicht ohne Logik und nicht ohne Theorien. Waren Begriffe wie Materie oder Kraft oder Welle nur ein menschlicher Notbehelf zur Beschreibung von etwas letztlich Unerkennbarem, oder waren die Dinge wirklich so, wie sie gedacht wurden? Und welchen Gehalt hatten Begriffe, die sich überhaupt nicht auf Gegenstände bezogen?

Wollte das Denken nicht endgültig darauf verzichten, sich selbst zu verstehen, so mußte es einen neuen festen Standpunkt für die Wahrheit suchen. Das war nicht leicht – denn wo war noch sicherer Grund zu finden? Die Metaphysik hatte vor der zugleich bedrängenden und verlockenden Wirklichkeit der Welt und des Menschen versagt; Kierkegaard, Marx und Nietzsche boten Ersatzlösungen, aber kein verläßliches Kriterium mehr für Wahrheit. Konnte es ein solches Maß überhaupt noch geben? War das Denken am Ende – gescheitert?

WAHRHEIT ALS LEBENSHILFE

William James, 1842–1910

Während Nietzsche noch in Bonn und Leipzig Vorlesungen hörte, bereiste *William James*, ein junger, neugieriger Amerikaner aus New York, die Alte Welt. Er interessierte sich für Medizin und Psychologie, blieb auch einige Zeit in Deutschland und wurde dann Professor in Harvard. Zu seinen Reiseandenken aus Europa gehörte ein Problem, das ihn nicht mehr losließ, bis er 1910 starb. Er löste es auf eine sehr amerikanische Weise – praktisch, mit demokratischer Verbindlichkeit und in neidloser Zusammenarbeit mit gleichgesinnten Kollegen. Allen gemeinsam – Charles Peirce, John Dewey, F. C. S. Schiller und William James – war die Abneigung gegen jeden philosophischen Streit, der in der Lebenspraxis folgenlos bleibt. Ihre These: Sofern ein Mensch sich nicht anders verhält, wenn er an Gott glaubt, als wenn er nicht an ihn glaubt, ist es für ihn ganz gleichgültig, ob Gott existiert oder nicht; die Wahrheitsfrage wird bedeutungslos.

Erst wenn eine philosophische Alternative auch eine Alternative für das Handeln mit sich bringt, stellt sich die Wahrheitsfrage. »Die ganze Aufgabe der Philosophie sollte darin bestehen«, erklärte James seinen Zuhörern, »herauszufinden, welchen Unterschied es für Sie und für mich in bestimmten Momenten des Lebens ausmacht, ob diese oder jene Weltformel die wahre ist.«[1]

Damit ist nicht mehr das Denken der eigentliche Prüfstein der Wahrheit, sondern das Handeln (griechisch: pragma). Das Programm dieses »*Pragmatismus*« lautet: »Er wendet sich weg von Abstraktionen und Unzulänglichkeiten, weg von Problemlösungen, die nur Worte sind, weg von schlechten A-priori-Begründungen, von festgelegten Prinzipien, weg von dem Absoluten und den Ursprüngen. Er wendet sich vielmehr zu der Wirklichkeit und Angemessenheit, zu den Tatsachen, zum Handeln und der Macht.«[2]

James hielt die bisherige Metaphysik für ein Überbleibsel der Magie. Mit Hilfe von Worten wolle sie Wirklichkeit beschwören und unter Formeln bannen. Ihr Irrtum: Mit den Worten auch die Sache zu besitzen. Ein Wort aber habe nur Bedeutung, wenn wir »seinen praktischen Kassenwert herausbringen«.[3] Nur wenn es in der Welt der Tatsachen etwas bewirkt, hat es einen Sinn. »Dann erscheint es nicht mehr als Lösung, sondern vielmehr als ein Programm für neue Arbeit und, genauer gesagt, als ein Hinweis auf die Mittel, durch welche existierende Realitäten *verändert* werden können.«[4]

Diese Einschätzung trifft keineswegs nur die großen Worte der Metaphysik – Vernunft, Gott, das Absolute –, sondern ebenso die scheinbar gegenständlicheren der Physik – Molekül, Masse, Energie. Auch sie stellen nur ein Programm für die Forschungsarbeit dar, taugen nur so lange, wie sich ihr Arbeitswert bewährt.

Der Pragmatismus verabschiedet damit endgültig den klassischen Wahrheitsbegriff. »Der absolut leere, rein statische Begriff einer ›Übereinstimmung‹ zwischen unserem Geist und der Wirklichkeit ... wird hier ersetzt durch den für jeden verständlichen Begriff eines reichhaltigen und tätigen Verkehrs zwischen unserem konkreten Denken und der großen Welt fremder Erfahrungen, in der unsere Gedanken eine Rolle spielen und ihren Nutzen haben.«[5] Nicht nur die Worte und Begriffe, auch alle Theorien sind bloße »Denkmittel«, Werkzeuge der »Lebensförderung«.[6] Ihr Arbeitswert ist erschöpft, wenn neue Erfahrungen nicht mehr von den vorhandenen Begriffssystemen verarbeitet werden können. Neue Gedanken, die eine gealterte Wahrheit ablösen, überzeugen am ehesten, wenn sie die bestehenden Meinungen gerade nur um so viel verändern, daß neue Erfahrungen widerspruchsfrei aufgenommen werden können.

Oft läßt dieser geschichtliche Prozeß mehrere praktikable Lösungen zu. Jede ist im Sinn des Pragmatismus wahr, weil keine mehr sein kann als eine Annäherungsformel, als ein Gedankengerüst, um Erfahrungen zu ordnen, zu beherrschen und weiterzuentwickeln. Welche Wahl ein Mensch unter den verschiedenen gedanklich möglichen Lösungen trifft, hängt von seiner persönlichen Problemkonstellation ab. Was seiner Interessenlage am besten entspricht, wird er für wahr halten.

Und damit gibt James sogar der Metaphysik und der Religion wieder eine Chance. Wenn bestimmte Glaubenssätze einen Menschen besser leben lassen, so betrachtet er sie mit Recht als wahr. Der Begriff Gottes etwa kann für das Handeln eines Menschen die gleiche Bedeutung haben wie der Begriff des Atoms für die Physik – er ist nützlich und gut für ihn. Auf diesem sonderbaren Weg kehrt James zu einem der zentralen Sätze Platons zurück: zu der Einheit des Guten und Wahren. Allerdings versteht er – ganz im Gegensatz zu Platon – das Gute vor allem als das Nützliche. »Lassen Sie mich jetzt nur so viel sagen, daß die Wahrheit *eine Art des Guten* und nicht, wie man gewöhnlich annimmt, eine davon verschiedene, dem Guten koordinierte Kategorie ist. *Wahr heißt alles, was sich auf dem Gebiete der intellektuellen Überzeugung aus bestimmten Gründen als gut erweist.* Wenn wahre Gedanken ... nichts enthielten, was für das Leben gut ist, oder wenn die Kenntnis dieser wahren Gedanken positiv schädlich und falsche Urteile die einzig nützlichen wären, dann hätte die allgemein geltende Ansicht, daß die Wahrheit göttlich und köstlich und daß ihr nachzustreben Pflicht ist, sich niemals zu einem Dogma entwickeln können.«[7]

Freilich fällt es James schwer, zu bestimmen, was denn angesichts widerstreitender Meinungen darüber das nützliche Gute sei. Er rettet sich in den Begriff der »Lebensförderungen«[8] und präsentiert damit eine Variante Nietzsches, demokratisch und ohne dessen grimmigen Hintergrund des Willens zur Macht. Aber der Ausweg führt nicht weit, denn die persönliche Lebensförderung, die ein Mensch aus einer bestimmten Wahrheitsüberzeugung gewinnt, stößt leicht mit dem zusammen, was ein anderer für seine Person für förderlich hält. Darum läßt auch James nur Überzeugungen als wahr zu, die nicht zu einer tätlichen Einschränkung anderer Überzeugungen führen.

Seine Lösung des Wahrheitsproblems war die eines praktischen Diplomaten. Seine Rechtfertigung menschlicher Meinungsvielfalt unterlief die philosophischen Gegensätze, indem sie zu Arbeitshypothesen verkleinert wurden. Der Pragmatismus bot die ideale geistige Arbeitsgrundlage für die modernen Naturwissenschaften, in denen sich seit der Jahrhundertwende sogar so feste Begriffe wie Materie und Zeit infolge der Relativitäts- und Quantentheorie aufzulösen begannen. Wahrheit als

Arbeitswert – das ist ein handlicher Maßstab für den Wissenschaftler; Wahrheit als Lebenswert – das ist ein angenehmer Maßstab für private Überlegungen. Niemand verliert dabei etwas, und alle gewinnen die Vorteile demokratischer Toleranz. Es ist bezeichnend, daß die Grundgedanken des Pragmatismus schon längst vor James von dem deutschen Neukantianer F. A. Lange entwickelt wurden, daß sie ein großes und bis heute andauerndes Echo aber erst in den USA fanden.

DER SELBSTMÖRDERISCHE SIEG DER METHODE

Alfred North Whitehead, 1861–1947 / Bertrand Russell, 1872–1970 / Ludwig Wittgenstein, 1889–1951

Zwei Bruchstücke hatten den Zerfall der Metaphysik unbeschädigt überstanden: die Logik und die Sprache. Zwar hatten auch sie ihre metaphysische Dimension eingebüßt – sie wurden nicht mehr als Ausdruck einer den Menschen umhüllenden Ordnung des Seins gedeutet –, aber Darstellungsort der Wahrheit waren sie geblieben, wenngleich diese Wahrheit nur noch als eine vom Menschen in die Welt projizierte Ordnung verstanden wurde. Auch die Philosophen, die der Macht, dem revolutionären Handeln oder der religiösen Existenz mehr Wahrheit als dem reinen Denken zusprachen, kamen nicht umhin, ihre Erkenntnisse in logischer Sprache darzulegen. So blieben Sprache und Logik die letzten Bereiche, in denen das Denken sich noch seiner selbst versichern konnte.

Besonders die Logik schien wegen ihrer größeren Genauigkeit und Allgemeinheit hierzu geeignet. Aus dieser Überlegung entwickelten der Amerikaner *Alfred North Whitehead* und der Engländer *Bertrand Russell* ihre »Principia mathematica«. Das Werk erschien vor dem Ersten Weltkrieg und wurde bald zum Lehrbuch der jungen »*Logistik*«; sie ist ein Schlußverfahren, das darauf abzielt, sprachlich formulierte Gedankenketten in mathematische zu verwandeln. Besonders die nüchternen Angelsachsen atmeten auf. Endlich schien eine Methode gefunden, um die endlosen philosophischen Wortgefechte unter Kontrolle zu bekommen und abschließend zu entscheiden.

Zweierlei war dazu allerdings nötig.

Erstens mußten alle logischen Operationen so schematisiert werden, daß sie unabhängig von dem jeweiligen Inhalt einer Aussage und ihrer sprachlichen Form zweifelsfrei funktionierten. Die moderne Mathematik bot die Mittel dafür. Bei der Übertragung sprachlicher Aussagen in logistische Formeln zeigte sich bald etwas Erstaunliches: Die wirkliche logische Struktur eines Satzes war häufig ganz anders als ihre sprachliche Darstellung aufgebaut. Die Sprache täuscht oft Logik vor, wo keine ist.

Zweitens hatte das Material, das logisch verarbeitet werden sollte, an Klarheit dem Verfahren zu entsprechen; andernfalls würde die Unschärfe der Ausgangsbegriffe die Schärfe der Methode wieder zunichte machen.

Russell begegnete dieser Schwierigkeit durch seine »Bezeichnungstheorie«.[9] Er stellte fest, daß ein einzelnes Wort, das etwas bezeichnen soll, für sich allein genommen eigentlich gar keine Bedeutung hat. Sie kommt ihm erst im Zusammenhang eines Satzes zu. Etwa der Ausdruck »Mensch« besagt isoliert überhaupt nichts; er füllt sich erst mit Bedeutung und Bestimmtheit, wenn er in einem Satz mit anderen Ausdrücken verbunden wird; in dieser Verbindung bestimmen sich dann die an sich bedeutungslosen Worte gegenseitig. Entscheidend für ihre Bedeutung ist also die in einem Satz dargestellte wechselseitige *Beziehung.*

Mit dieser Verlagerung der Bedeutung vom Begriff auf den Satz hat die Logistik erreicht, nur noch völlig definiertes und restlos verrechenbares Gedankenmaterial vor sich zu haben. Denn anders als beim normalen Sprechen kann nun kein Begriff mehr eine unausgesprochene Bedeutung in sich tragen, die plötzlich hervorgekehrt und als Argument gebraucht wird. Was nicht in einem Satz festgeschrieben ist, ist logisch nicht vorhanden. Und was logisch nicht vorhanden ist, darüber läßt sich keine Aussage machen. Diese Voraussetzung erlaubt schließlich, Begriffe durch Rechenzeichen zu ersetzen für ihre logische Verarbeitung. Sätze nehmen dadurch den Charakter mathematischer Funktionsgleichungen an.

Die Begriffe werden durch dieses Verfahren zu logischen Konstanten reduziert, nämlich zu einer Art von festen Schnittpunkten, auf die das Denken immer wieder stößt, wenn es die Beziehungssysteme verschiedener Sätze gegeneinander verrechnen will. Denken wird dabei nur noch als Verknüpfen von Beobachtungsdaten und Gegebenheiten verstanden, als Herstellen, Aufsuchen und Verrechnen von Beziehungen. Wahrheit schrumpft zu einer bescheidenen Ähnlichkeit zwischen den inneren Ordnungsstrukturen unseres Denkens und den Bezugsstrukturen, die die Wirklichkeit tatsächlich hat.

Derartige grundlegende Ordnungsstrukturen des Denkens

sind zum Beispiel das Zahlensystem, ferner Begriffe wie Raum, Zeit, Materie, Ich und Bewußtsein. Weil jedes dieser gedanklichen Bezugssysteme den tatsächlichen Beziehungen aber nur zum Teil entspricht, erfassen wir dieselbe Wirklichkeit auf ganz unterschiedliche Weise: Dasselbe Geschehen etwa stellt sich im Raum-Zeit-System als realer materieller Vorgang dar, im Ich-System als raum- und materieloser Bewußtseinsinhalt.

Die Logistik präsentiert sich als eine mathematisierte Neuauflage des mittelalterlichen Nominalismus. Metaphysische Begriffe lassen sich in ihren Rechensätzen kaum ansiedeln. Ihr Mitbegründer Whitehead entwickelte trotzdem eine der Monadenlehre von Leibniz ähnliche Metaphysik, aber er blieb eine Ausnahme. Die meisten Logistiker hielten und halten – wie schon Nietzsche vor ihnen – die Metaphysik für ein rein sprachliches Mißverständnis. Ihr Vorwurf: Bloße Worte würden für Sachen genommen. Sehr deutlich läßt sich das an dem Zentralbegriff der Metaphysik, dem »Sein«, demonstrieren. Hervorgegangen ist er aus dem Verb »sein«. Dieses Verb bezeichnet nach Meinung der Logistiker ausschließlich eine logische Funktion: Es verbindet Teile eines Satzes, meist in der sprachlichen Form des »ist«. »sein« bezeichnet also die Verknüpfung zweier Begriffe – es ist ein Funktionszeichen, nicht mehr. Die Logistik faßt es deutlich als solches, doch die gewöhnliche Sprache verfährt weniger einschränkend. Sie erlaubt, aus der Funktion eine Sache zu machen; sie legt es geradezu nahe, das »sein« zum »Sein« umzudeuten und hochzustilisieren. Das Fazit, das der berühmteste Schüler Russels, der Österreicher *Ludwig Wittgenstein*, daraus zog: »Die meisten Sätze und Fragen, welche über philosophische Dinge geschrieben worden sind, sind nicht falsch, sondern unsinnig. Wir können daher Fragen dieser Art überhaupt nicht beantworten, sondern nur ihre Unsinnigkeit feststellen. Die meisten Fragen und Sätze der Philosophen beruhen darauf, daß wir unsere Sprachlogik nicht verstehen. ... Und es ist nicht verwunderlich, daß die tiefsten Probleme eigentlich *keine* Probleme sind.«[10]

Wittgenstein hatte 1912 als junger Student Russells Vorlesungen in Cambridge gehört. Achtzehn Jahre später stand er dort selbst auf dem Podium und dozierte. Sein »Tractatus logico-philosophicus« hatte ihn inzwischen berühmt gemacht. Zuerst hatte er damit den »*Wiener Kreis*« beeindruckt, eine Vereinigung Gelehrter, die sich im Wien der zwanziger Jahre zusammengefunden hatten. Bereits bei seinem ersten Auftreten dort wurde Wittgenstein wie eine Primadonna behandelt. Rudolf Carnap schilderte: »Vor dem ersten Treffen ermahnte uns Schlick dringlich, nicht eine Diskussion zu beginnen, wie wir sie in dem Kreis gewöhnt waren, weil Wittgenstein derlei unter keinen Umständen wünschte. Wir sollten sogar vorsichtig sein, Fragen zu stellen, weil Wittgenstein sehr empfindsam war und leicht durch eine direkte Frage gestört wurde.«[11]

Vor dem Hintergrund von Wittgensteins Lebensgeschichte wird diese ungewöhnliche Behutsamkeit seiner Gastgeber verständlich. Er war sehr behütet aufgewachsen, betreut von einem Privatlehrer, umgeben vom soliden Reichtum des Elternhauses, dem der Vater, ein Stahlindustrieller, die gesellschaftliche Geltung und die Mutter, eine Bankierstochter, den gesellschaftlichen Glanz gaben – ein Lebensstil, der Wittgenstein später offenbar bedrückte. Er streifte ihn ab, indem er das große ererbte Vermögen in hilfreiche Stiftungen einbrachte und sich vom Maschinenbau zur Philosophie wandte. Vor dem anfänglichen Unverständnis seiner Zeitgenossen floh er in die Abgeschiedenheit und das Regelmaß eines Dorfschullehrerdaseins. Doch seine Gedanken arbeiteten weiter und zogen ihn schließlich wieder ganz zur Philosophie, nachdem er den Plan, in ein Kloster einzutreten, aufgegeben hatte. Im Wiener Kreis fand Wittgenstein dann die erhoffte Resonanz, wenig später in Cambridge die Lehrstätte für seine Theorien. Deren rasche Verbreitung gerade in den angelsächsischen Ländern wurde begünstigt durch die Emigration vieler österreichischer Wissenschaftler angesichts der nationalsozialistischen Bedrohung.

Noch nachdrücklicher als sein Lehrer Russell hatte Wittgenstein die Grenzen aufzeigen wollen, die dem Denken durch die Sprache gesetzt sind. Er sah dann aber, daß dem Menschen durch die normale Sprache bereits ein Weltverständnis vorgegeben wird, dem durch logistische Formeln allein nicht beizukommen ist. Immerhin müssen alle Aussagen vor ihrer logistischen Verarbeitung zunächst einmal sprachlich gefaßt werden. Wenn das Denken von alters her beharrlich dieselben Probleme hatte, so mußten also in der Sprache ihre tiefsten Wurzeln zu finden sein. Die Logistik konnte sprachlich-philosophische Mißverständnisse allenfalls abwehren, nicht aber erklären, warum sie überhaupt in dieser Gestalt entstanden waren und sich so hartnäckig behauptet hatten. Darum trat Wittgenstein nun mit neuen Waffen an zum »Kampf gegen die Verhexung unsres Verstandes durch die Mittel unserer Sprache«.[12] Er untersuchte die Alltagssprache und ihre »Sprachspiele«,[13] um die Verstrikkung, in die uns ihre mehrdeutigen Spielregeln verflochten hätten, bloßzulegen. Ein philosophisches Problem entsteht für ihn auf die völlig gleiche Weise wie ein mathematisches – und läßt sich darum auf die gleiche Weise zum Verschwinden bringen. »Die fundamentale Tatsache ist hier: daß wir Regeln, eine Technik, für ein Spiel festlegen und daß es dann, wenn wir den Regeln folgen, nicht so geht, wie wir angenommen hatten. Daß wir uns also gleichsam in unsern eigenen Regeln verfangen. Dieses Verfangen in unsern Regeln ist, was wir [Sprachanalytiker] verstehen, d. h. übersehen wollen.«[14]

Sein Beispiel machte Schule, besonders in England. Es wurde geradezu Mode, philosophische Fragen nicht mehr als Sachprobleme, sondern als sprachliche zu behandeln und sie durch linguistische Analysen zu lösen oder wenigstens aufzulösen. Wittgenstein formulierte das Programm dafür im ersten, 1945 abgeschlossenen Teil seiner »Philosophischen Untersuchungen«: »Diese philosophischen Probleme sind freilich keine empirischen, sondern sie werden durch Einsicht in das Arbeiten unserer Sprache gelöst, und zwar so, daß dieses erkannt wird: *entgegen* einem Trieb, es mißzuverstehen.«[15] Und er beruhigt sich und seine Nachfolger über das selbstmörderische Zerstörungswerk, das er an der Philosophie damit betreibt: »Aber es sind nur Luftgebilde, die wir zerstören, und wir legen den Grund der Sprache frei, auf dem sie standen.«[16]

Dieser Grund erwies sich als philosophisch öde, nachdem Logistik und Sprachanalytik ihn steril gemacht hatten. Einen Irrtum konnte er nicht mehr hervorbringen, aber auch keinen neuen philosophischen Gedanken. Das Gliederwerk des Denkens zeichnete sich auf ihm mit äußerster Genauigkeit ab, aber es lebte nicht mehr. Die Philosophie hatte Descartes' Wissenschaftsideal erreicht – die selbstgewisse Fehlerlosigkeit der Mathematik –, aber sie war darüber ebenso inhaltsleer geworden wie die Mathematik. Je strenger das Denken aus sich alles ausschied, was ihm selbst nicht zweifelsfrei als gewiß erweisbar war, desto nichtssagender wurde es. Der Sieg der Methode war total – aber es war ein Pyrrhussieg.

X.
DIE GEBROCHENE VERNUNFT-HERRSCHAFT UND DAS BEFREITE DENKEN

Vor die Gewißheit hatte Descartes den Zweifel gesetzt. Und die Philosophie führte seinen Versuch fort, Wahrheitsgewißheit aus *dem Denken* gegen *das Denken zu begründen. Von diesem radikalen Zweifel immer härter bedrängt, mußte sich das denkende Ich schließlich gänzlich auf sein Selbstbewußtsein zurückziehen. Aus dieser Not machte der Idealismus bald eine glänzende Tugend: Sein und Denken waren endlich eines – die Vernunft, die dies vollbrachte, wurde zum alleinigen Konstruktionsprinzip der Wirklichkeit.*

Doch tatsächlich bot sich die Wirklichkeit eher unvernünftig dar. Der Widerspruch zwischen ihrer Unordnung, ihrem Elend und ihrer Triebhaftigkeit und dem Herrschaftsanspruch der Vernunft war allzu offensichtlich. Marx, Kierkegaard und Nietzsche zeigten voller Hohn auf ihn. Aber das vernunftbeherrschte Denken war noch nicht am Ende. Wenn die Wirklichkeit ihm nicht entsprach, so mußte das nicht ein Mangel der Vernunft, sondern es konnte auch ein Mangel der Wirklichkeit sein – ein Mangel, der durch den technischen Einsatz der Vernunft zu beheben sein würde.

Doch dieser seit hundert Jahren weltweit unternommene Versuch macht gegenwärtig die Vernunft noch fragwürdiger. Verkehrt sie sich am Ende in ihr Gegenteil?

ZWISCHEN VERNUNFT UND UTOPIE

Karl Mannheim, 1893–1947
Ernst Bloch, 1885–1977
Herbert Marcuse, 1898–1979
Theodor W. Adorno, 1903–1969

Das Mißtrauen gegen die Herrschaftsrolle der Vernunft äußert sich vor allem als Kritik an den Wissenschaften. Die Marxsche These, daß Bewußtsein ein Produkt der ökonomischen Verhältnisse sei, wurde zur schärfsten Waffe gegen jeden wissenschaftlichen Objektivitätsanspruch – ausgenommen allerdings meist den eigenen.

Die »*Wissenssoziologie*«, der »*Soziologismus*« und die »*Kritische Wissenschaftstheorie*« deuten alle wissenschaftlichen Erkenntnisse als Ausflüsse einer bestimmten gesellschaftlichen Situation. Wahrheit und Objektivität erweisen sich danach nicht nur als Illusion, sondern – schlimmer noch – als getarnte Machtinstrumente einer Klasse und ihres Herrschaftsanspruchs. 1929 verdächtigte der Soziologe *Karl Mannheim* alle Wissenschaften als »Totalideologien«, aufgebaut auf den weitgehend unbewußten Vorurteilen und Vorbegriffen eines vorgegebenen »sozialen Standortes«.[1]

Nur das Bewußtmachen dieser einseitigen sozialen Vorbedingungen ebne den Weg zu echter Objektivität. Das psychoanalytische Verfahren, unbewußte Beweggründe für zwanghaftes Verhalten aufzuspüren und auszuräumen, wurde derart von der Wissenssoziologie auf historische Dimensionen ausgeweitet. Die Folge: Philosophie wurde aus dieser Sicht zu einem Spezialfall von Soziologie. Als der geeignete soziologische Therapeut der Wissenschaften erschien die »freischwebende Intelligenz«[2] des unbürgerlichen Intellektuellen wegen ihrer geringen Traditionsbindung.

Für die Verfechter des Marxismus bot diese Methode einen einzigartigen Vorteil. Sie erlaubte nämlich, die wissenschaftliche Sachdiskussion durch eine soziologische Motivanalyse des Gegners zu ersetzen. Das ist bis heute gängige Praxis linker Wissenschaftstheorie; sie wehrt damit leicht alle Einwände gegen die reine sozialistische Lehre ab. Und diese Abwehr ist bitter nötig, denn Marx hat zwar Geschichte gemacht, aber diese Geschichte ist nicht so verlaufen, wie das angeblich unumstößliche Gesetz des dialektischen Materialismus hatte erwarten lassen. Zu einem Staatsumsturz kam es gerade dort, wo das Industrieproletariat den geringsten Anteil an der Bevölkerung hatte – im russischen Reich, in China und in Ländern der »Dritten Welt«. Auch die Voraussage von der zunehmenden Verelendung der Massen erwies sich als falsch. Doch die Vision von der Erlösung des Menschen von ökonomischen und gesellschaftlichen Zwängen wirkte weiter auch dort, wo längst keine drängende soziale Notwendigkeit für eine Revolution mehr bestand. Und sie wirkte weiter trotz der furchtbaren Erfahrungen mit dieser Revolution und dem Zwangsstaat, der aus ihr hervorgegangen war. Denn der soziale Fortschritt verringerte zwar die von Karl Marx beklagte wirtschaftliche Abhängigkeit der arbeitenden Massen, aber andere Zwänge schoben sich jetzt an ihre Stelle. Die hochtechnisierte moderne Massengesellschaft ließ sich die Befreiung vom materiellen Elend mit anderen Unfreiheiten bezahlen: Umweltverseuchung, Konsumverlockung, Leistungsdruck, Arbeitsmonotonie und die Allgegenwärtigkeit einer gesichtslosen Bürokratie. Seelische Unfreiheit hatte die materielle ersetzt. Die »Entfremdung« des Menschen war also nicht beseitigt, sie stellte sich nur auf neue Weise dar. Sie hielt die Sehnsucht der Menschen nach der großen revolutionären Veränderung der Gesellschaft wach – allerdings nicht mehr in den nüchternen Köpfen der ehemaligen Proletarier, die längst zu selbstbewußten Bürgern avanciert waren, sondern in den sensiblen Gemütern von Studenten und Intellektuellen, die ihr seelisches Leiden an der Sekuritätsgesellschaft wichtiger nahmen als die erreichten sozialen Errungenschaften, von denen auch sie zehrten.

Der Marxismus überdauerte alle Enttäuschungen, weil er vorgab, auf einem wissenschaftlichen Fundament errichtet zu sein. Er glaubte sich eins mit dem von ihm erkannten Gesetz der Geschichte und leitete daraus auch seine praktischen Maßnahmen ab. »Es bezeichnet gerade die Macht und Wahrheit des Marxismus, daß er die Wolken in den Träumen nach vorwärts getrieben, aber die Feuersäule in ihnen nicht ausgelöscht, sondern durch Konkretheit verstärkt hat«, verkündet *Ernst Bloch*, aus der DDR nach Westdeutschland emigriert.[3]

Freilich war diese Überzeugung nur aufrechtzuerhalten, wenn offensichtlich untauglich gewordene historische Begründungen gegen neue ausgetauscht wurden. Bloch setzt auf »Das Prinzip Hoffnung« – so der Titel seines Hauptwerkes –, er setzt auf die vorwegnehmende Gestaltungskraft des menschlichen Bewußtseins. »Das Sein, das das Bewußtsein bedingt, wie das Bewußtsein, das das Sein bearbeitet, versteht sich letztlich nur aus dem und in dem, woher und wonach es tendiert. Wesen ist nicht Gewesenheit; konträr: das Wesen der Welt liegt selber an der Front.«[4] Hier bestimmen nicht mehr das sichernde Denken und seine zweiflerische Methode menschliches Erkennen und Handeln, auch nicht die dialektische Zwangsläufigkeit eines Begriffsprozesses, sondern »Tagträume«, die den Menschen auf das »Ziel des besseren Lebens« hinspannen.[5] Sie sind gerade nicht begründbar aus einer vorliegenden Wirklichkeit, sei sie materiell, sei sie gedanklich. Vielmehr: »Das Wirkliche ist Prozeß; dieser ist weitverzweigte Vermittlung zwischen Gegenwart, unerledigter Vergangenheit und vor allem: möglicher Zukunft.«[6] Bloch spricht der entwerfenden Phantasie und dem entschlossenen Handeln einen entscheidenden Anteil am Werden der Wahrheit zu.

Auch der amerikanische, 1933 aus Deutschland ausgewanderte Philosoph *Herbert Marcuse* beschwört am Ende seines Buches »Der eindimensionale Mensch« eindringlich die Hoffnung, obwohl er zugleich kritisch bis zur Resignation ist. Er rechtfertigt zwar die von der kapitalistischen Welt Abgestoßenen und Ausgestoßenen und ihre »Große Verweigerung«; indes zweifelt er am politischen Erfolg ihres stillen oder lauten Unmuts. Er hält ihn allenfalls für ein Signal, einen Hinweis auf das Ende unserer Epoche. Er sieht dahinter eine ferne, unsichere Chance zu einer Versöhnung zwischen der rational organisierten Welt »lohnender Herrschaft«[7] und ihrer Verführung durch das »gute Leben des Ganzen«[8] einerseits und dem Anspruch auf Selbstbestimmung und Selbstverwirklichung jedes Menschen andererseits.

Trotz dieser Behutsamkeit wurde Marcuse zum Idol der aufbegehrenden Studenten in aller Welt, zum Apologeten der Hippies, Gammler und Ausgeflippten. Dabei versprach er ihnen nicht einmal Erlösung durch den Sozialismus. Er sah die »reine

Form der Herrschaft«,[9] die in der technischen Massengesellschaft verwirklicht ist, keineswegs auf ein politisches Lager begrenzt. So vermochte er nur die Hoffnung auszusprechen, daß die reine Rationalität der Industriegesellschaft jetzt an einem Umschlagpunkt gekommen ist, weil sie zunehmend ihr unvernünftiges Gegenteil hervorbringt: selbstmörderische Zerstörungskraft, unbrauchbaren Überfluß, sinnlose Verschwendung, seelische Unfreiheit. »Mit anderen Worten, die Vollendung der technologischen Wirklichkeit wäre nicht nur die Vorbedingung, sondern auch die rationale Grundlage, die technische Wirklichkeit zu *transzendieren*. Das würde die Umkehrung des traditionellen Verhältnisses von Wissenschaft und Metaphysik bedeuten.«[10] Bisher war die Wissenschaft aus der Metaphysik hervorgegangen, hatte die Rationalität des Denkens der materiellen Welt aufgeprägt; nun sollte gerade die widervernünftig werdende Wissenschaft einer ganz neuen Metaphysik den Weg bereiten. Denn: »Die fortschreitende eindimensionale Gesellschaft verändert das Verhältnis zwischen Rationalem und Irrationalem. Vor dem Hintergrund der phantastischen und wahnwitzigen Aspekte ihrer Rationalität wird der Bereich des Irrationalen zur Stätte des wirklich Rationalen – der Ideen, die die ›Kunst des Lebens‹ befördern können.«[11] Den letzten Freiheitsraum, in dem diese Ideen sich noch entfalten, findet Marcuse in der Kunst. Nur der Schriftsteller und Künstler sei noch imstande, »das sonst Unnennbare zu nennen«[12] – bedroht freilich auch er vom Mißbrauch durch die publizistischen Medien, ihrer Ideenvermarktung und ihrer Verdinglichung der Phantasie.

Eine ähnlich leidvolle Spannung zwischen Hoffnung und Verzweiflung durchzieht das Werk von *Theodor Wiesengrund Adorno* – auch er deutscher Emigrant, auch er eine Leitfigur der nach Ausbruch aus der bürgerlichen Ordnung lechzenden Studenten und Intellektuellen. Nach seiner Heimkehr aus der Emigration leitete Adorno gemeinsam mit seinem Freund *Max Horkheimer* das nach dem Krieg in Frankfurt wiedergegründete »Institut für Sozialforschung«. Es stand im verführerischen Ruf einer Eliteakademie der neuen Gesellschaft, zog geistreiche Soziologen und unruhige Studenten an. Aber es war ein Mißverständnis, die sogenannte »*Frankfurter Schule*« für ein intellektuelles Trainingscamp der Revolution zu halten – ein Mißverständnis, das böse Enttäuschungen verursachte, als die geistige Unruhe auf die Straße übergriff und in Demonstrationen und terroristischen Aktionen gewalttätige Formen annahm.

Zwar verwarf Adorno die bürgerliche Gesellschaft als ein System der »Repression«, der äußeren und inneren Unterdrükkung; aber sein vieldeutiges dialektisches Denken zu Aktionsanweisungen für Revolutionäre zu verfestigen war ein gründliches Mißverständnis. Und weil Adorno sich gegen diese Mißdeutung zur Wehr setzte, schlug die vermeintliche Gefolgschaft plötzlich in Feindschaft um. Die Jugend wußte wenig anzufangen mit dem komplizierten Gedankengebilde von Adornos »Negativer Dialektik«, die 1966 erschien, lange vorbereitet in früheren Veröffentlichungen. Die Studenten wollten ein Aktionsprogramm; Adorno aber bot ihnen ein kritisches Verfahren, dem keine Ideologie mehr standhalten konnte – auch nicht die linke. Er war den Neomarxisten einen historischen Schritt voraus: Mit großer logischer Schärfe verband er die idealistische Deutung der Welt aus Begriffen und die marxistische Deutung der Begriffe aus der Wirklichkeit zu einem neuen dialektischen Gebilde. Das gab ihm eine herausragende philosophische Bedeutung innerhalb der Frankfurter Soziologenschule.

Er kritisierte die Gesellschaft als Verdinglichung einer Philosophie, deren Leitsatz die Vernünftigkeit des Wirklichen war – und die darum als wirklich nur gelten ließ, was vernünftig war. Und er kritisierte wegen dieses totalitären Anspruchs der Vernunft die Philosophie als die geistige Werkstatt, in der die Ketten gesellschaftlicher und wissenschaftlicher Unfreiheit geschmiedet worden waren.

Den Ursprung dieses Herrschaftsanspruchs findet Adorno im Wahrheitsbegriff der alten Philosophie. »Mit der Unterschiebung des Bleibenden als des Wahren wird der Anfang der Wahrheit zum Anfang der Täuschung. Die Ordnung, welche die Welt zum verfügbaren Eigentum umwandelt, wird für die Welt selber ausgegeben. Die Invarianz [Unveränderlichkeit] des Begriffs, die nicht wäre ohne das Absehen von der zeitlichen Bestimmtheit des unter jenem Befaßten, wird verwechselt mit der Unveränderlichkeit des Seins an sich.«[13] Adornos Vorwurf also: Von Anfang an hielt sich das Denken auf seiner Suche nach Gewißheit nur an das Bleibende, an feste Orientierungspunkte, an die unveränderlichen Begriffe, denn sie garantierten eine zeitlose, stabile Ordnung. Um dieser eigenen Ordnung willen ignorierte die Philosophie die sich verändernde, der Zeit unterworfene Wirklichkeit; sie gab ihre Denkordnung für die Seinsordnung aus. Je unveränderlicher etwas war, für desto wahrer galt es in dieser Ordnung; denn nur dann war es immer wahr. Dieser Weg des Denkens führte zwangsläufig zur Erstarrung, weil nur das zu völliger Unveränderlichkeit Erstarrte stets und immer gleichbleibend gewiß erscheint. »Das absolut Gewisse als solches aber ist immer die Unfreiheit. Die Nötigung ihm nachzuhängen arbeitet gleich allem Zwang an der eigenen Zerstörung: unter der Devise zweifelsfreier Gewißheit wird vom szientifischen [wissenschaftlichen] Geist jegliche zweifelsfreie Gewißheit abgeschafft.«[14] Von diesem »logischen Absolutismus«[15] befreit die Dialektik – allerdings nicht die klassische Dialektik, die mit Hilfe der Verneinung eines Begriffs etwas Positives herstellen will. Ihr stellt Adorno seine »Negative Dialektik« entgegen – eine Dialektik, welche die idealistische Identität des Begriffs mit dem Begriffenen entschieden verneint. Diese Dialektik schreitet nicht fort, indem sie sich der Selbstbewegung der Begriffe überläßt und gedanklich die Vermittlung ihrer Widersprüche betreibt, sondern indem sie zwischen der Vernunft einerseits und der begrifflosen Wirklichkeit der Gesellschaft und des einzelnen andererseits zu vermitteln sucht. »Die Utopie der Erkenntnis wäre, das Begrifflose mit Begriffen aufzutun, ohne es ihnen gleichzumachen.«[16]

Das Utopische seines Vorhabens schreckt Adorno nicht, weil er in jedem nicht bloß auf Begriffe, sondern auf konkrete Inhalte gerichteten Erkennen den gleichen utopischen Zug sieht – nämlich die Absicht, zu dem Konkreten zu gelangen, ohne es zu entstellen –, also einen unumgänglichen Grundzug menschlichen Erkennens überhaupt.

Damit ist der Abschied von der metaphysischen Tradition geschlossener Begriffssysteme vollzogen. »Philosophie, die sich noch als total, als System aufwürfe, würde zum Wahnsystem ... Philosophie, wie sie nach allem allein zu verantworten wäre, dürfte nicht länger des Absoluten sich mächtig dünken, ja müßte den Gedanken daran sich verbieten, um ihn nicht zu verraten, und doch vom emphatischen Begriff der Wahrheit sich nichts abmarkten lassen. Dieser Widerspruch ist ihr Element. Er bestimmt sie als negative.«[17]

Diese niemals auflösbare Spannung, dieser niemals zur Ruhe kommende Widerspruch »negativer Dialektik« ist gewiß leichter zu erzeugen als dauernd zu ertragen. Darum kommt auch sie nicht ohne den Ansporn der Utopie aus, nicht ohne die Hoffnung auf eine künftige Erfüllung dessen, was gegenwärtig noch unerfüllbar scheint. »Philosophie, wie sie im Augenblick der Verzweiflung einzig noch zu verantworten ist, wäre der Versuch, alle Dinge so zu betrachten, wie sie vom Standpunkt der Erlösung aus sich darstellten. Erkenntnis hat kein Licht, als das von der Erlösung her auf die Welt scheint: alles andere erschöpft sich in der Nachkonstruktion und bleibt ein Stück Technik.«[18]

Adorno war die Kraft gegeben, diese Hoffnung aufrechtzuerhalten, ohne sich auf ein Dogma zu stützen. Seine Kraft entsprang einer sehr anspruchsvollen Bescheidung: Adorno unterstellte sich zwar dem Anspruch einer *unbedingten* Wahrheit, war aber überzeugt, ihr am nächsten zu kommen durch Einsicht in die *Bedingtheit* menschlichen Denkens. Die gegenwärtige Herausforderung zur Wahrheit war ihm wichtiger als die Gewißheit ihrer überzeitlichen Erfüllung, wenn diese Gewißheit nur zu haben war um den Preis der intellektuellen Geringschätzung des Konkreten, des einzelnen, des Begriffslosen.

So nimmt Adorno im Namen der Vernunft betroffen Abschied von ihrer langen Herrschaftsgeschichte, um den Menschen wieder frei zu machen für andere Denkerfahrungen der Welt und seiner selbst. Seine kritische Waffe gegen die Totalität der Vernunft hatte er ihrem eigenen Arsenal entnommen: die Dialektik. Unter der Spannung dieses Widerspruchs stand er bis zu seinem Tod im Jahr 1969 und steht sein Werk bis heute. In ihm zeichnet sich ein nicht mehr metaphysisches Denken ab, das sich doch der Vernunft verpflichtet weiß, das die Vernunft am Konkreten und seiner menschlichen Bewältigung bewähren will, statt das Konkrete dem Diktat oder der Mißachtung der Vernunft zu überantworten. Ob dieser dialektische Weg zwischen Vernunftgläubigkeit und Irrationalismus über seinen glänzenden Anfang hinaus weiterführt, wird allein die Zukunft zeigen können.

DIE BEWEISBARE UNWAHRHEIT UND DIE UNBEWEISBARE WAHRHEIT

Karl R. Popper, 1902–1994

Karl Raimund Popper, Sohn eines bürgerlich-liberalen Rechtsanwaltes in Wien, glaubte als Sechzehnjähriger, im Marxismus ein wissenschaftlich gesichertes Programm zur Beseitigung von Armut und Ungerechtigkeit gefunden zu haben. Als im Sommer 1919 einige junge Arbeiter während einer Demonstration von der Polizei erschossen wurden, fragte er sich erschüttert, ob überhaupt eine Erkenntnis so unzweifelhaft gewiß sein könne, daß es zu rechtfertigen sei, Menschen um ihretwillen sehenden Auges in Todesgefahr zu bringen.

Popper kritisierte bald nicht nur den Marxismus, sondern jeglichen absoluten Wahrheitsanspruch in Wissenschaft und Politik, mied jedoch auch die alles geltenlassende Relativierung des Wahrheitsbegriffs. Während der Emigration in Neuseeland schrieb er seine temperamentvolle Abrechnung mit den philosophischen Vätern aller totalitären Systeme, zu denen er auch Platon, Aristoteles und Hegel zählte: »Die offene Gesellschaft und ihre Feinde.«

Seine Ausgangsthese: Es gibt keine reinen, vorurteilsfreien Erfahrungen. Nicht einmal die einfache Wahrnehmung ist ein bloß passives Aufnehmen eines Sinnesreizes. Ein derartiger Reiz wäre völlig vereinzelt, beziehungslos und daher folgenlos und verloren, läge nicht in uns schon ein bestimmtes Einordnungsschema für ihn bereit. Menschen würden zum Beispiel nie selbständig sprechen lernen, wenn nicht eine angeborene Anlage sie dazu treibe, auf Sprachreize aus ihrer Umgebung gestaltend zu reagieren. »Erfahrung ist das Resultat einer aktiven Suche nach Regelmäßigkeiten oder Invarianten ... Wir haben angeborene Erwartungen; wir haben latentes angeborenes Wissen in der Form von latenten Erwartungen, die durch Reize aktiviert werden; Reize, auf die wir gewöhnlich dann reagieren, wenn wir im Begriff sind, unsere Umwelt aktiv zu erforschen.«[19]

Und so stimmt Popper seinem geistigen Ahnherrn Kant darin zu, daß eine bestimmte Erkenntnisvorgabe a priori in uns liegt – also in uns ist *vor* jeder Erfahrung. Sie erst befähigt uns, überhaupt Erfahrungen zu machen, etwas als etwas wahrzunehmen. Doch Popper bestreitet Kant trotzdem entschieden die *Gültigkeit* apriorischer Erkenntnisse.

Seine Begründung: Weil wir an die Wirklichkeit nur in den vorgegebenen Bahnen unserer Erwartungen herantreten können, sind unsere Erkenntnisse nie Abbilder der Wirklichkeit, sondern immer nur Modelle davon. Aufgrund unserer angeborenen Disposition erdenken wir uns Zusammenhänge und Gesichtspunkte, mit deren Hilfe wir geordnete Erfahrungen machen können. Wir halten ein Modell für wahr, solange es weitere Erfahrungen widerspruchsfrei in sich aufnehmen kann. Treffen wir auf eine Erfahrung, die das Modell gedanklich nicht mehr verdauen kann, so erweitern wir entweder das Modell durch Zusatzannahmen, oder aber wir bilden ein neues Modell.

Da jedes Modell nur eine Konstruktion unseres Denkens ist, läßt sich nie feststellen, ob es der Wirklichkeit entspricht – feststellen läßt sich nur, ob es unsere bisherigen Erfahrungen ermöglicht und erklärt. Niemals jedoch ist auszuschließen, daß es künftig gänzlich widersprechende Erfahrungen geben kann und geben wird; und ebensowenig ist auszuschließen, daß es auch andere gedankliche Erklärungsmöglichkeiten für dieselben Tatsachen gibt. Die Geschichte zeigt, daß beides sich immer wieder ereignet.

Darum also haben wir für unser Erkennen zwar apriorisch gegebene Voraussetzungen, können aber daraus trotzdem keine von vornherein für alle Zeit gültigen Erkenntnisse ableiten, sondern stets nur durchdachte Mutmaßungen. Von diesen Mutmaßungen läßt sich im günstigsten Fall sagen, daß ihnen nichts widerspricht – weder bekannte Erfahrungen noch die Logik –; doch bewiesen sind sie deshalb trotzdem nicht.

Zeigt sich allerdings eine widersprechende Tatsache oder ein logischer Fehler, so ist das Gedankenmodell, das wir uns von der Wirklichkeit gemacht haben, offensichtlich untauglich. Seine Falschheit ist erwiesen; es ist »falsifiziert«, wie Popper sagt.[20] Das kuriose Fazit lautet: Es läßt sich letztlich niemals beweisen, ob eine Erkenntnis wahr ist; zuweilen aber läßt sich durchaus beweisen, daß sie falsch ist.

Damit wird auch klar, warum Popper alle philosophischen und gesellschaftlichen Systeme ablehnt, die sich im Besitz einer Wahrheit wähnen, die andere Wahrheiten ausschließt. Der erkenntnistheoretische Irrtum derartiger Ideologien ist besonders folgenreich, weil er dazu verführt, Andersdenkende nötigenfalls mit Gewalt zu der vermeintlich bewiesenen Wahrheit zu bekehren. Das »richtige« Bewußtsein hält es für eine gute Tat, das »falsche«, das sich durch Worte nicht überzeugen lassen will, zu seinem Heil zu zwingen oder zu vernichten.

Die Unmöglichkeit, je der Wahrheit absolut gewiß zu sein, bedeutet für Popper jedoch keineswegs Beliebigkeit. Denn wenn auch unsere Erkenntnisse im letzten niemals beweisbar sein können, so lassen sie sich doch kritisieren und gegeneinander abwägen, nämlich hinsichtlich ihres Erklärungsumfanges und ihrer inneren Schlüssigkeit. Das ermöglicht einen Wettbewerb der Denkmodelle untereinander – auch zwischen Theorien gibt es einen »Kampf ums Dasein«. Das Denkmodell, das ein Problem nach Umfang und Inhalt am besten löst, wird bestehen und weniger geeignete verdrängen. »Früher haben die meisten Philosophen geglaubt, der Anspruch auf Rationalität sei gleichbedeutend mit einer rationalen *Rechtfertigung* (der eigenen Überzeugungen). Demgegenüber war meine These – zumindest seit meiner *Open Society* –, daß die Rationalität mit Offenheit gegenüber der *Kritik* gleichzusetzen sei (der Kritik der eigenen Theorien und auch der konkurrierenden Theorien).«[21] Den Auslesekampf der Kritik wird diejenige Theorie überleben, die der gegebenen Problemsituation am besten angepaßt ist. Zwar macht auch sie unser Vermutungswissen nicht der Wirklichkeit gleich, sie gleicht es ihr aber immerhin besser an.

Unsere Erkenntnisse bilden sich also ähnlich wie die Arten der Lebewesen in der Natur: Sie entstehen durch versuchsweise gebildete neue Modelle und deren Auseinandersetzung mit der Wirklichkeit. Den sprunghaften Änderungen des Erbmaterials (Mutationen), aus denen neue biologische Arten hervorgehen können, entspricht der Entwurf eines neuen Gedankenmodells; dem Ausleseprozeß des Lebenskampfes entspricht die fehlertilgende kritische Vernunft. Popper sieht in dieser Gleichheit des biologischen und des vernünftigen Ausleseverfahrens ein und dasselbe Gesetz am Werk: Darwin habe mit seiner Lehre von der Entstehung der Arten durch natürliche Zuchtwahl nur den biologischen Teil einer viel allgemeineren Theorie ausgesprochen. Darum schlägt Popper vor, den »Darwinismus als ein metaphysisches Forschungsprogramm«[22] zu erproben.

Eine biologische Theorie zur philosophischen Maxime zu erheben ist zwar ungewöhnlich, durchaus aber sinnvoll, wenn man Theorien als versuchsweise aufgestellte Denkmodelle ansieht. »Metaphysisch« nennt Popper das seinige, weil es über die Körperwelt und den Bereich der Erfahrungstatsachen hinausgreift. Und er erinnert in diesem Zusammenhang allzu selbstsichere Naturwissenschaftler daran, daß auch Darwins Lehre ein letztlich unbeweisbares Erklärungsmodell ist, denn die von ihr behaupteten Entwicklungsvorgänge haben sich ausnahmslos in der Vergangenheit abgespielt und sind niemals unter denselben Bedingungen wiederholbar; das aber wäre für einen strengen naturwissenschaftlichen Beweis nötig. Darwins Theorie mache lediglich die Entstehung der Tierarten *plausibel*, das aber leiste sie auch für die Entstehung und die Funktionsweise des menschlichen Bewußtseins.

Poppers Erklärung: Der biologische Auslesedruck führt zum Aussterben jeder Art, die ihrer Umwelt nicht mindestens ebenso gut angepaßt ist wie eine andere. Das ist die Chance, aber auch das Risiko von Neubildungen. Die Natur ahndet jeden Anpassungsmangel mit dem Tod. Am allerbesten gerüstet gegen wechselnde Problemlagen wäre darum ein Lebewesen, das diesen Prozeß von Versuch und Irrtumstilgung durchstehen kann, ohne sogleich für jeden Irrtum mit dem Leben einstehen zu müssen. Es bedürfte dazu eines Mittels, mit dessen Hilfe es Problemlösungen bilden kann, ohne sich ihnen zugleich mit seiner körperlichen Existenz auszusetzen.

Sprache und Denken sind derartige Mittel – sie ersetzen die »Kritik« der natürlichen Auslese durch die Kritik im Bewußtsein. Sie können Situationen darstellen, ohne sie real herzustellen; sie können sie argumentativ erproben, ohne das Risiko eines wirklichen Versuchs wagen zu müssen.

Um diesen Überlebensnutzen zu haben, müssen Denken und Sprache allerdings der Umwelt entsprechen. Dazu brauchen sie die Wirklichkeit nicht unbedingt getreu abzubilden; es genügt, wenn sie ihr in einigen Grundzügen entsprechen. (Zum Beispiel finden wir uns in der Umwelt einer fremden Stadt mit Erfolg zurecht anhand eines Planes, der von der anschaulichen Wirklichkeit der Straßen und Häuser nichts wiedergibt außer ihrer Lage – und auch diese noch verkleinert und auf zwei Dimensionen reduziert.) Irgendeine, wenn auch eine bescheidene Übereinstimmung zwischen der äußeren Wirklichkeit und dem Denken ist die Mindestforderung für das Überleben. Denn ein Lebewesen, dessen Sprach- und Denkstrukturen seiner Umwelt überhaupt nicht ähnlich wären, würde völlig orientierungslos sein und ausgetilgt werden.

Der Mensch aber überlebt in Massen. Gerade sein Denken befähigt ihn, wechselnden und neuen Umweltsansprüchen zu begegnen. Das bezeugt: Denken und Wirklichkeit sind voller Entsprechungen. Wäre es anders, es gäbe längst keinen Menschen mehr.

Doch die Gedanken des Menschen sind über bloße Entsprechungen zur dinghaften Welt hinausgewachsen. Sein Denken hat sich verselbständigt, hat eine eigene Welt geschaffen: eine Welt aus Gedachtem. Popper nennt sie die »Welt 3« zum Unterschied von der physischen »Welt 1«. Zwischen Welt 1 und Welt 3 steht die »Welt 2«: mein persönliches Ich und sein Bewußtsein.[23]

Die Welt 3 ist die Welt der Theorien, der Probleme und der Werte. Sie ist immateriell und überpersönlich, besteht also selbständig neben den Welten 1 und 2. Nachdem sie einmal vom Menschen erdacht worden ist, ist sie nun zeitlos – ihre Wahrheiten und Gesetze existieren unabhängig vom Einzelbewußtsein.

Obwohl sie ausschließlich aus Gedachtem besteht, ist die Welt 3 ebenso wirklich wie die Welten 1 und 2, denn sie wirkt auf beide ein. Auf das Einzelbewußtsein (Welt 2) wirkt sie direkt: als Wissenschaft, Religion, Moral und Kunst; auf die Dingwelt (Welt 1) dagegen nur indirekt: nämlich mittels ihrer Einflüsse auf Welt 2 – unter der Wirkung überpersönlicher Gedanken auf sein persönliches Bewußtsein greift der einzelne seinerseits physisch in die materielle Welt ein.

Baut Popper hier das Ideenreich Platons mit den Werkzeugen der modernen Erkenntnistheorie wieder auf? Allenfalls zur Hälfte. Platons Ideen bestanden vor dem Menschen und unabhängig von ihm; Popper aber sagt: »*Ich fasse Welt 3 im wesentlichen als ein Produkt des menschlichen Geistes auf.* Wir sind es, die die Gegenstände der Welt 3 erschaffen ... Genauer gesagt, ich betrachte die Welt 3 der Probleme, Theorien und kritischen

Argumente als eine auf der Evolution der menschlichen Sprache beruhende und auf die Evolution und auf uns selbst zurückwirkende Welt. Das ist durchaus vereinbar mit der Zeitlosigkeit der Wahrheit und der logischen Beziehungen; und es macht die Realität der Welt 3 verständlich. Sie ist so wirklich wie andere menschliche Produkte; so wirklich wie ein Schlüsselsystem – eine Sprache; so wirklich wie (oder vielleicht sogar wirklicher als) eine soziale Institution, etwa eine Universität oder die Polizei.«[24]

Die Welt 3 hat also einen Doppelcharakter: Sie ist übersubjektiv real wie Platons Ideen auch, und nur dank ihrer erkennen wir Ordnungen in der Dingwelt und in uns; aber anders als die Platonischen Ideen ist sie ein Erzeugnis des menschlichen Denkens. Ein Erzeugnis freilich, dem – einmal geschaffen – eigene Gesetze innewohnen; Gesetze, die der Mensch selbst erst allmählich an seinem Produkt entdeckt. Ein Beispiel: Er hatte die Zahlenreihe erdacht – aber in dem Gedanken der Zahl steckte mehr, als er wußte: nämlich die gesamte Mathematik, sie war ahnungslos mit der Zahl mitgesetzt worden. Daher entwickelt die Welt 3, obwohl ein Werk menschlichen Denkens, ihre eigene übermenschliche Dynamik.

Mit diesem ontologischen Doppelcharakter – einerseits vom Menschen erzeugt, andererseits eigenständig seiend – vermeidet Popper eine Schwierigkeit, mit der Platon und seine Nachfolger sich stets aufs neue abplagten: die Teilhabe des zeitlichen Menschen und der vergänglichen Dinge an den zeitlosen Ideen. Wenn die Ideen ihrem Ursprung nach menschlich sind und der Mensch mit ihrer Hilfe auch die Welt versteht, so wird erklärlich, wieso die Ideen sowohl im allgemeinen Denken wie im eigenen Kopf wie in der Welt sind.

Mit dieser Vermittlung zwischen einer apriorischen Ideenlehre und einer pragmatischen Erkenntnistheorie hat Popper versucht, Philosophie und Naturwissenschaft wieder auf eine gemeinsame Grundlage zurückzuführen, ohne einer von beiden Gewalt anzutun. Seine Theorie von der Theorienbildung hebt die gegensätzlichen Positionen des Empirismus und des Idealismus auf. Sie zeigt, warum jede Erkenntnis, ja jede Erfahrung bereits ein Wechselspiel von vorgegebenen Erkenntnissystemen und Umweltreizen voraussetzt. Sie erklärt überdies, wie derartige Erkenntnissysteme zunächst durch naturhafte, dann durch geistige Auslese entstehen, wachsen, Eigenleben bekommen und auf uns zurückwirken. Die Ureinheit seiner drei Welten vermag Popper allerdings nicht zu denken; er bescheidet sich damit, sie als drei Erscheinungsweisen von etwas letztlich Unerkennbarem zu betrachten, zwischen denen die um philosophische Dimensionen erweiterte Theorie des Darwinismus wenigstens einen gedanklichen Übergang herstellt.

Aus dem aufgeschreckten Wiener Studenten Karl Raimund Popper wurde ein ergrauter englischer Sir. Aber weder das ehrenvolle Adelsprädikat noch das Alter dämpften dieses kritische Temperament. Nachdem Popper längst von seinem Londoner Lehrstuhl Abschied genommen hatte, arbeitete er weiter in der Abgeschiedenheit einer kleinen Ortschaft nahe der englischen Hauptstadt. Im Rückblick auf acht Lebensjahrzehnte nannte er sich den glücklichsten Philosophen, den er je kennengelernt habe. Im Herbst 1994 starb er, 92 Jahre alt. Der englischen Fassung seiner witzigen und streitbaren Lebensgeschichte gab er einen Titel, der über der gesamten Geschichte des Denkens stehen könnte: »Unended Quest« – Unendliche Suche.

AM ENDE DER PHILOSOPHIE: DER NEUE ANFANG

Edmund Husserl, 1859–1938
Martin Heidegger, 1889–1976
Hans Georg Gadamer, 1900

Im Jahr 1900 erschien ein Buch, das im nachhinein wie der genau gesetzte Auftakt unseres Jahrhunderts anmutet: die »Logischen Untersuchungen« des damals einundvierzigjährigen *Edmund Husserl.* Es fuhr wie ein frischer Wind in die philosophischen Seminare und belebte eine Hoffnung neu, die längst von der Geschichte zugeschüttet schien – die Hoffnung, Philosophie wieder als lebendige Wissenschaft betreiben zu können und nicht bloß als desillusionierende Destruktion oder als historische Nachlaßverwaltung. Husserl war keineswegs ein gelehrter Bilderstürmer, er wollte nicht die großen Gestalten der Philosophiegeschichte von ihren Sockeln stoßen; aber er wollte den aufgehäuften Wust von Theorien und Interpretationen beiseite schieben, um die Grundgedanken, die das Denken ursprünglich bewegt hatten, wieder freizulegen.

Dazu ging er zurück bis zu Descartes, denn auch er hielt das seiner selbst bewußte Ich für den einzig gewissen »Urteilsboden, auf den jede radikale Philosophie zu gründen ist«.[25] Aber während Descartes vor allem die Frage beschäftigt hatte, ob den im Bewußtsein enthaltenen Vorstellungen auch außerhalb Realität zukomme oder ob wir die Welt nur träumen, machte Husserl noch einen Schritt davor. Er wies darauf hin, daß wir nach der Außenwirklichkeit unserer Vorstellungen überhaupt nur fragen können, weil uns zuvor ein Sein außer uns bewußt ist. Andernfalls hätten wir gar keinen Anlaß, hier ein Problem zu sehen. »Aber wie immer es sich mit dem Wirklichkeitsanspruch dieses Seinsphänomens verhalten mag, ob Sein oder Schein, esselbst als mein Phänomen ist doch nicht nichts, sondern eben das, was für mich Sein und Schein überall möglich macht.«[26] Descartisch gesprochen: Alles, was mir bewußt ist, mag ein Traum sein; aber selbst wenn alle Wirklichkeit außer mir geträumt wäre, so habe ich noch immer einen wirklichen, nicht wegzudiskutierenden Traum von Wirklichkeit. Und die Wirklichkeit, die ich vielleicht nur erträume, bildet trotzdem für mein Bewußtsein den einzigen Maßstab für die Vorstellung von einer realen Außenwelt und ihre Überprüfbarkeit. Sogar wenn ich mich des Glaubens an die Erfahrbarkeit einer Außenwelt enthalte, so verschwinden deshalb doch die Phänomene nicht, die mein Bewußtsein mir vorweist: Die Gegenstände und meine Urteile über sie bleiben bestehen.

Folglich kann ich diese Gegenstände erfahren, wenn ich in mein Bewußtsein schaue und sehe, wie sie daraus hervortreten. Allerdings muß ich sie dazu von allem theoretischen Beiwerk, von allen Gedanken über sie, befreien; denn nur dann zeigen sie sich als ursprüngliche Phänomene meines Bewußtseins. Sie zeigen sich als das, was sie in meinem Bewußtsein sind und was das Nachdenken über sie überhaupt erst ermöglicht. »Phänomenologische Erfahrung als Reflexion muß von allen konstruktiven Erfindungen ferngehalten und muß als echte genauso konkret, genau mit dem Sinnes- und Seinsgehalt genommen werden, in dem sie eben auftritt.«[27]

In der phänomenologischen »Wesensschau« suche ich die Gegenstände der Außenwelt also zwar in meinem Bewußtsein auf, aber ich darf sie darum nicht als bloße Gedanken betrachten, denn dann würde ich gerade das verfehlen, was mein Bewußtsein mit ihnen meint: nämlich daß sie real sind und sinnlich wahrnehmbar. Bewußtsein ist stets Bewußtsein *von etwas*: es ist »intentional« – es richtet sich auf etwas, meint etwas außer sich selbst. »*So geht durch das ganze Bewußtseinsleben hindurch die Bewußtseinsbeziehung auf Gegenständlichkeit*, und diese enthüllt sich als eine Wesenseigenheit jedes Bewußtseins, in immer neue Bewußtseinsweisen und sehr verschiedenartige synthetisch übergehen zu können zum Einheitsbewußtsein von denselben.«[28]

Husserl bestritt, hiermit einer neuen Metaphysik zuzusteuern. Er verstand seine »*Phänomenologie*« als eine Selbsterfahrung des gegebenen Bewußtseins, als »eine systematische Auslegung des Sinnes, den für uns alle vor dem Philosophieren die Welt hat, ein Sinn, der nur philosophisch entstellt, aber nicht geändert werden kann«.[29]

Neun Jahre nach dem Erscheinen des ersten Bandes entlieh ein junger Theologiestudent Husserls »Logische Untersuchungen« von der Freiburger Universitätsbibliothek. Er verlängerte den Rückgabetermin immer wieder – außer ihm schien niemand an dem Werk interessiert. Er war ein Neuling im theologischen Konvikt, frisch immatrikuliert im Herbst 1909, gerade zwanzig Jahre alt geworden. Zu Hause war er in Meßkirch, einem badischen Städtchen nördlich des Bodensees. Sein Vater war dort Küfermeister.

Nach vier Semestern war aus dem Studenten der Theologie ein studierender Philosoph geworden – Husserls Schrift hatte ihn nicht mehr losgelassen. »Der Zauber, der von dem Werk ausging, erstreckte sich bis auf das Äußere des Satzspiegels und des Titelblattes«, erinnert er sich. Er suchte darin Antwort auf eine Frage, die ihn bereits auf dem Gymnasium beunruhigt hatte, nämlich: »Wenn das Seiende in mannigfacher Bedeutung gesagt wird, welches ist dann die leitende Grundbedeutung? Was heißt Sein?«[30]

Die Unbefangenheit der Gymnasiastenfrage blieb dem Studenten erhalten, und sie verhalf auch dem 1922 nach Marburg Berufenen schnell zum Nimbus des Außergewöhnlichen. Denn noch war kein Buch von ihm veröffentlicht, noch stand er nur als Extraordinarius auf der Vorlesungsliste der Marburger Universität – und doch reiste der Name *Martin Heidegger* schon »durch ganz Deutschland wie das Gerücht vom heimlichen König«.[31] In den Seminaren wurde gemunkelt, daß dem jungen Professor in Marburg gelang, worauf eine Generation ihre durch Husserl geweckte Hoffnung gesetzt hatte: zu philosophieren statt über Philosophie zu reden. So grob dieser Gegensatz war, so plausibel schien er den Nachkriegsstudenten, die der Streitereien philosophischer Schulen ebenso überdrüssig waren wie der Büchermassen ihrer Institute.

1927 wurde aus dem heimlichen ein erklärter König: Die »Erste Hälfte« von »Sein und Zeit« erschien. Sie wurde in aller Hast fertiggestellt; denn Heidegger war von der Fakultät in Marburg für das erste philosophische Ordinariat vorgeschlagen worden, doch hatte das Ministerium in Berlin abgewinkt – es beanstandete den Mangel an Veröffentlichungen. Eilends wurden darum fünfzehn Bogen der Arbeit zur Begutachtung gedruckt. Die Reaktion aus Berlin: »Unzureichend.« Als schließlich über vierhundert Druckseiten vorlagen, war das Ministerium zufrieden. Die Widmung des Werkes war »in Verehrung und Freundschaft« an Edmund Husserl gerichtet, dessen Lehrstuhl an der Universität Freiburg Heidegger im Jahr darauf übernahm. Unterzeichnet war sie in Todtnauberg – seltsam für eine akademische Zueignung, kennzeichnend für Heidegger.

Oberhalb der mächtigen Häuser dieses Dorfes im hohen Schwarzwald hatte Heidegger, noch ehe er Freiburg für die sechs Marburger Jahre verließ, eine Hütte gebaut – mit breitem Dach, heimelig kleinen Fenstern und den hierzulande üblichen schuppenartig gereihten Holzschindeln. In tausend Meter Höhe zwischen den waldumkränzten Wiesenhängen vom Hausherrn empfangen zu werden galt von nun als eine der feinsten wissenschaftlichen Auszeichnungen. Hier schrieb Heidegger die meisten seiner Werke. Die Wahl des Ortes war nicht allein vom Ruhebedürfnis bestimmt, sondern mindestens ebenso von seiner Suche nach Ursprünglichkeit. Dieses Streben trug ihm den Ruf eines Kauzes ein, der den Nachbarsbäuerinnen beim Rauschen der Tannen Philosophisches vorlas; es sonderte sein Werk ab von allem, was bisher in Deutschland Philosophie geheißen hatte. Diese Absonderung wurde bewundert wie verachtet, gerühmt wie beschimpft. Wenn der Streit um einen Mann ein Maß für seine Bedeutung wäre, würden allein die Auseinandersetzungen um Heidegger ihn als den bedeutendsten

Philosophen unseres bisherigen Jahrhunderts ausweisen. Denn kein Denker seit Nietzsche wurde so begeistert gefeiert und zugleich so boshaft verhöhnt. Als Scharlatan wurde er abgetan und als Mystiker verspottet. Als Sympathisant des Faschismus wurde er verdächtigt und sein Denken der Nähe zum Blut-und-Boden-Mythos bezeichtigt. Lebenslang wurde ihm vorgeworfen, den Teufelsfuß des Nationalsozialismus nicht sogleich unter der Heilsverkleidung nationaler Erneuerung erkannt zu haben, weil er wenige Monate nach Hitlers Machtübernahme das Rektorat der Freiburger Universität mit unverhohlener Sympathie für das neue Regime angetreten hatte.

Heidegger äußerte sich zu diesen Vorwürfen öffentlich lediglich in einem Spiegel-Inerview, das erst nach seinem Tod veröffentlicht werden durfte. Sonst schwieg er beharrlich mit dem guten Gewissen dessen, der bereits ein Jahr später seinen Irrtum erkannt und sein Rektoratsamt niedergelegt hatte. Trotzdem wurde ihm nach dem Zusammenbruch des Dritten Reiches von der französischen Besatzungsbehörde für sechs Jahre verboten, an der Universität zu lehren. Doch nicht alle Franzosen teilten die Einschätzung ihrer Militärs. Bald nach Kriegsende wurde Heidegger von dem Philosophen Jean Beaufret besucht; der »Brief über den Humanismus« ist seine Antwort auf die Fragen, die Beaufret und das intellektuelle Frankreich in diesen Nachkriegsjahren bewegten. Und Frankreichs Starphilosoph *Jean-Paul Sartre* verhehlte nie, daß seine Philosophie der Freiheit eine – allerdings sehr eigenwillige – Variation der Existenz-Analysen von »Sein und Zeit« war.

Mit diesen Analysen hatte Heidegger seine Gymnasiastenfrage wiederaufgenommen. »Haben wir heute eine Antwort auf die Frage nach dem, was wir mit dem Wort ›seiend‹ eigentlich meinen? Keineswegs. Und so gilt es denn, *die Frage nach dem Sinn von Sein* erneut zu stellen.«[32] Diese Frage war weniger harmlos, als sie auf den ersten Blick schien, denn Heidegger stellte mit ihr die Philosophie zweier Jahrtausende in Frage. Seine Kritik: Bisher haben die Philosophen entweder als selbstverständlich vorausgesetzt, was unter dem Wort ›Sein‹ zu verstehen ist, oder sie haben es für undefinierbar gehalten, weil es das Aller-Allgemeinste bezeichnet und deshalb durch keinen anderen Begriff zu bestimmen ist – denn es bezeichnet ja nicht das Sein dieser oder jener bestimmten Sache, sondern das, was in allem ausmacht, daß es *ist*: Sein schlechthin.

Die Zuversicht, diese in zweitausend Jahren ungelöste Definitionsschwierigkeit zu überwinden, bezog Heidegger aus der Phänomenologie. Ihr ging es nicht um Begriffsdefinitionen und -konstruktionen; also geriet sie nicht in die Zwickmühle, das allen Begriffen Übergeordnete in ein logisch konstruiertes Begriffsgerüst einspannen zu müssen und doch nicht zu können. Die Phänomenologie versuchte statt dessen, ausdeutend zu beschreiben, was wir beim Gebrauch eines Wortes stets schon meinen; sie suchte nach dem in aller Rede lebendigen vorbegrifflichen Verstehen des Begriffs. Diesen Weg schlägt nun Heidegger ein, um den Sinn von Sein auszumachen. Er geht die zentrale Frage der Seinswissenschaft – der Ontologie – nicht direkt an, er fragt nicht »Was ist Sein?«; er wendet sich statt dessen der Bedeutung zu, die Sein für den Menschen hat.

Diese Bedeutung aber ist kein isoliertes Phänomen, sondern sie erweist sich als verflochten in die Gesamtheit menschlichen Seins. Der Sinn, den Sein für den Menschen hat, läßt sich daher nur auf der Grundlage einer Untersuchung des *menschlichen* Seins ausfindig machen: Ontologie wird zur »Fundamentalontologie« – die Frage, was Sein bedeutet, wird zu einer Befragung der Seinsverfassung desjenigen Wesens, dem Sein etwas bedeutet.

Den grundlegenden Unterschied zwischen dem Sein des Menschen und dem der Dinge sieht Heidegger darin, »daß es diesem [menschlichen] Seienden in seinem Sein um dieses Sein selbst geht«.[33] Diese eigentümliche menschliche Seinsverfassung bezeichnet Heidegger als »Dasein«.

Was macht Dasein nun im einzelnen aus? Wie äußert sich, daß es ihm vor allem um sein Sein geht? In dreifacher Weise. 1. Der Mensch versteht sich nicht aus seinem gegenwärtigen Sein, sondern zunächst aus seinem künftigen. Er nimmt sich selbst nicht einfach als ein vorgefundenes Faktum, sondern entwirft sich im Hinblick auf seine eigenen, noch nicht seienden Möglichkeiten. 2. Bei diesem Entwerfen sieht er sich nicht als ein abgekapseltes Wesen; er weiß sich stets in der Welt und ihren Gegebenheiten: Er hat und versteht Welt. Das »In-der-der-Welt-sein« ist ihm ursprünglich eigen. 3. Der Mensch versteht nicht nur die Welt im einzelnen und ganzen; er bezieht sie auch immer schon in den Entwurf seiner selbst mit ein. – Dasein hat mithin einen dreifachen Bezug auf Sein: auf sein ganz eigenes, auf das der Welt und auf beider Zusammenhang.

In diesen Bezügen, die es um seiner selbst willen entwirft, stellt Dasein sich jeweils aus seinem gegenwärtigen, rein faktischen Sein heraus; es steht sozusagen in mehrfacher Weise daraus hervor. Dieses »Herausstehen« oder »Sich-Herausstellen« nennt Heidegger, entsprechend dem lateinischen »exsistere«: »Existenz.« Sie ist die besondere Seinsform des Daseins. Er setzt sich dabei nachdrücklich von dem Existentia-Begriff der alten Philosophie ab, den er als bloßes Vorhandensein auffaßt, also gerade nicht das, was Existenz in seinem Sinn ist.

Dieses »Aus-sich-Herausstehen« stellt Dasein unter eine innere Dauerspannung. Sie ergibt sich aus dem Unterschied dessen, was der Mensch sein möchte, was er tatsächlich ist und was er gewesen ist. Denn er findet sich ja einerseits wie ein gegebenes Faktum unter anderen Fakten vor – Heidegger spricht von der »Faktizität«, in die Dasein sich »geworfen« findet –, andererseits besteht seine »Existentialität« im Entwerfen eines bestimmten Selbst- und Weltverständnisses. Das Wort »Sorge« bezeichnet für Heidegger diese Gespanntheit des Daseins zwischen »Geworfenheit« und »Existentialität«. »Sorge« ist nicht bloß ein gelegentliches Verhalten innerhalb des Daseins; sie ist die Struktur dieses Daseins selbst. Dasein erleidet sie nicht etwa nur, sondern das existentielle Entwerfen ist selbst nichts anderes als die Besorgtheit des Daseins um sein Sein.

Was ermöglicht diese Sorgestruktur? Was gibt sozusagen den Raum frei, in dem Dasein sich sorgend entwirft? Denn dort müßte endlich der eigentliche Grund der besonderen Seinsstruktur des Daseins zu finden sein – und damit auch der Ursprung des Sinnes, den Sein für Dasein hat. Heideggers Antwort: »*Die ursprüngliche Einheit der Sorgestruktur liegt in der Zeitlichkeit.*«[34] Zeit hat die gleiche Struktur wie Dasein: Sie tritt in dreifacher Weise aus sich heraus – als Zukunft, Gegenwart und »Gewesenheit« – und ist doch eins. Ihre »Zeitigungsweisen« sind identisch mit dem Entfaltungsraum des Daseins; sie räumen die Offenheit dafür ein, daß ein Seiendes (der Mensch) sich als Dasein verstehen kann, daß es aus sich »heraussteht«, daß es ihm um sein Seinsverständnis geht – und daß es nicht wie anderes Seiendes einfach nur vorhanden ist. Im »Zeitigungsmodus der Zeitlichkeit«[35] muß sich der Sinn von Sein also schließlich zeigen, weil er erschlossenes Dasein begründet.

Mit diesem Ergebnis schließt die »Erste Hälfte« von »Sein und Zeit«. Sie ist wahrscheinlich die philosophische Untersuchung, die die breiteste Wirkung in unserem Jahrhundert gehabt hat. Sie wurde zur wichtigsten Grundlage der modernen Existenzphilosophie und Ontologie. Doch Heidegger enttäuschte das Warten auf eine direkte Fortsetzung und damit auch manche der hochgespannten Erwartungen. Er erklärte nach einem Vierteljahrhundert, die zweite Hälfte von »Sein und Zeit« werde nicht folgen. Der Zugang zur Seinsfrage über das Dasein sei nach wie vor unumgänglich und aktuell, aber der früher eingeschlagene Weg lasse sich angesichts neuer Einsichten nicht mehr gradlinig fortsetzen, sondern habe ihn in eine »Kehre« geführt – ein Ausdruck, vertraut dem im Gebirge Wandernden, der in der Spitzkehre eines Serpentinenweges zwar die entgegengesetzte Richtung einschlägt, aber gerade dadurch denselben Weg weitergeht und höher steigt.

Von nun an wurde es noch schwerer, Heidegger gedanklich zu folgen. Die Kritik wurde polemischer. Sie kam aus ganz verschiedenen Richtungen: aus den Lagern der Schulmetaphysik, der naturwissenschaftlich orientierten Erkenntnistheorie und der »Frankfurter Schule«; so unterschiedliche Männer wie Popper und Adorno lehnten Heidegger ab. Doch den Gegnern standen begeisterte Befürworter gegenüber. An Heidegger scheiden sich die Geister bis heute mit ungewöhnlicher Schärfe.

Als er starb, waren mindestens zweitausend Veröffentlichungen über ihn und sein Werk erschienen – mehr als über jeden anderen zeitgenössischen Philosophen. Der Grund: Heidegger hatte nach seiner »Kehre« tatsächlich den Versuch eines neuartigen Denkens unternommen – eines Denkens, mit dem er sich entschieden und ausdrücklich von der bisherigen Philosophie absetzt. Auch hierbei leitet ihn wieder die Frage nach dem Sein; sie verschärft seine Auseinandersetzung mit der Metaphysik. Seine These: Die abendländische Philosophie hat nur *eine* der Möglichkeiten, Sein zu denken, verfolgt und darüber eine zweite, eigentlich viel grundsätzlichere aus den Augen verloren.

Diese zwei Möglichkeiten sind bereits in »Sein und Zeit« vorgestellt durch die Unterscheidung zwischen dem »Vorhandenen« und dem »Zuhandenen«. Heidegger demonstriert das am Beispiel des Werkzeuges. Ein Handwerker »versteht« den Hammer, wenn er ihn in der Hand wiegt, um abzuschätzen, ob er zu seinem Vorhaben taugt. Er begreift ihn dabei nicht als ein lediglich vorhandenes, ihm gegenüberstehendes Ding, sondern als ein ihm »Zuhandenes«. Anders die Wissenschaft: Für sie sind alle Dinge Objekte, bloße Gegenstände – Vorhandenes, das es in seiner objektiven Gegenständlichkeit zu erkennen gilt. Wir haben hier zwei grundlegend verschiedene Arten von Welt- und Seinsverstehen vor uns.

Die zweite, die wissenschaftliche, wurde stets für die überlegene, nämlich die wahrere gehalten. Heidegger aber verweist darauf, daß die erste dem Ursprung der Wahrheit viel näher ist. »Wissenschaftliche Forschung ist nicht die einzige und nicht die nächste Seinsart dieses Seienden [des Menschen].«[36] Im Zuhandenen ist uns Welt im Bezug auf unser Dasein nämlich bereits erschlossen – sie muß nicht erst erschlossen werden wie beim wissenschaftlichen Vorgehen. Für Heideggers leitende Frage, worauf das Seinsverstehen des Daseins letztlich gegründet ist, wird darum das Zuhandensein wichtiger als das Vorhandensein. Denn wissenschaftliches Seinsverständnis ist überhaupt erst vollziehbar auf dem Boden des unwissenschaftlichen. Diese vorgängige ursprüngliche Erschlossenheit von Sein aber hat die Philosophie nicht eigens bedacht, obwohl sogar sie selbst dadurch erst möglich wird.

Die Geschichte der Philosophie ist deshalb für Heidegger eine Geschichte zunehmender Seinsvergessenheit, die sich als Metaphysik vollzieht. Metaphysisches Denken stellte Sein nach dem Muster des Vorhandenseins vor; daher wurde das Sein selbst wie ein Vorhandenes gedacht – zwar außerhalb der Zeit und jenseits der dinglichen Vereinzelung, letztlich aber doch wie ein Gegenstand, wie etwas, das »ist«. Das Sein wurde damit zum Gegenüber des Menschen, zum Objekt; er selber wurde folgerichtig Subjekt. Die Beziehung zwischen beiden hinweg über die derart entstandene Kluft wurde immer ungewisser – so ungewiß am Ende, daß das Subjekt sich schließlich auf die Selbstgewißheit seines Ich zurückzog. Sein vermochte es fortan nur noch als das Produkt des Selbstbewußtseins zu denken: seiner Vernünftigkeit – so der transzendentale Idealismus – oder seines Machtwillens – so Nietzsche. Mit dieser gedanklichen

Herstellung des Seins hatte die Metaphysik den von ihr eingeschlagenen Weg, Sein nach dem Muster des Vorhandenen zu denken, restlos ausgeschritten. Ihre letzte Konsequenz findet Heidegger in der Technik: Nachdem die Vernunft sich selbst alles vorgestellt hat, was ihr totales Sicherungsbedürfnis erfordert, bleibt sie nicht beim geistigen Herstellen des Seins und seiner Ordnung stehen, sondern verdinglicht nun auch die wirkliche Welt und unterwirft sie ihrer Rationalität. Die abendländische Philosophie hat so ihr eigenes Ende heraufbeschworen; ihre Ersetzung durch die Einzelwissenschaften und die Technik ist ihr eigenes Werk. Die gegenwärtige Überwältigung aller Welt durch die Technik hält Heidegger für die späteste Folge des entscheidenden Augenblicks am Anfang der abendländischen Philosophie, in dem Sein metaphysisch verstanden, also gegenständlich wie etwas Vorhandenes gedacht wurde.

Wenn Heidegger weiter philosophiert, obwohl er der Philosophie den Totenschein ausgestellt hat, so darum, weil er durch die Metaphysik nur diesen einen der beiden möglichen Wege des Denkens ausgeschritten sieht. Den anderen – nämlich Sein von der Erschlossenheit des Zuhandenen her zu denken – will er nun betreten. Dazu sucht er zunächst den gemeinsamen Ausgangspunkt beider. Er findet ihn im »Anwesen« und meint damit: Ob wir eine Sache als Zuhandene gebrauchen – etwa Werkzeug – oder nur als Vorhandene ansehen – also als bloßen Gegenstand –, in jedem Fall erfahren wir das »Anwesen« von etwas. Anwesenheit also ist die Grundlage von beiden Weisen, Sein zu vernehmen. »Zuhandenheit sowohl wie Vorhandenheit sind Weisen des Anwesens.«[37]

Die anschließende Frage, was denn nun Anwesen ermöglicht, kehrte die Richtung von Heideggers Denken um und führte ihn zu seinem neuen Denken. Noch in »Sein und Zeit« hatte er den Sinn von Sein aus dem menschlichen Dasein deuten wollen. Aber die Zeitanalyse hatte dieses Vorhaben an eine Grenze stoßen lassen: Die »ursprüngliche Zeitigungsweise«[38] der Zeitlichkeit – ihr Auseinandertreten in Zukunft, Gegenwart und Gewesenheit – ließ sich aus dem Dasein allein nicht mehr erklären; denn die Zeit öffnete dem Dasein erst seinen existentiellen Entfaltungsraum. Und genausowenig ist die Möglichkeit des Anwesens allein aus dem Dasein zu erklären; Anwesen verweist vielmehr auf etwas, das anwesend *sein* läßt.

Heidegger scheidet sich jetzt von der Metaphysik dadurch, daß er den Grund dieses Anwesen-lassens nicht in einem Etwas sucht, das seinerseits *ist* – etwa Gott, die Idee, das Eine oder die Vernunft –, sondern ihn sucht in dem Vorgang der Eröffnung von Sein, der sich im Anwesen ereignet. Er sagt darum: »Sein *ist* nicht.«[39] Er nimmt also in der Tat nicht ein jenseitiges Über-Sein als Ursache des anwesenden Seienden wie die Metaphysik, sondern Sein ist für ihn unmittelbar das Geschehen, das sich im Anwesen selbst öffnet und Anwesendes freigibt.

Dieses Geschehen ist offensichtlich dasselbe wie das Auseinandertreten der Zeit: Auch Zeit »ist« nicht, sondern es gibt Zeit nur, indem sie auseinandertritt und dabei Anwesendes »entbirgt«, also seine Verborgenheit fortnimmt. Dadurch wird begreiflich, warum das Seinsverständnis des Menschen ungleich ursprünglicher ist, als die gesamte Metaphysik meinte. Denn dieses Verständnis stellt nicht erst das vernünftige Denken her, das sich auf ein überzeitlich und überweltlich vorhandenes Sein richtet; dieses Verständnis ist vielmehr dem Dasein gerade in seiner Zeitlichkeit, in der Sein sich als Anwesen öffnet, eigen. Alles philosophische Denken beruht sogar auf dieser ursprünglichen Seinserschlossenheit und bleibt immer auf sie angewiesen. Denn jeder Anspruch auf Verbindlichkeit des vernünftigen Denkens muß sich auf die Möglichkeit der Zusammengehörigkeit von Sein und Denken berufen. Diese Möglichkeit jedoch vermag das Dasein selbst nicht zu schaffen – auch nicht denkend –; es kann sie nur *erfahren* in der Offenheit, »die Sein und Denken, deren Anwesen zu und für einander erst gewährt«.[40]

Bei den Vorsokratikern findet Heidegger das Wissen um diese Offenheit lebendig und noch nicht metaphysisch verstellt, besonders bei Parmenides und Heraklit. Bei ihnen ist das Verständnis von Wahrheit nicht eingeengt auf die späteren Definitionen – wie Übereinstimmung von Erkenntnis und Gegenstand oder Selbstgewißheit des Wissens. Bereits am griechischen Wort für Wahrheit – »Aletheia« – läßt sich das ablesen: Heidegger übersetzt es, die wortwörtliche Bedeutung aufnehmend, mit »Unverborgenheit«. Er spricht auch, ein vertrautes deutsches Wort von derselben Bedeutung suchend, von »Lichtung« – nicht im Sinn einer Erleuchtung, sondern so wie wir von einer Lichtung im Wald reden: einer im Dunklen sich auftuenden Offenheit, in die Licht hineinfallen kann. Er will sagen: Nicht die Vernunft stellt Wahrheit her, vielmehr gewährt die griechisch gedachte Wahrheit, die Aletheia, also die »Unverborgenheit als Lichtung gedacht, erst die Möglichkeit von Wahrheit«.[41]

Diese anfängliche, vorbegriffliche Lichtung sieht Heidegger in der Sprache verwahrt. Darum traut er ihr mehr als dem Begriffsdenken. Darum folgt er den Spuren der Wortbedeutungen mehr als rationalen Wegen, gehorcht den »Winken« sprachlicher Zusammenhänge mehr als logischen Weisungen. Dichtung hat sich stets so der Sprache anvertraut – in der Philosophie aber ist diese Weise zu denken neu. Um sie geht es Heidegger vor allem. Sie ist nicht – was oft verkannt wird – ein Verfahren der Beliebigkeit; diese neue Weise zu denken ist vielmehr eine unausweichliche Konsequenz der Heideggerschen Philosophie und ihrer Kritik der Metaphysik. Nur indem er sich von der Sprache in die Lichtung des Seins leiten läßt, kann er seiner ontologischen Erkenntnis gerecht werden, diese Lichtung zu denken, ohne sie zum *Gegen*stand (oder Produkt) des Denkens zu machen und damit zu verfehlen. Deshalb ist auch jeder Versuch unsinnig, Heideggers Gedanken in die gewohnte, logisch verfahrende Begriffssprache »übersetzen« zu wollen. Das läßt viele vor seiner Philosophie ratlos werden.

Die Ratlosigkeit entsteht angesichts einer historischen Bruchstelle in der Entwicklung des Denkens. Denn Heidegger hat der bisherigen Methodik des Denkens den metaphysischen Boden entzogen und ihr damit ein Ende bereitet; eine neue Methode zum Ersatz der alten hat er jedoch nicht aufgestellt und nicht aufstellen wollen. Er hat dem Denken zwar Neuland gewiesen, aber kein Orientierungssystem mitgegeben, um sich darin zurechtzufinden. Er selber hat durchaus eine neue Weise zu denken praktiziert – das Denken-Lassen der Sprache mag man sie umschreiben –; doch mutet sie nicht eher wie eine nur ihm eigene Kunst an, die sich der Systematisierung und der Lernbarkeit entzieht? Wie also läßt sich nach Heidegger weiter denken?

Hans Georg Gadamer, einst Schüler Heideggers, dann Ordinarius in Leipzig, Frankfurt und Heidelberg und jetzt der Nestor der deutschen Philosophie, stellt sich dem hinter dieser Frage stehenden Zweifel in seinem 1960 erschienenen Hauptwerk »Wahrheit und Methode«. Auch er entwickelt keine neuen methodischen Anweisungen, sondern unternimmt es,

»das Universum des Verstehens besser zu verstehen, als unter dem Erkenntnisbegriff der modernen Wissenschaft möglich scheint«.[42] Das ist keine Absage an strenge Methodik innerhalb der Wissenschaften; es ist vielmehr »der Versuch einer Verständigung über das, was die Geisteswissenschaften über ihr methodisches Bewußtsein hinaus in Wahrheit sind und was sie mit dem Ganzen unserer Welterfahrung verbindet«[43] – ein Versuch, die unwissenschaftlichen Weisen jeglichen menschlichen Verstehens aufzusuchen und als Grundlage auch der Wissenschaften aufzudecken. Daraus erwächst kein Regelkatalog des Verstehens – keine Methode, Wahrheit unstreitig zu bestimmen –, wohl aber ein neu entwickeltes Selbstverständnis dessen, wie Wahrheit sich bildet und wie sie sich darstellt. Und ein derartiges »Verstehen des Verstehens«, »Hermeneutik« genannt, bürge eher für Wahrheit als starre Regeln zu ihrer Absicherung.

Schon Heidegger sprach vom Ereignis-Charakter der Wahrheit; Gadamer zeigt, worin dieses Ereignis im einzelnen besteht. Er weist nach ‚»wieviel *Geschehen* in allem *Verstehen* wirksam ist«[44] – geschichtliches Geschehen vor allem, dessen Teil wir sind. Dieses Geschehen vollzieht sich im pausenlosen Widerspiel von Aneignung und Auslegung: Es gibt nichts »Gegebenes«, das nicht schon auslegend verstanden wird, und kein Verstehen, das nicht schon von Gegebenem ausgeht. Zum Beispiel wird eine antike Statue immer wieder neu verstanden, obgleich sie rein materiell stets dieselbe ist: als Bild des Gottes, als Darstellung des Schönen schlichthin, als Idealbild eines Menschentyps, als Zeugnis einer Epoche und so fort. Alle diese Verständnisweisen sind unterschiedlich – und trotzdem vom Betrachter nicht beliebig zu wählen. Sie ergeben sich vielmehr aus seiner eigenen Situation in der Geschichte, die ihrerseits von dem Kunstwerk und dessen früheren Wirkungen mit geprägt worden ist. Doch das Ästhetische ist nur ein besonders einleuchtendes Beispiel für die Wechselbewegung, in der sich Verstehen stets bildet.

Gadamer faßt dieses Vorgangshafte des Verstehens, sein nie ruhendes Hin und Her, den »Vollzug der Bewegung als solcher«[45] im Begriff des Spiels. Denn im Spiel stellt sich ein Verständnisgefüge her, das auf nichts außer sich zielt und in sich nicht den Unterschied von Subjekt und Objekt, von Tätigem und Erleidendem erzeugt: Das Spiel als bewegendes Geschehen hat Vorrang vor der Vereinzelung der in ihm Spielenden – seien es Personen oder Gegenstände. In einem Ballspiel etwa ist der Ball nicht *Gegenstand,* sondern *Mit*spieler; er spielt ebenso mit dem Spieler wie dieser mit ihm.

So wird das Spielgeschehen zum Strukturmodell von Verstehen überhaupt: Ob wir die alltägliche Welt, die Geschichte, das Schöne oder das Wahre verstehen – »Wer versteht, ist immer schon einbezogen in ein Geschehen, durch das sich Sinnvolles geltend macht«.[46] Dieses Geschehen wird dem Denken durchsichtig in der Sprache; sie ist die Mitte, »in der sich Ich und Welt zusammenfügen oder besser: in ihrer ursprünglichen Zusammengehörigkeit darstellen«.[47] Hiermit ist die hermeneutische Begründung geleistet für ein Denken, das sich wie das Heideggersche vor allem von der Sprache leiten läßt. Sie gipfelt in dem Satz: »*Sein, das verstanden werden kann, ist Sprache.*«[48]

Doch auch angesichts dieser Begründung wird die Frage nicht verstummen: Wie scheidet sich im Verstehen Wahrheit von Unwahrheit? Eine methodische Sicherung kann es dafür nach dem Gesagten nicht mehr geben. Aber wie wird unser Denken sich mit dem halben Verlust an Gewißheit abfinden, selbst wenn es begreift, daß die ganze Gewißheit, die durch die Vernünftigkeit annähernd gewährleistet schien, nicht aufrechtzuerhalten ist? Schon Heidegger fragte sich während seines späten Philosophierens: »Allein ist dies nicht alles grundlose Mystik oder gar schlechte Mythologie, in jedem Fall ein verderblicher Irrationalismus, die Verleugnung der Ratio?«[49]

Doch der Vorwurf muß abprallen an einer Philosophie, die der Ratio gezeigt hat, wie wenig sie imstande ist, den Anspruch auf Wahrheit aus sich zu begründen. Er muß abprallen an einem Denken, das Wahrheit nicht für rational herstellbar hält, sondern das überhaupt erst einmal erfahren will, was allem Denken – auch dem rationalen – die Möglichkeit eröffnet, wahr sein zu können. Denn erst wenn diese Rechtfertigung rationalen Denkens, die ihm vorausgehen muß und daher mit seinen eigenen Mitteln nicht zu leisten ist, bedacht ist, ließe sich ausmachen, welchen Anspruch auf Wahrheit die Ratio erheben kann. Darum erwidert Heidegger: »Solange die Ratio und das Rationale in ihrem Eigenen noch fragwürdig bleiben, ist auch die Rede vom Irrationalismus bodenlos. Die technisch-wissenschaftliche Rationalisierung, die das gegenwärtige Zeitalter beherrscht, rechtfertigt sich zwar jeden Tag überraschender durch ihren kaum noch übersehbaren Effekt. Allein dieser Effekt sagt nichts von dem, was die Möglichkeit des Rationalen und Irrationalen erst gewährt. Der Effekt beweist die Richtigkeit der technisch-wissenschaftlichen Rationalisierung. Doch erschöpft sich die Offenbarkeit dessen, was ist, im Beweisbaren? Versperrt die Insistenz auf dem Beweisbaren nicht den Weg zu dem, was ist? ... Vielleicht gibt es ein Denken außerhalb der Unterscheidung von rational und irrational, nüchterner noch als die wissenschaftliche Technik, nüchterner und darum abseits, ohne Effekt und gleichwohl von eigener Notwendigkeit.«[50]

Bis zu seinem Tod im Jahr 1976 gab Heidegger nicht vor, eine abschließende Antwort hierauf zu haben. Jedenfalls aber hatte er nach dem von ihm diagnostizierten »Ende der Philosophie«[51] die grundlegende Erfahrung allen Denkens, die einst als »Aletheia« ausgesprochen, dann aber von der Metaphysik verdeckt worden war, wieder entdeckt. Und er hat den Anfang gemacht, diese Möglichkeit, von der das abendländische Denken einst ausging, die es aber *als Philosophie* nicht eigens entwickelt hat, nun philosophisch zu entfalten.

Bis jetzt zeigen sich nur die Umrisse einer solchen neuen Philosophie, nur die Frageansätze des neuen, im Grunde sehr alten Denkens. Doch: »Die Fragen sind Wege zu einer Antwort. Sie müßte, falls sie einmal gewährt würde, in einer Verwandlung des Denkens bestehen, nicht in einer Aussage über einen Sachverhalt.«[52] Begegnen wir hier erstmals dem Denken eines nachwissenschaftlichen Zeitalters? Macht gerade das Zukunftsträchtige seine Befremdlichkeit aus? Die Antwort wird die Zeit geben.

ANMERKUNGEN

Vorbemerkung: Eckige Klammern [. . .] kennzeichnen erklärende Einfügungen des Autors in Originalzitaten.
Doppelte Anführungszeichen ». . .« kennzeichnen Originalzitate; Hervorhebung durch Kursivschrift entspricht einer Hervorhebung (durch Sperr- oder Kursivschrift) im Original.
Mehrere Punkte . . . kennzeichnen Auslassungen innerhalb eines Zitates.

I. DER AUFBRUCH

1. Platon, Sämtliche Werke, 3 Bände, Lambert Schneider-Verlag, Berlin/Heidelberg (o. J.), Theaitetos 174 a; nach dieser Ausgabe wird im folgenden zitiert, wenn nicht ausdrücklich anders vermerkt.
2. Aristoteles, Metaphysik, Übersetzung Paul Gohlke, Verlag Schöningh, Paderborn 1951, 983 b.
3. Aristoteles, a.a.O.
4. Die Vorsokratiker, Übersetzung W. Capelle, Kröner-Verlag, Stuttgart 1953, Anaximander 24.
5. a.a.O. 23 (= Diels 12 A 14).
6. a.a.O. 25 (12 A 15).
7. a.a.O. 21 (12 A 9).
8. a.a.O. 14 (12 A 26).
9. a.a.O. 39 (12 A 10).
10. a.a.O. 16 (12 A 6). – Die Hervorhebung durch Kursivschrift ist Zusatz des Autors.
11. a.a.O. Anaximenes 13 (13 A 7).
12. a.a.O. 14 (13 A 7).
13. a.a.O. 17 (13 B 2).
14. a.a.O. Pythagoras 3 (14 A 1 f.).
15. a.a.O. 1 (= Xenophanes Fr. 7).
16. Aristoteles, Metaphysik 986 a, zitiert wie Anm. 2.
17. Xenophanes 24 (Fr. 16), zitiert wie Anm. 4.
18. a.a.O. 25 (Fr. 15).
19. a.a.O. 26 (Fr. 23).
20. a.a.O. 38 (21 A 1).
21. a.a.O. 35 (21 A 30).
22. a.a.O. 18 (Fr. 2).
23. a.a.O. Heraklit 126 (Fr. 40).
24. a.a.O. 120 (Fr. 49).
25. a.a.O. 115 (Fr. 121).

26. a.a.O. Xenophanes 28 (Fr. 25).
27. a.a.O. Heraklit 32 (Fr. 2).
28. a.a.O. 27 (Fr. 51).
29. a.a.O. 25 (Fr. 8).
30. a.a.O. 29 (Fr. 53).
31. a.a.O. 15 (Fr. 12).
32. a.a.O. 21 (Fr. 62).
33. a.a.O. 42 (Fr. 32).
34. a.a.O. 47 (Fr. 108).
35. a.a.O. 61 (vgl. Fr. 90).
36. Parmenides, Lehrgedicht, Übersetzung H. G. Gadamer in dem von ihm herausgegebenen Philosophischen Lesebuch, Band 1, Fischer-Bücherei, Frankfurt/Main 1965, S. 22.
37. a.a.O. S. 20 f.
38. a.a.O. S. 21.
39. a.a.O.
40. a.a.O.
41. a.a.O.
42. a.a.O. S. 22.
43. a.a.O.
44. a.a.O. S. 21.
45. a.a.O. S. 22.
46. a.a.O. S. 23.
47. Empedokles, Fr. 12, Übersetzung H. Saenger, zitiert aus H. G. Gadamer, Philosophisches Lesebuch, s. Anm. 36, S. 31.
48. Empedokles 19 (Fr. 8), zitiert wie Anm. 4.
49. Empedokles Fr. 9, zitiert wie Anm. 47, S. 31.
50. Empedokles 18 (Fr. 17), zitiert wie Anm. 4.
51. Empedokles Fr. 17, zitiert wie Anm. 47, S. 32.
52. a.a.O. Fr. 112, S. 40.
53. a.a.O. Fr. 129, S. 42.
54. a.a.O. Fr. 117, S. 41.
55. Empedokles 158 (Fr. 109), zitiert wie Anm. 4.
56. Empedokles Fr. 105, zitiert wie Anm. 47, S. 39.
57. Anaxagoras 33 (Fr. 10,) zitiert wie Anm. 4.
58. Anaxagoras Fr. 1, zitiert wie Anm. 36, S. 46.
59. a.a.O. Fr. 12, S. 48.
60. Aristoteles, Metaphysik 984 b, zitiert wie Anm. 2.
61. a.a.O. 985 a.
62. Platon, Phaidon 98 c, frei nach der Übersetzung von F. Susemihl.
63. Leukipp 6 (Aristoteles, Vom Werden und Vergehen I 314 a), zitiert wie Anm. 4.
64. a.a.O. 7 (315 b).
65. a.a.O. 24 (Fr. 2).
66. Demokrit 76 (Aristoteles, Von der Seele I 406 b), zitiert wie Anm. 4.
67. a.a.O. 7.

II. DER GRUND DER WAHRHEIT

1. H. Diels, Fragmente der Vorsokratiker, 1966, Protagoras Frg. 1.
2. a.a.O. 74 A 25 u. 74 A 21.
3. Platon, Sämtliche Werke, 3 Bände, L. Schneider-Verlag (o. J.), 7. Brief 326 a; nach dieser Ausgabe wird im folgenden zitiert, wenn nicht ausdrücklich anders vermerkt.
4. Theaitetos 150 d.
5. 7. Brief 342 a. Übersetzung H. G. Gadamer, zitiert nach Philosophisches Lesebuch I, Fischer-Bücherei, Frankfurt/Main 1965.
6. a.a.O. 342 b.
7. a.a.O. 344 c.
8. a.a.O. 343 d ff.
9. a.a.O.
10. Aristoteles, Metaphysik, Übersetzung Paul Gohlke, Verlag Schöningh, Paderborn 1951, 1078 b.
11. a.a.O.
12. Platon, Theaitetos, 210 b.
13. a.a.O. 185 b ff.
14. Phaidon 74 c.
15. a.a.O. 74 e ff.
16. a.a.O. 75 c.
17. a.a.O. 76 c ff.
18. Phaidros 245 d f.
19. a.a.O. 246 b.
20. a.a.O. 247 b.
21. a.a.O. 248 b.
22. a.a.O. 249 b.
23. Phaidon 79 b ff.
24. Phaidon 114 d (zitiert nach H. G. Gadamer, Philosophisches Lesebuch I, s. Anm. 5).
25. Timaios 29 c f.
26. a.a.O. 29 d.
27. a.a.O. 30 b.
28. Der Staat 509 c.
29. a.a.O. 509 c.
30. Timaios 30 e.
31. Parmenides 127 a f.
32. Parmenides 135 b f. (zitiert nach H. G. Gadamer, Philosophisches Lesebuch I, s. Anm. 5).

32\. a.a.O. 135 c.

34. Der Staat 459 d.
35. Aristoteles, Hermeneutik, 16 a, unter Verwendung der Übersetzung von Paul Gohlke, Verlag Schöningh, Paderborn 1951.
36. Hermeneutik, 16 a, unter Verwendung der Übersetzung von E. Rolfes, Verlag Felix Meiner, Hamburg 1958.

37. Aristoteles, Erste Analytik, 24 b, unter Verwendung der Übersetzung von E. Rolfes, Felix Meiner, Leipzig 1948.
38. Aristoteles, Zweite Analytik, 71 b, unter Verwendung der Übersetzung von P. Gohlke, Paderborn 1953.
39. a.a.O. 72 b.
40. a.a.O. 72 a, Übersetzung wie Anm. 37.
41. a.a.O. 100 a, vgl. Anm. 38.
42. a.a.O. 100 b.
43. Aristoteles, Metaphysik, Übersetzung Paul Gohlke, Paderborn 1951, 1003 a.
44. a.a.O. 1032 a.
45. a.a.O. 1069 b.
46. a.a.O. 1069 b.
47. a.a.O. 1049 b.
48. Aristoteles, Physik, Übersetzung P. Gohlke, Paderborn 1956, 198 a.
49. a.a.O. 198 a.
50. a.a.O. 198 b.
51. a.a.O. 198 b.
52. a.a.O. 199 b.
53. Aristoteles, Metaphysik, 1071 b, vgl. Anm. 43.
54. a.a.O. 1072 a.
55. a.a.O. 1072 b, unter Verwendung der genannten Übersetzung.
56. a.a.O. 1072 b.
57. a.a.O. 1074 b.
58. a.a.O. 1074 b, vgl. Anm. 54.
59. a.a.O. Nikomachische Ethik, Übersetzung von Christian Garve, Buch I, Kapitel 6.
60. a.a.O. I,6.
61. a.a.O. I,6.
62. a.a.O. II,2.
63. a.a.O. II,7.
64. a.a.O. II,2.
65. a.a.O. II,3.
66. a.a.O. II,3.
67. Aristoteles, Politik, Übersetzung E. Rolfes, Verlag Felix Meiner, Hamburg 1958, 1253 a.
68. a.a.O. 1253 a.
69. a.a.O. 1279 a.

III. ANWEISUNGEN ZUM LEBEN

1. Epikur, Brief an Menoikeus, zitiert nach H. G. Gadamer, Philosophisches Lesebuch I, Fischer-Bücherei, Frankfurt 1965, S. 192.
2. a.a.O. S. 191 f.
3. a.a.O. S. 192.
4. Lukrez, Von der Natur der Dinge, zitiert wie Anm. 1, S. 199.

5. a.a.O. S. 200.
6. a.a.O. S. 200.
7. a.a.O. S. 200.
8. Epikur, Brief an Herodot, zitiert wie Anm. 1, S. 173 f.
9. Epikur, Brief an Menoikeus, vgl. Anm. 1, S. 189.
10. Epikur, Brief an Herodot, vgl. Anm. 1, S. 187.
11. a.a.O. S. 188.
12. Lukrez, Von der Natur der Dinge, III., 1.
13. Zenon von Kition, Übersetzung v. Arnim, I, 42, 35; zitiert nach Hirschberger, Geschichte der Philosophie I, Verlag Herder, Freiburg 1974, S. 263.

IV. DER DIALOG MIT GOTT

1. Plotin; Von der Natur, von der Anschauung und von dem Einen; Enneaden III, 8, 2; Übersetzung H. G. Gadamer in: Philosophisches Lesebuch I, Fischer-Bücherei, Frankfurt/Main 1965, S. 261.
2. a.a.O. 8, 2, S. 261.
3. a.a.O. 8, 4, S. 262.
4. a.a.O. 8, 4, S. 263.
5. a.a.O. 8, 4, S. 263.
6. a.a.O. 8, 8, S. 266.
7. a.a.O. 8, 9, S. 268.
8. a.a.O. 8, 10, S. 269.
9. a.a.O. 8, 10, S. 270.
10. a.a.O. 8, 9, S. 268.
11. a.a.O. 8, 11, S. 271.
12. a.a.O. 8, 9, S. 268.
13. Plotin, Über Zeit und Ewigkeit, Enneaden V, 6, Übersetzung Werner Beierwaltes, Frankfurt/Main 1967, in der Reihe: Quellen der Philosophie.
14. Plotin, Enneaden V, 1, 6, Übersetzung R. Harder, Verlag Felix Meiner, Hamburg 1956.
15. a.a.O.
16. a.a.O.
17. a.a.O. V, 1, 7.
18. a.a.O.
19. Plotin, Enneaden III, 7, vgl. Anm. 13.
20. a.a.O.
21. Augustin, Bekenntnisse, Übersetzung Hermann Hefele, Eugen Diederichs Verlag, Köln 1958, VII, 20.
22. Augustin, Über die Dreieinigkeit, Übersetzung M. Schmaus, Bibliothek der Kirchenväter, Kösel Verlag, München 1935/36, X, 10.
23. a.a.O.
24. a.a.O.
25. a.a.O.

26. a.a.O.
27. a.a.O. X, 8.
28. a.a.O. X, 7.
29. a.a.O. X, 6.
30. a.a.O.
31. a.a.O. IX, 12.
32. a.a.O. IX, 6.
33. Augustin, Über den wahren Glauben, Übersetzung C. J. Perl, in: Die frühen Werke des heiligen Augustinus, Verlag Schöningh, Paderborn 1957, 54.
34. a.a.O. 52.
35. Bekenntnisse, vgl. Anm. 21, X, 12.
36. a.a.O. X, 21.
37. a.a.O. X, 17.
38. a.a.O. X, 25.
39. Über den wahren Glauben, vgl. Anm. 33, 58.
40. Bekenntnisse, vgl. Anm. 21, XII, 15.
41. Augustin, Sermo 43, Nachdruck der Pariser Gesamtausgabe bei Migne, c. 7, n. 9, PL 38, 258.
42. Bekenntnisse, vgl. Anm. 21, XIII, 34.
43. a.a.O. X, 35.
44. a.a.O.
45. a.a.O. XI, 14.
46. a.a.O. X, 20.
47. a.a.O.
48. a.a.O.
49. a.a.O. XI, 28.
50. a.a.O.
51. a.a.O. XI, 30.
52. Augustin, Soliloquien I, 2, 7.
53. Thomas von Aquin, Aus der Quaestio über die Wahrheit, Auswahl und Übersetzung Edith Stein, in H. G. Gadamer, Philosophisches Lesebuch I, Fischer-Bücherei, Frankfurt/Main 1965, S. 301 f.
54. a.a.O. S. 302.
55. a.a.O. S. 302 f.
56. a.a.O. S. 303.
57. a.a.O. S. 304.
58. a.a.O. S. 308.
59. a.a.O. S. 309.
60. a.a.O. S. 308.
61. a.a.O. S. 321.
62. a.a.O. S. 322.
63. a.a.O. S. 324.
64. a.a.O. S. 309.
65. Thomas von Aquin, Die theologische Summe, Übersetzung M. Schneider, Regensburg 1886–1892, Band I, 1. Artikel, S. 85 f.

66. a.a.O. S. 86.
67. a.a.O. 8. Artikel, S. 96.
68. a.a.O. 1. Artikel, S. 84.
69. a.a.O. S. 85.
70. a.a.O. S. 84.
71. a.a.O. S. 93 f.
72. Pius XII., Enzyklika »Humani generis«, zitiert nach: Die Religion in Geschichte und Gegenwart, Herausgeber Kurt Galling, Verlag Mohr, Tübingen 1960, Band 4, Spalte 1439.

V. VORBOTEN DER NEUZEIT

1. Wilhelm von Ockham, zitiert nach: Hirschberger, Geschichte der Philosophie, Band 1, Herder Verlag, Freiburg 1973, S. 562.
2. Nikolaus von Kues, Die belehrte Unwissenheit, Übertragung Paul Wilpert im Auftrag der Heidelberger Akademie der Wissenschaften, Verlag F. Meiner, Hamburg 1967/70, S. 5.
3. a.a.O. S. 15.
4. a.a.O. S. 7.
5. a.a.O.
6. a.a.O.
7. a.a.O. S. 15.
8. a.a.O.
9. a.a.O.
10. a.a.O.
11. a.a.O.
12. a.a.O.
13. a.a.O. S. 17.
14. a.a.O. S. 19.
15. a.a.O.
16. a.a.O. S. 93.
17. a.a.O. S. 17.
18. a.a.O.
19. a.a.O. S. 21.
20. a.a.O.
21. Nikolaus von Kues, Der Laie über Versuche mit der Waage, Übertragung Hildegard Rogner, Verlag F. Meiner, Hamburg 1944, S. 19.
22. wie Anmerkung 2, S. 115.

VI. ZWISCHEN METAPHYSIK UND PHYSIK

1. René Descartes, Ausführungen über die Methode, Übersetzung L. Gäbe, Verlag Felix Meiner, Hamburg 1960, I, 6.
2. a.a.O. I, 12 f.

3. a.a.O. I, 10.
4. a.a.O. I, 12.
5. a.a.O. II, 7.
6. a.a.O. II, 11.
7. a.a.O. II, 5.
8. Descartes, Meditationen, Übersetzung A. Buchenau, Verlag Felix Meiner, Hamburg 1960, I, 5.
9. a.a.O. I, 6.
10. Descartes, Prinzipien der Philosophie, Übersetzung K. Fischer, Mannheim 1863, zitiert nach H. G. Gadamer, Philosophisches Lesebuch II, Fischer-Bücherei, Frankfurt/Main 1967, I, 5.
11. a.a.O. I, 7.
12. Meditationen, vgl. Anm. 8, II, 3.
13. a.a.O. II, 8.
14. Ausführungen über die Methode, vgl. Anm. 1, IV, 3.
15. Prinzipien der Philosophie, vgl. Anm. 10, I, 14.
16. a.a.O. I, 18.
17. a.a.O. I, 20.
18. a.a.O. I, 30.
19. a.a.O. I, 48.
20. a.a.O. I, 48.
21. a.a.O. I, 55.
22. a.a.O. I, 59.
23. a.a.O. I, 53.
24. a.a.O. I, 70.
25. a.a.O.
26. a.a.O.
27. Ausführungen über die Methode, vgl. Anm. 1, VI, 10.
28. Baruch Spinoza, Über die Verbesserung des Verstandes, Übersetzung C. Gebhardt, Verlag Felix Meiner, Leipzig 1922, § 13.
29. Descartes, Ausführungen über die Methode, vgl. Anm. 1, V, 42.
30. Spinoza, Über die Verbesserung des Verstandes, vgl. Anm. 28, § 33.
31. a.a.O. § 37.
32. a.a.O. § 30.
33. a.a.O. § 38.
34. a.a.O. § 38.
35. a.a.O. § 42.
36. a.a.O. § 99.
37. Spinoza, Ethik, Übersetzung Otto Baensch, Verlag Felix Meiner, Leipzig (o. J.), Teil I, Def. 3, S. 3.
38. a.a.O. S. 187.
39. a.a.O. S. 29 f.
40. a.a.O. S. 31.
41. a.a.O. S. 60.
42. a.a.O. S. 55.

43. a.a.O. S. 86.
44. a.a.O. S. 54.
45. a.a.O. S. 34.
46. a.a.O. S. 99.
47. Über die Verbesserung des Verstandes, vgl. Anm. 28 § 85.
48. G. W. Leibniz, Brief an Reymond vom 10. 1. 1714, in: Gesamtausgabe der Preußischen Akademie der Wissenschaften, Berlin 1923 ff.
49. Leibniz; Neues System der Natur und der Gemeinschaft der Substanzen, wie der Vereinigung zwischen Körper und Seele; Übersetzung A. Buchenau, Leipzig 1906, zitiert wie Anm. 10, S. 188.
50. a.a.O.
51. a.a.O. S. 192.
52. Leibniz, Kritik der philosophischen Prinzipien des Malebranche, vgl. Anm. 10, S. 202.
53. a.a.O.
54. Neues System usw., vgl. Anm. 49, S. 193.
55. a.a.O. S. 189.
56. Leibniz, Monadologie, vgl. Anm. 48, § 7.
57. Neues System usw., vgl. Anm. 49, S. 193.
58. a.a.O.
59. a.a.O. S. 194.
60. a.a.O.
61. a.a.O. S. 195.
62. Voltaire, Candide, Übersetzung W. Widmer, in: Meistererzählungen des französischen Rokoko, Winkler Verlag, München (o. J.), S. 118 f.
63. Galileo Galilei, Dialog über die beiden hauptsächlichen Weltsysteme, Übersetzung E. Strauss, Leipzig 1892, zitiert nach W. Heisenberg, Das Naturbild der heutigen Physik, Rowohlt Verlag, Hamburg 1955, S. 64.
64. Isaac Newton, Mathematische Prinzipien der Naturlehre, Übersetzung J. Wolfers, Berlin 1872, vgl. Anm. 63, S. 83 f.
65. Francis Bacon, Novum Organum, Übersetzung G. W. Bartholdy, Berlin 1793, 2. Teil, Aphorismus 1, zitiert wie Anm. 10, S. 51.
66. a.a.O. Aph. 15, S. 53.
67. Thomas Hobbes, Grundzüge der Philosophie, Übersetzung M. Frischeisen-Köhler, Verlag Felix Meiner, Leipzig 1949, S. 97.
68. a.a.O. S. 32.
69. John Locke, Versuch über den menschlichen Verstand, Übersetzung C. Winkler, Verlag Felix Meiner, Leipzig 1913, 2. Buch, 1. Kap., 2.
70 a.a.O. 2, 1, 2.
71. a.a.O. 2, 1, 4.
72. a.a.O. 4, 1, 2.
73. a.a.O. 4, 1, 4.

74. David Hume, Untersuchung über den menschlichen Verstand, Übersetzung R. Richter, Verlag Felix Meiner, Leipzig 1907, zitiert wie Anm. 10, Abschnitt IV, 1, S. 212.
75. a.a.O. IV, 1, S. 213.
76. a.a.O.
77. a.a.O. S. 215.
78. a.a.O. S. 221.
79. a.a.O. V, 1, S. 225.
80. a.a.O. VII, 2, S. 247.
81. a.a.O. IV, 1, S. 216.
82. a.a.O. V, 2, S. 233.
83. Immanuel Kant; Prolegomena zu einer jeden künftigen Metaphysik, die als Wissenschaft wird auftreten können; Herausgeber W. Weischedel, Verlag Suhrkamp, Frankfurt/Main 1977, A 13.
84. a.a.O. A 7.
85. I. Kant, Kritik der reinen Vernunft, Herausgeber R. Schmidt, Verlag Meiner, Leipzig 1944, Vorrede zur 2. Auflage, B XVI.
86. a.a.O. B 25.
87. a.a.O. B 19.
88. a.a.O. B 3 / B 5.
89. a.a.O. A 17.
90. a.a.O. A 20.
91. a.a.O. A 42.
92. a.a.O. A 51.
93. a.a.O. A 93.
94. a.a.O. A 79.
95. a.a.O. A 81.
96. a.a.O. A 80.
97. a.a.O. A 97.
98. a.a.O. B 134 (Fußnote).
99. a.a.O. A 156.
100. a.a.O. B 138.
101. a.a.O. B 166.
102. I. Kant, Prolegomena usw., wie Anmerkung 83, A 94.
103. a.a.O.
104. I. Kant, Kritik d. r. V., wie Anmerkung 85, B XXIX.
105. I. Kant; Der Streit der Fakultäten, Vorrede, A IX ff., Suhrkamp-Gesamtausgabe, Frankfurt/Main 1977, Bd. XI.
106. a.a.O. B XXX.
107. a.a.O. A 327.
108. a.a.O. A 565.
109. a.a.O. A 566.
110. I. Kant, Grundlegung zur Metaphysik der Sitten, Herausgeber K. Vorländer, Verlag Meiner, Leipzig 1947, 412.
111. a.a.O. 454.
112. a.a.O. 421.

113. a.a.O. 400.
114. I. Kant, Kritik der praktischen Vernunft, Herausgeber K. Vorländer, Verlag Meiner, Leipzig 1944, 288 f.

VII. DAS SELBSTGEWISSE WISSEN

1. Immanuel Kant, Prolegomena usw., siehe Anm. 83 zu Kapitel VI, A 113.
2. J. G. Fichte, Brief 1792, zitiert nach: Allgemeine Deutsche Biographie, herausgegeben von der Königlichen Akademie der Wissenschaften, Leipzig 1877, Band VI, S. 762.
3. J. G. Fichte, Berichtigung der Urteile des Publikums über die französische Revolution, Vorrede, aus: Fichtes Werke, Herausgeber J. H. Fichte, 1845, Nachdruck Verlag Walter de Gruyter, Berlin 1971; nach dieser Ausgabe wird im folgenden zitiert; Band VI, S. 39.
4. wie Anmerkung 2, S. 762.
5. Fichte, Sonnenklarer Bericht, Vorrede, Band II, S. 323.
6. Fichte, Erste Einleitung in die Wissenschaftslehre (1797), Vorerinnerung, Band I, S. 420.
7. a.a.O. 5, S. 430 Anmerkung.
8. a.a.O. 5, S. 432 f.
9. a.a.O. 5, S. 433 f.
10. wie Anmerkung 5, S. 342.
11. a.a.O.
12. wie Anmerkung 6, S. 7.
13. wie Anmerkung 5, S. 396.
14. a.a.O. S. 406.
15. Fichte, Grundlage der gesamten Wissenschaftslehre (1794), Band I, S. 91/94.
16. Fichte, Über den Begriff der Wissenschaftslehre (1794), Band I, S. 64.
17. Fichte, Vergleichung des von Herrn Professor Schmid aufgestellten Systems der Wissenschaftslehre, Band II, S. 451.
18. Fichte, Die Bestimmung des Menschen, Band II, S. 302.
19. a.a.O. S. 263.
20. a.a.O. S. 303.
21. W. J. Schelling, Vorlesungen zur Geschichte der neueren Philosophie (1827), aus: Sämtliche Werke, Herausgeber M. Schröter, München 1927 ff., Band X, S. 93 f.
22. Schelling, System des transzendentalen Idealismus, Herausgeber Walter Schulz, Verlag Meiner, Hamburg 1957, Einleitung § 1, S. 7.
23. wie Anmerkung 21, Band XI, S. 371.
24. Schelling, Erlanger Vorträge – Über die Natur der Philosophie als Wissenschaft, zitiert nach H. G. Gadamer, Philosophisches Lesebuch III, Fischer-Bücherei, Frankfurt/Main 1970, S. 44.
25. a.a.O. S. 49.

26. Schelling, Philosophie der Kunst (Vorlesungen 1802/1803), herausgegeben von der Wissenschaftlichen Buchgemeinschaft Darmstadt, S. 28.
27. G. F. W. Hegel, Enzyklopädie der philosophischen Wissenschaften im Grundrisse (Große Enzyklopädie), § 42, Zusatz 3, Suhrkamp Theorie Werkausgabe, Frankfurt/Main 1970, Band XIII, S. 120.
28. a.a.O.
29. Hegel, Differenz des Fichteschen und Schellingschen Systems der Philosophie, wie Anmerkung 27. Band II, S. 94.
30. Hegel, Wissenschaft der Logik, Herausgeber Georg Lasson, Verlag Meiner, Hamburg 1975, Einleitung, S. 30.
31. Hegel, Phänomenologie des Geistes, Herausgeber J. Hoffmeister, Verlag Meiner, Hamburg 1952, S. 32.
32. a.a.O.
33. a.a.O. S. XXXVII.
34. a.a.O. S. 44.
35. a.a.O. S. 20.
36. a.a.O. wie Anmerkung 30, S. 29.
37. wie Anmerkung 31, S. 57.
38. a.a.O. S. 559.
39. a.a.O. S. 564.
40. Hegel, Grundlinien der Philosophie des Rechts, Vorrede, zitiert wie Anmerkung 24, S. 101.
41. wie Anmerkung 30, S. 30.
42. a.a.O. S. 31.
43. a.a.O. S. 36.
44. a.a.O. S. 66.
45. a.a.O. S. 63.
46. a.a.O. S. 66.
47. a.a.O.
48. a.a.O. S. 67.
49. a.a.O.
50. a.a.O.
51. a.a.O.
52. a.a.O. S. 69.
53. a.a.O.
54. wie Anmerkung 31, S. 564.

VIII. ENTWÜRFE ZUM NEUEN MENSCHEN

1. Arthur Schopenhauer, Die Welt als Wille und Vorstellung, I. u. II. Teil, Herausgeber Eduard Grisebach. Insel-Verlag, Leipzig (o. J.), Vorrede zur 2. Auflage, S. 27.
2. a.a.O. S. 28.
3. a.a.O. S. 702.
4. a.a.O. S. 701.

5. a.a.O. S. 147.
6. a.a.O. S. 151.
7. a.a.O. S. 152.
8. a.a.O. S. 153.
9. a.a.O.
10. a.a.O.
11. a.a.O. S. 159.
12. a.a.O. S. 160.
13. a.a.O. S. 166.
14. a.a.O. S. 462.
15. a.a.O. S. 467.
16. a.a.O. S. 538.
17. a.a.O. S. 853 f.
18. Karl Marx, Brief an seinen Vater vom 10. November 1837, aus: Die Frühschriften, Herausgeber Siegfried Landshut, Verlag Kröner, Stuttgart 1955, S. 7; danach wird im folgenden zitiert, wenn nicht anders angegeben.
19. a.a.O. S. 3.
20. Marx, Dissertation, S. 12 f.
21. a.a.O. S. 16.
22. a.a.O. S. 15.
23. a.a.O. S. 16 f.
24. a.a.O. S. 17.
25. Marx, Zur Kritik der Hegelschen Rechtsphilosophie, aus: H. G. Gadamer, Philosophisches Lesebuch III, Fischer-Bücherei, Frankfurt/Main 1970, S. 125.
26. a.a.O. S. 123.
27. Marx, Nationalökonomie und Philosophie, S. 273.
28. a.a.O.
29. a.a.O. S. 275.
30. Marx, Die deutsche Ideologie, S. 347.
31. a.a.O. S. 349.
32. wie Anmerkung 27, S. 266.
33. wie Anmerkung 25, S. 132.
34. wie Anmerkung 30, S. 362.
35. a.a.O. S. 362 f.
36. a.a.O. S. 341.
37. Sören Kierkegaard, Abschließende unwissenschaftliche Nachschrift, Erster und zweiter Teil, Übersetzung Martin Junghans, Eugen Diederichs Verlag, Düsseldorf/Köln 1957/58, VII 546 (Randpaginierung).
38. a.a.O.
39. Kierkegaard, Brief an Emil Boesen vom 22. 11. 1841, aus: Kierkegaard, Herausgeber P. P. Rohde, Übersetzung Thyra Dohrenburg, Rowohlt Verlag, Hamburg 1959, S. 30.
40. Brief vom Februar 1842, a.a.O. S. 74.

41. wie Anmerkung 37, 272.
42. a.a.O. 258.
43. a.a.O.
44. a.a.O. 264.
45. a.a.O. 261.
46. a.a.O. 260 Anmerkung.
47. a.a.O. 283.
48. a.a.O. 290 Anmerkung.
49. a.a.O. 279.
50. a.a.O. 278.
51. a.a.O. 279.
52. a.a.O. 281.
53. a.a.O.
54. Friedrich Nietzsche, Ecce homo, aus: Werke in drei Bänden, Herausgeber Karl Schlechta, Hanser Verlag, München 1956, Band II, S. 1152; danach wird im folgenden zitiert, wenn nicht anders angegeben.
55. Nietzsche, Brief an Overbeck, aus: Nietzsche, Ivo Frenzel, Rowohlt Verlag, Hamburg (o. J.), S. 114.
56. wie Anmerkung 54, S. 1153.
57. Nietzsche, Über Wahrheit und Lüge im außermoralischen Sinne, Bd. III, S. 313.
58. a.a.O. S. 312.
59. a.a.O. S. 314.
60. Nietzsche, Götzendämmerung, Bd. II, S. 959.
61. a.a.O. S. 960.
62. a.a.O.
63. wie Anmerkung 57, S. 319.
64. wie Anmerkung 60, S. 958.
65. Nietzsche, Jenseits von Gut und Böse, Bd. II, S. 578.
66. wie Anmerkung 54, S. 1154.
67. a.a.O.
68. a.a.O. S. 1153.
69. wie Anmerkung 65, S. 566.
70. wie Anmerkung 54, S. 1115.
71. a.a.O. S. 1158.
72. wie Anmerkung 65, S. 578.
73. Nietzsche, Also sprach Zarathustra, Bd. II, S. 372.
74. wie Anmerkung 65, S. 569.
75. a.a.O.
76. wie Anmerkung 54, S. 1139.
77. a.a.O. S. 1128.
78. wie Anmerkung 73, S. 409.
79. wie Anmerkung 54, S. 1129.
80. a.a.O. S. 1139.
81. wie Anmerkung 73, S. 278.

82. a.a.O.
83. Nietzsche, Der Antichrist, Bd. II, S. 1166.
84. wie Anmerkung 73, S. 523.

IX. DIE TRÜMMER DER METAPHYSIK

1. William James; Der Pragmatismus, ein neuer Name für alte Denkmethoden; Übersetzung W. Jerusalem, Leipzig 1908, zitiert nach H. G. Gadamer, Philosophisches Lesebuch III, Fischer-Bücherei, Frankfurt/M. 1970, S. 240.
2. a.a.O. S. 241.
3. a.a.O.
4. a.a.O.
5. a.a.O. S. 249.
6. a.a.O. S. 252.
7. a.a.O.
8. a.a.O. S. 253.
9. Bertrand Russell, Bezeichnen, zitiert wie Anmerkung 1, S. 276.
10. Ludwig Wittgenstein, Tractatus logico-philosophicus, Suhrkamp Verlag, Frankfurt 1960, 4.003, S. 26.
11. Rudolf Carnap, An Autobiography, in: Schilpp, The philosophy of Rudolf Carnap, LaSalle III, 1963, S. 25.
12. L. Wittgenstein, Philosophische Untersuchungen, Suhrkamp Verlag, Frankfurt 1960, 109, S. 342.
13. a.a.O. 7, S. 293.
14. a.a.O. 125, S. 345.
15. a.a.O. 109, S. 342.
16. a.a.O. 118, S. 344.

X. DIE GEBROCHENE VERNUNFTHERRSCHAFT UND DAS BEFREITE DENKEN

1. Karl Mannheim, Ideologie und Utopie, 1929.
2. a.a.O. S. 121.
3. Ernst Bloch, Das Prinzip Hoffnung, Frankfurt 1959, S. 61.
4. a.a.O. S. 17 f.
5. a.a.O. S. 85.
6. a.a.O. S. 225.
7. Herbert Marcuse, Der eindimensionale Mensch, Sammlung Luchterhand, Darmstadt 1970, S. 264.
8. a.a.O. S. 266.
9. a.a.O. S. 266.
10. a.a.O. S. 242.
11. a.a.O. S. 258.

12. a.a.O. S. 258.
13. Theodor W. Adorno, Zur Metakritik der Erkenntnistheorie, edition suhrkamp, Frankfurt/Main 590, 1972, S. 25.
14. a.a.O. S. 24.
15. a.a.O. S. 48.
16. Theodor W. Adorno, Negative Dialektik, Suhrkamp Taschenbuch Wissenschaft 113, Frankfurt 1980, S. 21.
17. Theodor W. Adorno, Neun Kritische Modelle (Wozu noch Philosophie?), zitiert nach Herbert Albrecht, Deutsche Philosophie heute, Verlag Schünemann, Bremen 1969, S. 193.
18. Theodor W. Adorno, Minima Moralia, Frankfurt 1951, Verlag Suhrkamp, S. 480.
19. Karl R. Popper, Ausgangspunkte, Hoffmann und Campe Verlag, Hamburg 1979, S. 69.
20. a.a.O. S. 109.
21. a.a.O. S. 217 f.
22. a.a.O. S. 243.
23. a.a.O. S. 263 ff.
24. a.a.O. S. 272.
25. Edmund Husserl, Pariser Vorträge, aus Husserliana Bd. 1, Den Haag 1950, zitiert nach H. G. Gadamer, Philosophisches Lesebuch III, Fischer-Bücherei, Frankfurt 1970, S. 296.
26. a.a.O. S. 296.
27. a.a.O. S. 301.
28. a.a.O. S. 305.
29. a.a.O. S. 319.
30. Martin Heidegger, Mein Weg in die Phänomenologie, im Band: Zur Sache des Denkens, Max Niemeyer Verlag, Tübingen 1969, S. 82.
31. Hannah Arendt, Martin Heidegger zum 80. Geburtstag, in: Merkur X, 1969, S. 893.
32. Martin Heidegger, Sein und Zeit, Max Niemeyer Verlag, Tübingen 1960, S. 1.
33. a.a.O. S. 12.
34. a.a.O. S. 327.
35. a.a.O. S. 437.
36. a.a.O. S. 11.
37. Martin Heidegger, Zeit und Sein, im Band: Zur Sache des Denkens, siehe Anmerkung 30, S. 7.
38. Martin Heidegger, Sein und Zeit, siehe Anmerkung 32, S. 437.
39. Martin Heidegger, Zeit und Sein, im Band: Zur Sache des Denkens, siehe Anmerkung 30, S. 6.
40. Martin Heidegger, Das Ende der Philosophie und die Aufgabe des Denkens, im Band: Zur Sache des Denkens, siehe Anmerkung 30, S. 75.
41. a.a.O. S. 76.

42. Hans Georg Gadamer, Wahrheit und Methode, Verlag J. C. B. Mohr, Tübingen 1975, S. XXX.
43. a.a.O. S. XXIX.
44. a.a.O. S. XXIX.
45. a.a.O. S. 99.
46. a.a.O. S. 465.
47. a.a.O. S. 449.
48. a.a.O. S. 450.
49. Martin Heidegger, Das Ende der Philosophie und die Aufgabe des Denkens, im Band: Zur Sache des Denkens, siehe Anmerkung 30, S. 79.
50. a.a.O. S. 79.
51. a.a.O. S. 61.
52. a.a.O. S. 61.

BILDQUELLEN

Kap. I–VII: Pythagoras, Aristoteles, Epikur, Augustinus, Abaelard, Leibniz, Fichte
mit freundlicher Genehmigung von Herrn Prof. Dr. Lutz Geldsetzer, Philosophisches Institut der Universität Düsseldorf, Bildarchiv
Kap. VIII: Schopenhauer
Schopenhauer-Gesellschaft e. V., Frankfurt am Main
Kap. IX: Wittgenstein
Suhrkamp Verlag, Frankfurt/Main
Kap. X: Heidegger
Photo: Prof. Dr. Lucien Braun, Straßburg

Personen- und Sachregister